细看图纸巧做建筑工程造价

工程造价员网

张国栋　主编

中国建筑工业出版社

图书在版编目（CIP）数据

细看图纸巧做建筑工程造价/张国栋主编. —北京：
中国建筑工业出版社，2016.5
ISBN 978-7-112-19429-2

Ⅰ. ①细… Ⅱ. ①张… Ⅲ. ①建筑工程-工程造
价 Ⅳ. ①TU723.3

中国版本图书馆 CIP 数据核字（2016）第 098447 号

该书以《建设工程工程量清单计价规范》GB 50500—2013 及《房屋建筑与装
饰工程工程量计算规范》GB 50854—2013 与部分省市的预算定额为依据，主要介
绍了建筑工程工程量清单计价的编制方法，重点阐述建筑分部工程工程量清单编
制、计价格式和方法。内容包括房屋建筑工程工程量清单计价、房屋建筑工程定
额计价、建筑工程常用图例、建筑工程图纸分析、建筑工程算量及清单编制实例、
建筑工程算量解题技巧及常见疑难问题解答等六大部分。为了适应建筑工程建设
施工管理和广大建筑工程造价工作人员的实际需求，我们组织了多名从事工程造
价编制工作的专业人员共同编写了此书。以期为读者提供更好的学习和参考资料。

责任编辑：赵晓菲　朱晓瑜
责任设计：李志立
责任校对：陈晶晶　张　颖

细看图纸巧做建筑工程造价
工程造价员网
张国栋　主编
*
中国建筑工业出版社出版、发行（北京西郊百万庄）
各地新华书店、建筑书店经销
霸州市顺浩图文科技发展有限公司制版
北京富生印刷厂印刷
*
开本：787×1092 毫米　1/16　印张：18¾　字数：465 千字
2016 年 8 月第一版　　2016 年 8 月第一次印刷
定价：**45.00** 元
ISBN 978-7-112-19429-2
（28622）

编写人员名单

主　编　张国栋

参　编　郭芳芳　　马　波　　邵夏蕊　　洪　岩
　　　　赵小云　　王春花　　郑文乐　　齐晓晓
　　　　王　真　　赵家清　　陈　鸽　　李　娟
　　　　郭小段　　王文芳　　张　惠　　徐文金
　　　　韩玉红　　邢佳慧　　宋银萍　　王九雪
　　　　张扬扬　　张　冰　　王瑞金　　程珍珍

前　言

为了推动《建设工程工程量清单计价规范》GB 50500—2013、《房屋建筑与装饰工程工程量计算规范》GB 50854—2013 的实施，帮助造价工作者提高实际操作水平，特组织编写此书。

本书主要是细看图纸巧做算量，顾名思义就是把图纸看透看明白，把算量做得清清楚楚，书中的编排顺序按照循序渐进的思路一步一步上升，在建筑工程造价基本知识和图例认识的前提下对某项工程的定额和清单工程量进行计算，在简单的分部工程量之后，讲解综合实例。所谓综合性就是分部的工程多了，按照专业的划分综合到一起，进行相应的工程量计算，然后在工程量计算的基础上分析综合单价的计算。最后将建筑工程实际中的一些常见问题以及容易迷惑的地方集中进行讲解，同时将经验工程师的一些训言和常见问题的解答按照不同的分类分别进行讲解。

本书在编写时参考了《建设工程工程量清单计价规范》GB 50500—2013、《房屋建筑与装饰工程工程量计算规范》GB 50854—2013 和相应定额，以实例阐述各分项工程的工程量计算方法和清单报价的填写，同时也简要说明了定额与清单的区别，其目的是帮助工作人员解决实际操作问题，提高工作效率。

该书在工程量计算部分一改传统模式，不再是一连串让人感到枯燥的数字，而是在每个分部分项工程量计算之后相应地配有详细的注释解说，使读者能结合注释解说快速准确地理解，从而加深对该部分知识的应用。

本书与同类书相比，其显著特点是：

（1）实际操作性强。书中主要以实际案例详解说明工程实践中的有关问题及解决方法，便于提高读者的实际操作水平。

（2）通过具体的工程实例，依据定额和清单工程量计算规则把建筑工程各分部分项工程的工程量计算进行了详细讲解，手把手地教读者学预算，从根本上帮读者解决实际问题。

（3）在详细的工程量计算之后，每道题的后面又针对具体项目进行了工程量清单综合单价分析，而且在单价分析里面将材料进行了明细，使读者学习和使用起来更方便。

（4）该书结构清晰，内容全面，层次分明，针对性强，覆盖面广，适用性和实用性强，简单易懂，是造价读者的一本理想参考书。

本书在编写过程中，得到了许多同行的支持与帮助，在此表示感谢。由于编者水平有限和时间紧迫，书中难免有错误和不妥之处，望广大读者批评指正。如有疑问，请登录www.gczjy.com（工程造价员网）或 www.ysypx.com（预算员网）或 www.debzw.com（企业定额编制网）或 www.gclqd.com（工程量清单计价网），或发邮件至 zz6219@163.com 或 dlwhgs@tom.com 与编者联系。

目　　录

第1章　房屋建筑工程工程量清单计价

1.1　工程量清单计价简述

在工程量清单计价是建设工程招投标中，由投标人按照计价规范中工程量计算规则提供的工程数量，进行自主报价的工程造价计价模式。工程量清单计价有利于推行政府宏观调控、企业自主报价、市场竞争形成价格和社会全面监督的工程造价管理模式；有利于我国工程造价管理中政府智能的转变，即由过去行政直接干预转变为对工程造价的依法监督。

工程量清单计价是指投标人完成由招标人提供的工程量清单所需的全部费用，包括分部分项工程费、措施项目费、其他项目费、规费和税金。工程量清单计价是市场形成工程造价的主要形式。工程量清单计价有利于发挥企业自主报价的能力，实现由政府定价到市场定价的转变，有利于规范招投标双方在招投标过程中的行为，从而真正体现公开公平公正的原则，合理地反映市场经济规律。

对发包单位，由于工程量清单是招标文件的组成部分，招标单位必须编制出准确的工程量清单，并承担相应的风险，促进招标单位提高管理水平。由于工程量清单是公开的，将避免工程招标过程中的弄虚作假、暗箱操作等不规范行为。

对承包企业，采用工程量清单报价，必须对单位工程成本、利润进行分析，统筹考虑，精心选择施工方案，并根据企业的定额合理确定人材机等要素的投入与配置，优化组合，合理控制现场费用和施工技术措施费用，确定投标价。企业根据自身条件编制出自己的企业定额，改变了过去过分依赖国家发布定额的状况。

1. 工程量清单定义

工程量清单是指表达拟建工程的分部分项工程项目、措施项目、其他项目、规费项目和税金项目的名称和相应数量等的明细清单。

分部分项工程量清单表明了建设工程的全部分项实体工程的名称和相应工程数量的清单。措施项目清单表明了为完成建设工程全部分项实体工程而必须采取的措施性项目的清单。其他项目清单主要表明了分部分项工程量清单、措施项目清单所包含的内容以外，因招标人的特殊要求而发生的与拟建工程有关的其他费用项目和相应数量的清单。规费项目清单根据省级政府或省级有关部门规定必须缴纳的，应计入建筑安装工程造价的费用项目。税金项目清单根据国家税法规定应计入建筑安装工程造价内的税种，包括营业税、城市维护建设税及教育费附加。

2. 工程量清单的编制

工程量清单应由具有编制能力的招标人或受其委托，具有相应资质的工程造价咨询人编制。工程量清单的编制内容包括：工程量清单封面、工程量清单填表须知、工程量清单总说明、分部分项工程量清单、措施项目清单、其他项目清单。

3. 工程量清单组成

工程量清单应由分部分项工程量清单、措施项目清单、其他项目清单、规费项目清单和税金项目清单组成。

4. 工程量清单适用范围

使用国有资金投资的建设工程发承包，必须采用工程量清单计价。

非国有资金投资的建设工程，宜采用工程量清单计价。

1.2　工程量清单计价组成及特点

1. 工程量清单计价组成

工程量清单计价是指投标人完成由招标人提供的工程量清单所需的全部费用。

工程量清单计价由分部分项工程量清单（即分部分项工程费）、措施项目清单（即措施项目费）、其他项目清单（即其他项目费）、规费、税金五部分组成。

工程量清单应采用综合单价计价。措施项目中的安全文明施工费必须按国家或省级、行业建设主管部门的规定计算，不得作为竞争性费用。规费和税金必须按国家或省级、行业建设主管部门的规定计算，不得作为竞争性费用。

2. 工程量清单计价下工程造价的构成

工程量清单计价下的工程造价的构成由图 1-1 所示。

3. 工程量清单计价的特点

（1）符合市场经济运行规律和市场竞争规则。工程量清单价格的本质是价格市场化。投标人可根据本企业的工料机三项生产要素的消耗标准、间接发生额度及预期的利润要求，参与投标报价竞争。还可以将各种经济、技术、质量、进度的因素细化考虑到单价的确定上。在工程量清单计价模式下，投标人虽然掌握价格的决定权，但与社会平均水平相比，只有效高质优、成本低廉的企业才能被市场接受和认可。因此，工程量清单计价可以提高投标人的资金使用效益，促进施工企业加快技术进步，改善经营管理。

（2）能节约大量的人力、物力和时间。以往投标报价时，投标人需计算工程量，而工程量的计算约占投标报价工作量的大部分。有了招标人提供的工程量清单，避免了所有的投标人按照同一图纸计算工程数量的重复劳动，节省了社会成本以及建设项目的前期准备时间。

（3）符合风险合理分担原则。由于建设工程工期长，不可预见因素多，因而风险也较大。采用工程量清单计价，招投标人对其所编制清单数量的计算错误和以后的设计变更工程量负责，并相应承担此部分带来的投资风险；而投标人只对其所报单价的合理性负责，风险相对减小，实现了双方的风险共担、责权利对等。

（4）能够保证具体的施工项目计价的准确度和合理性。投标人为在竞争中取胜并获得利益，减少结算时工程量调整和设计变更造成的风险，方便工程分包核算，会根据施工用工技术程度的不同、材料价格的差异，确定各个施工项目的人工价格和间接费用标准，并以此保证工程的准确度，确保投标报价总价的合理性。这和预算定额计价时的平均工资、固定费率相比，具有明显的优势。

（5）符合国际习惯做法。通过建立与国际惯例接轨的工程量清单计价模式，引入充分竞争形成价格机制，制定衡量投标报价合理性的基础标准。工程量清单计价是世界上绝大多数国家使用的计价方式，已经趋于成熟并被普遍认可。在我国，世行、亚行和外商投资的项目以及许多装饰装修的工程项目的施工招投标中，均要求采用工程量清单报价。

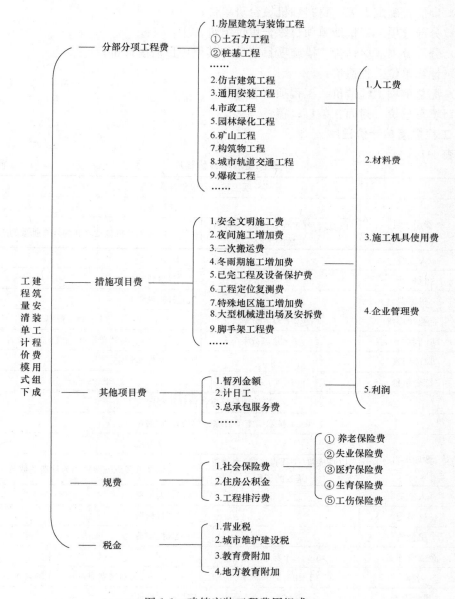

图 1-1　建筑安装工程费用组成

1.3　工程量清单计价流程

1. 工程量清单计价的操作步骤

（1）熟悉招标文件和设计文件；

（2）核对清单工程量并计算有关工程量；

（3）参加图纸答疑和查看现场；

（4）询价，确定人工、材料和机械台班单价；

（5）分部分项工程量清单项目综合单价组价；

（6）分部分项清单计价、措施项目清单和其他项目清单计价；

（7）计算单位工程造价；

（8）汇总单项工程造价、工程项目总造价；

（9）填写总价、封面、装订、盖章。

2. 工程量清单计价程序

见表 1-1。

工程量清单计价程序　　　　　　　　　　　　　　　　表 1-1

一		分部分项工程综合单价计算程序	
序号	费用项目	计算方法	
		以直接费（工程直接费）为计费基数的工程	以人工费机械费之和为计费基数的工程
1	人工费	$\sum$（人工费）	
2	材料费	$\sum$（材料费）	
3	机械费	$\sum$（机械费）	
4	企业管理费	（1＋2＋3）×费率	（1＋3）×费率
5	利润	（1＋2＋3）×费率	（1＋3）×费率/（1＋2＋3）×费率
6	风险因素	按招标文件或约定	
7	综合单价	1＋2＋3＋4＋5＋6	1＋2＋3＋4＋5＋6
二		措施项目综合单价计算程序	
		（一）技术措施项目综合单价计算程序	
序号	费用项目	计算方法	
		以直接费（工程直接费）为计费基数的工程	以人工费机械费之和为计费基数的工程
1	人工费	$\sum$（人工费）	
2	材料费	$\sum$（材料费）	
3	机械费	$\sum$（机械费）	
4	企业管理费	（1＋2＋3）×费率	（1＋3）×费率
5	利润	（1＋2＋3）×费率	（1＋3）×费率/（1＋2＋3）×费率
6	风险因素	按招标文件或约定	
7	综合单价	1＋2＋3＋4＋5＋6	1＋2＋3＋4＋5＋6

	(二)组织措施项目综合单价计算程序		
三	其他项目费计算程序		
		计算方法	
序号	费用项目	以直接费（工程直接费）为计费基数的工程	以人工费机械费之和为计费基数的工程
1	暂列金额	按招标文件或约定	
2	暂估价	按招标文件或约定	
3	计日工	3.1＋3.2＋3.3	
3.1	人工费	∑（人工综合单价×暂定数量）	
3.2	材料费	∑（材料综合单价×暂定数量）	
3.3	机械费	∑（机械台班综合单价×暂定数量）	
4	总承包服务费	(4.1＋4.2＋4.3)	
4.1	总承包管理和协调	标的额×费率	
4.2	总承包管理、协调和配合服务	标的额×费率	
4.3	招标人自行供应材料	标的额×费率	
5	其他项目费	1＋2＋3＋4	
四	单位工程造价计算程序表		
		计算方法	
序号	费用项目	以直接费（工程直接费）为计费基数的工程	以人工费机械费之和为计费基数的工程
1	分部分项工程费	∑（分部分项工程费）	
1.1	人工费	∑（人工费）	
1.2	机械费	∑（机械费）	
2	施工技术措施费	∑（施工技术措施费）	
2.1	人工费	∑（人工费）	
2.2	机械费	∑（机械费）	
3	施工组织措施费	∑（施工组织措施费）	
4	其他项目费	∑（其他项目费）	
4.1	人工费	∑（人工费）	
4.2	机械费	∑（机械费）	
5	规费	(1＋2＋3＋4)×费率	(1.1＋1.2＋2.1＋2.2＋4.1＋4.2)×费率
6	税金	(1＋2＋3＋4＋5)×费率	(1＋2＋3＋4＋5)×费率
7	含税工程造价	1＋2＋3＋4＋5＋6	1＋2＋3＋4＋5＋6

注：1. 建筑工程中的电气动力、照明、控制线路工程；通风空调工程；给水排水、采暖、煤气管道工程；消防及安全防范工程；建筑智能化工程；以直接费（直接工程费）为基数计取利润。

2. 装饰装修工程以直接费（直接工程费）为基数计取利润。

第 2 章　房屋建筑工程定额计价

2.1　定额计价简述

　　定额计价模式，即按预算定额规定的分部分项子目，逐项计算工程量，利用其数据去套用预算定额单价（或单价估价表）确定直接工程费，然后按规定的取费标准确定措施费、规费、间接费、利润和税金，加上人工、材料调差和适当的不可预见费，经汇总后即为单位工程预算或标底，由此确定的标底作为评标定标的主要依据。以定额计价法确定工程造价，是我国采用的一种与计划经济相适应的工程造价管理制度。定额计价实际上是国家通过颁布统一的估算指标、概算指标，以及概算、预算和有关定额，来对建筑产品价格进行有计划的管理。国家以假定的建筑安装产品为对象，制定出统一的预算和概算定额。计算出每一单元子项的费用后，再综合形成整个工程的价格。

　　定额计价是指根据招标文件，按照国家各建设行政主管部门发布的建设工程预算定额的"工程量计算规则"，同时参照省级建设行政主管部门发布的人工工日单价、机械台班单价、材料以及设备价格信息及同期市场价格，直接计算出直接工程费，再按规定的计算方法计算间接费、利润、税金，汇总确定建筑安装工程造价。

2.2　定额计价组成及特点

　　定额计价法是一种计价模式，其基本特征为：价格＝定额＋费用＋文件规定，并作为法定性的依据强制执行，不论是工程招标编制标底还是投标报价均以此为唯一的依据承发包双方共用一本定额和费用标准确定标底价和投标报价，一旦定额价与市场价脱节就影响计价的准确性。定额计价是建立在以政府定价为主导的计划经济管理基础上的价格管理模式，它所体现的是政府对工程价格的直接管理和调控。随着市场经济的发展，我们曾提出过"控制量、指导价、竞争费"、"量价分离"、"以市场竞争形成价格"等多种改革方案。但由于没有对定额管理方式及计价模式进行根本的改变，以至于未能真正体现量价分离，以市场竞争形成价格。也曾提出过推行工程量清单报价，但实际上由于目前还未形成成熟的市场环境，一步实现完全开放的市场还存在着许多的困难，其中明显的是以量补价、量价扭曲，所以仍然是以定额计价的形式出现，摆脱不了定额计价模式，不能真正体现企业根据市场行情和自身条件自主报价。

2.3 定额计价流程

　　编制建设工程造价最基本的过程有：工程计量和工程计价。确定地区的工程量计算均按照统一的项目划分和计算规则计算，在工程量确定后，就可以按照一定方法确定出工程的成本及盈利，最终可以确定出工程预算造价（或投标报价）。定额计价方法的特点就是量与价的结合，经过不同层次的计算从而形成量与价的最优结合过程。工程造价定额计价程序见图 2-1。

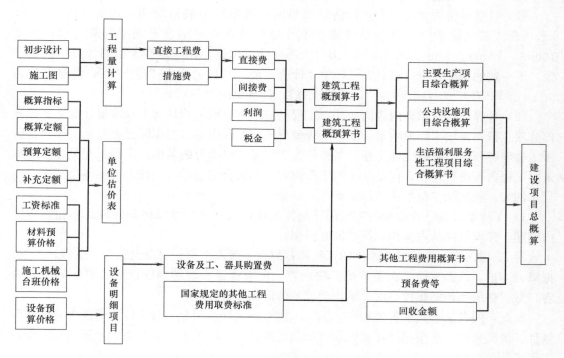

图 2-1　工程造价定额计价程序示意图

　　同时我们可以用公式进一步确定建筑产品价格定额计价的基本方法及其计价程序。

　　（1）每一计量单位建筑产品的基本构造要素（假定＝人工费＋材料费＋施工机械使用费建筑产品）的直接费单价

　　式中　人工费＝∑（人工工日数量×人工工日工资标准）

　　　　　材料费＝∑（材料用量×材料预算价格）

　　　　　机械使用费＝∑（机械台班用量×台班单价）

　　（2）单位直接工程费＝∑（假定建筑产品工程量×直接费单价）＋其他直接费＋现场经费

　　（3）单位工程概预算造价＝单位直接工程费＋间接费＋利润＋税金

　　（4）单项工程概算造价＝∑ 单位工程概预算造价＋设备、工器具购置费

　　（5）建设项目全部工程概算造价＝∑ 单项工程的概算造价＋有关的其他费用＋预备费

2.4　工程量清单计价与定额计价的区别和联系

1. 工程量清单计价与预算定额计价在计算规则上的主要区别

"计价规范"在编制过程中，以现行的《全国统一工程预算定额》为基础，特别是项目划分、计量单位和工程量计算规则等方面，尽可能多地与定额衔接。因为预算定额是按照计划经济要求制定并发布实施的，由于报价单位不能结合具体情况和自身水平自主报价，因此"计价规范"和预算定额在计算规则上又有很大区别。主要有以下 3 点：

(1) 计量单位的变动。工程量清单项目的计量单位一般采用基本计量单位，如 m、kg、t 等。基础定额中的计量单位除基本计量单位外有时出现不规范的复合单位，如 $100m^3$、$100m^2$、$10m$、$100kg$ 等。但是大部分计量单位与相应定额子项的计量单位相一致。不一致的例如：土（石）方工程中"计价规范"项目名称为"挖土方"，计量单位为 m^3；"预算定额"项目名称为"人工挖土方"，计量单位为 $100m^3$。

(2) 计算口径及综合内容的变动。工程量清单对分项工程是按工程净量计量，定额分部分项工程则是按实际发生量计量，工程量清单的工程内容是按实际完成完整实体项目所需工程内容列项，并以主体工程的名称作为工程量清单项目的名称。定额工程量计算规则未对工程内容进行组合，仅是单一的工程内容，其组合的是单一工程内容的各个工序。

例如：混凝土工程中带型基础梁。

1) 工程量计量：计价规范和定额计量都是按设计图示尺寸以体积计算，不扣除构件内钢筋、预埋铁件所占体积，两者没有区别。

2) 工程内容：计价规范给出的工程内容综合了敷设垫层，混凝土制作、运输、浇筑、振捣、养护，地脚螺栓二次灌浆等三项内容；定额子目表现的则仅仅是其中的第二项内容，敷设垫层和地脚螺栓二次灌浆作为单独的定额子目处理。

鉴此，两者从形式上看似相同，但有本质上的区别。因此，对于计价规范中清单工程量计算规则来讲，必须把计算规则和清单项目组合的工程内容联系起来，才能达到准确的工程量计量目的。

(3) 计算方法的改变。计算方法的改变是指在对工程实体项目工程量的计算方法和有关规定的改变。主要表现在清单项目工程量均以工程实体的净值为准，这不同以往定额工程量计算规则要求对工程量按净值加规定预留及裕量来计量。

需要说明的是：同一工程由于施工方案的不同，工程造价各异。投标单位可根据工程条件选择能发挥自身技术优势的施工方案，力求降低工程造价，确立在招投标中的竞争优势。工程量清单计算规则是针对工程量清单项目的主项的计算方法及计量单位进行确定，对主项以外的总和的工程内容的计算方法及计量单位不做确定，而由投标单位根据施工图及投标单位的经验自行确定。最后综合处理形成分部分项工程量清单综合单价。

2. 工程量清单计价法的特点

建设单位在招标时，基本上都附有工程量清单。这就为工程量清单计价法提供了良好的基础。它具有以下的特点：

(1) 强制性

它明确了工程量清单是招标文件的组成部分，规定了招标人在编制工程量清单时必须遵守的规则，做到四统一：统一项目编码、统一项目名称、统一计量单位和统一工程量计算规则。更重要的是，它由建设主管部门按照强制标准批准颁布，并规定了全部使用国有资金或国有资金为主的大中型建设工程应按计价规范规定执行。

（2）通用性

实行工程量清单计价与国际惯例接轨，符合工程量计算方法的标准化、工程量计算规则统一化、工程造价确定市场化的要求。招标人提供的工程量清单，投标人不能修改和删除。

（3）实用性

工程量清单项目及计算规则的项目名称表现的是工程实体项目，项目名称明确清晰，工程量计算规则简洁明了，特别还列有项目特征和工程内容，易于编制工程量清单时确定具体项目名称和投标报价。考虑到不同投标人的"个性"，因此在"措施项目清单"一栏，投标人可以根据自己企业的实际情况增加措施项目内容报价。

（4）竞争性

1）"计价规范"中的措施项目，在工程量清单中只列"措施项目"一栏，具体采用什么措施（模板、脚手架、临时设施、施工排水、放坡、垂直运输等），由招标人根据企业的施工组织设计来决定具体报价，因为这些在各个企业间各有不同，是留给企业竞争的项目。

2）"计价规范"中人工、材料、施工机械没有具体的消耗量，投标企业可以根据企业的定额和市场价格信息，也可以参照建设行政主管部门发布的社会平均消耗量定额进行报价，在此，报价权力归属于施工企业。

第 3 章　建筑工程常用图例

3.1　常用总平面图图例

1. 总平面图图例线型

（1）新建建筑——粗实线。

（2）原有建筑——细实线。

（3）计划预留地——中虚线。

（4）拆除建筑——细实线加叉。

2. 常用总平面图

如表 3-1 所示。

常用总平面图图例　　　　　　　　　　　　　表 3-1

序号	名　　称	图　　例	备　　注
1	墙体		1. 上图为外墙，下图为内墙 2. 外细线表示有保温层或有幕墙 3. 应加注文字（或涂色或图案填充）表示各种材料的墙体 4. 在各层平面图中防火墙宜着重以特殊图案填充表示
2	隔断		1. 加注文字或涂色或图案填充表示各种材料的轻质隔断 2. 适用于到顶与不到顶隔断
3	玻璃幕墙		幕墙龙骨是否表示由项目设计决定
4	栏杆		
5	楼梯		1. 上图为顶层楼梯平面，中图为中间层楼梯平面，下图为底层楼梯平面 2. 需设置靠墙扶手或中间扶手时，应在图中表示

序号	名 称	图 例	备 注
6	坡道		上图为两侧垂直的门口坡道,中图为有挡墙的门口坡道,下图为两侧找坡的门口坡道
7	台阶	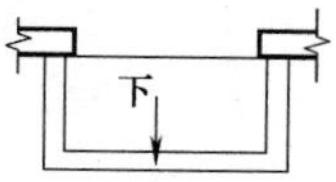	
8	平面高差	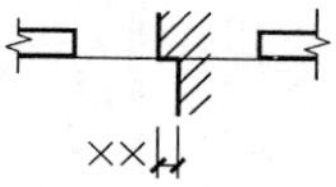 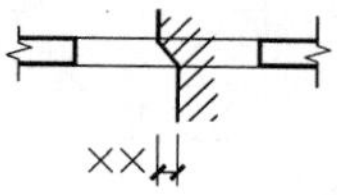	用于高差小的地面或楼面交接处,并应与门的开启方向协调
9	检查孔		左图为可见检查孔 右图为不可见检查孔
10	孔洞		阴影部分亦可填充灰度或涂色代替
11	坑槽		
12	墙顶留洞、槽	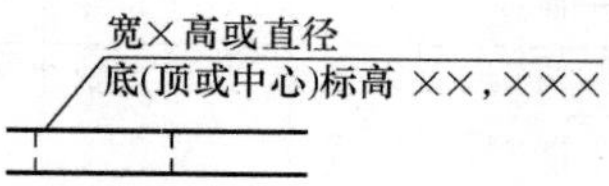 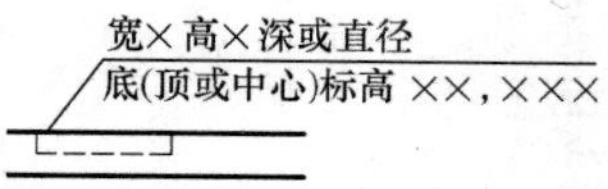	1. 上图为预留洞、下图为预留槽 2. 平面以洞(槽)中心定位 3. 标高以洞(槽)底或中心定位 4. 宜以涂色区别墙体和预留洞(槽)

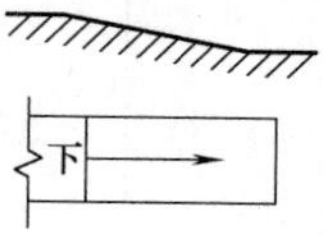

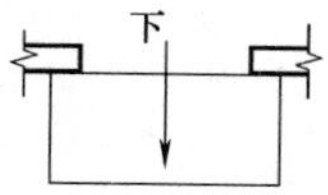

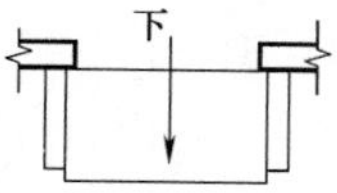

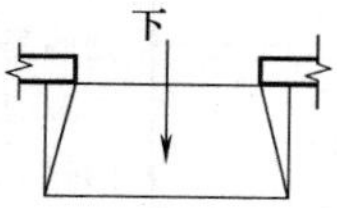

续表

序号	名　称	图　例	备　注
13	地沟	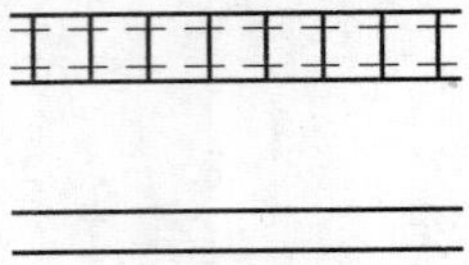	上图为活动盖板地沟,下图为无盖板明沟
14	烟道	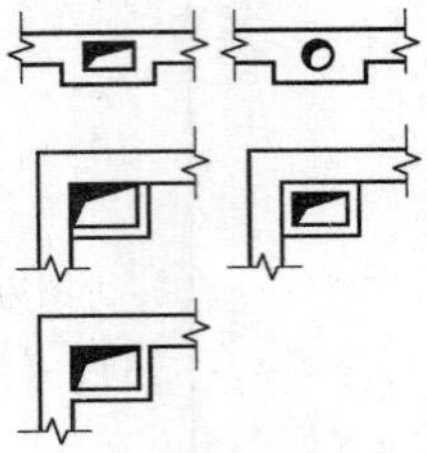	1. 阴影部分亦可涂色代替 2. 烟道、风道与墙体为相同材料,其相接处墙身线应连通 3. 烟道、风道根据需要增加不同材料的内衬
15	风道	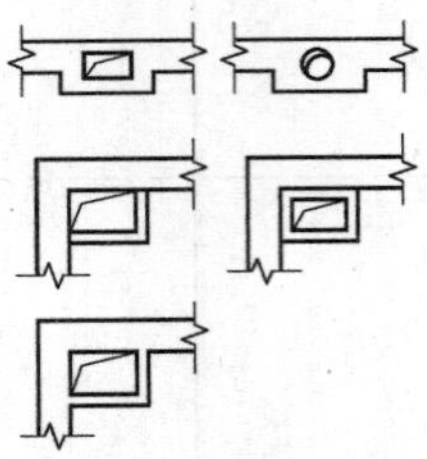	
16	新建的墙和窗	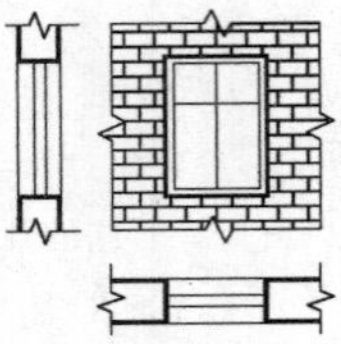	
17	改建时保留的原有墙和窗	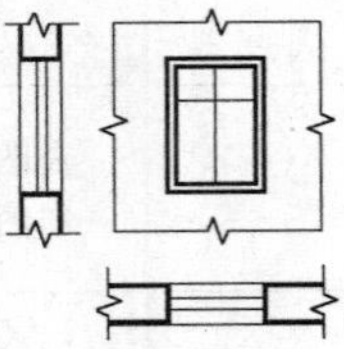	只更换窗,应加粗窗的轮廓线
18	拆除的墙	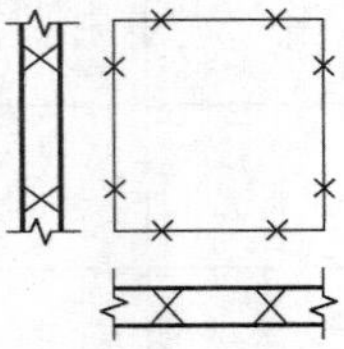	
19	改建时在原有墙或楼板新开的洞	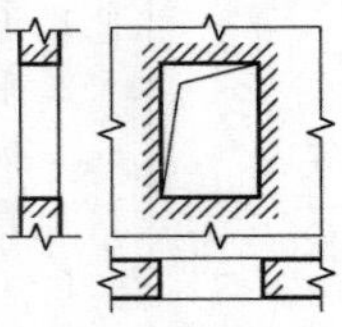	

序号	名　　称	图　　例	备　　注
20	在原有墙或楼板洞旁扩大的洞	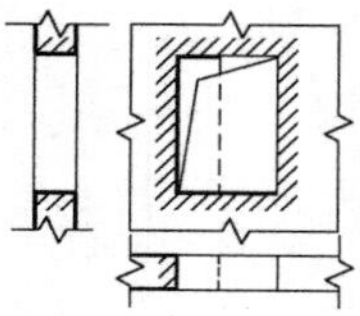	
21	在原有墙或楼板上全部堵塞的洞	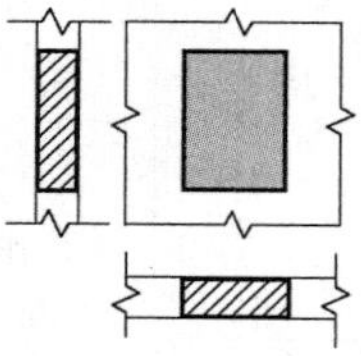	
22	在原有墙或楼板上全部堵塞的洞	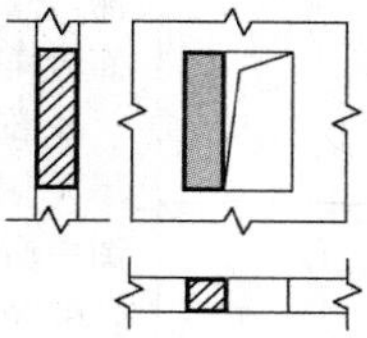	
23	空门洞	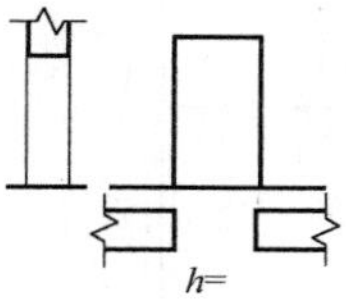 $h=$	h 为门洞高度
24	单扇平开或单向弹簧门	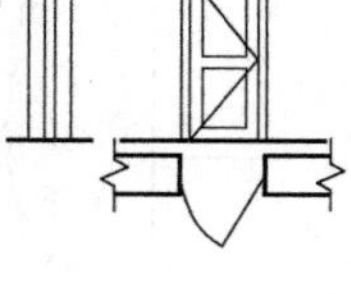	1. 门的名称代号用 M 表示 2. 平面图中,下为外,上为内,门开启线为 90°、60°或 45° 3. 立面图中,开启线实线为外开,虚线为内开。开启线交角的一侧为安装合页的一侧,开启线在建筑立面图中可不表示。在立面大样图中可根据需要绘出 4. 剖面图中,左为外,右为内 5. 附加纱扇应以文字说明,在平、立、剖面图中均不表示 6. 立面形式应按实际情况绘制

序号	名　称	图　例	备　注
24	单扇平开或双向弹簧门		
	双层单扇平开门		1. 门的名称代号用 M 表示 2. 平面图中，下为外，上为内，门开启线为 90°、60°或 45° 3. 立面图中，开启线实线为外开，虚线为内开。开启线交角的一侧为安装合页的一侧，开启线在建筑立面图中可不表示。在立面大样图中可根据需要绘出 4. 剖面图中，左为外，右为内 5. 附加纱扇应以文字说明，在平、立、剖面图中均不表示 6. 立面形式应按实际情况绘制
25	单面开启双扇门（包括平开或单面弹簧）		
	双面开启双扇门（包括双面平开或双面弹簧）		
	双层双扇平开门		
26	折叠门		1. 门的名称代号用 M 表示 2. 平面图中，下为外，上为内 3. 立面图中，开启线实线为外开，虚线为内开。开启线交角的一侧为安装合页的一侧 4. 剖面图中，左为外，右为内 5. 立面形式应按实际情况绘制
	推拉折叠门		

序号	名　称	图　例	备　注
27	墙洞外单扇推拉门		1. 门的名称代号用 M 表示 2. 平面图中，下为外，上为内 3. 剖面图中，左为外，右为内 4. 立面形式应按实际情况绘制
	墙洞外双扇推拉门		
	墙中单扇推拉门		1. 门的名称代号用 M 表示 2. 立面形式应按实际情况绘制
	墙中双扇推拉门		
28	推拉门		1. 门的名称代号用 M 表示 2. 平面图中，下为外，上为内，门开启线为 90°、60°或 45° 3. 立面图中，开启线实线为外开，虚线为内开。开启线交角的一侧为安装合页的一侧，开启线在建筑立面图中可不表示。在立面大样图中可根据需要绘出 4. 剖面图中，左为外，右为内 5. 附加纱扇应以文字说明。在平、立、剖面图中均不表示 6. 立面形式应按实际情况绘制
29	门连窗		
30	旋转门		1. 门的名称代号用 M 表示 2. 立面形式应按实际情况绘制

序号	名　称	图　例	备　注
31	两翼智能旋转门		1. 门的名称代号用 M 表示 2. 立面形式应按实际情况绘制
32	自动门		1. 门的名称代号用 M 表示 2. 立面形式应按实际情况绘制
33	折叠上翻门		1. 门的名称代号用 M 表示 2. 平面图中，下为外，上为内 3. 剖面图中，左为外，右为内 4. 立面形式应按实际情况绘制
34	提升门		1. 门的名称代号用 M 表示 2. 立面形式应按实际情况绘制
35	分节提升门		
36	人防单扇防护密闭门 人防单扇密闭门		1. 门的名称代号用 M 表示 2. 立面形式应按实际情况绘制

序号	名 称	图 例	备 注
37	人防双扇防护密闭门		1. 门的名称代号用 M 表示 2. 立面形式应按实际情况绘制
	人防双扇密闭门		
38	横向卷帘门		1. 门的名称代号用 M 表示 2. 立面形式应按实际情况绘制
	竖向卷帘门		
	单侧双层卷帘门		
	单侧双层卷帘门		

序号	名　称	图　例	备　注
39	固定窗	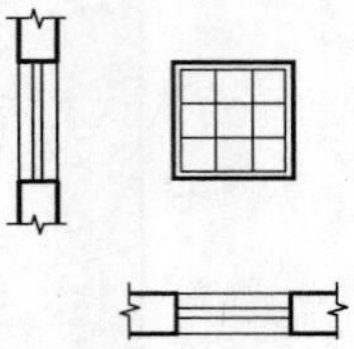	
40	上悬窗	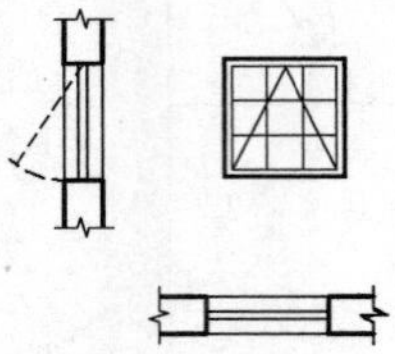	
	中悬窗	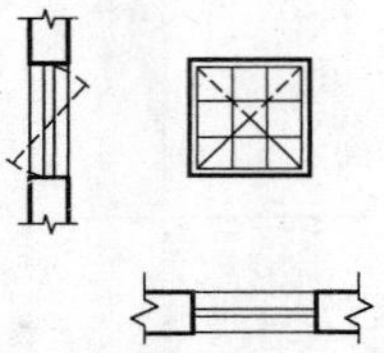	1. 窗的名称代号用 C 表示 2. 平面图中，下为外，上为内 3. 立面图中，开启线实线为外开，虚线为内开。开启线交角的一侧为安装合页的一侧，开启线在建筑立面图中可不表示。在门窗立面大样图中需要绘出 4. 剖面图中，左为外，右为内，虚线仅表示开启方向，项目设计不表示 5. 附加纱扇应以文字说明，在平、立、剖面图中均不表示 6. 立面形式应按实际情况绘制
41	下悬窗	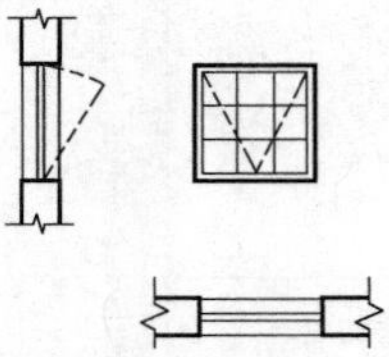	
42	立转窗	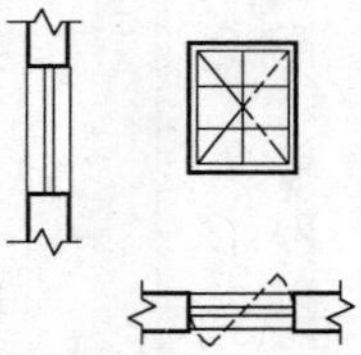	
43	内开平开内倾窗	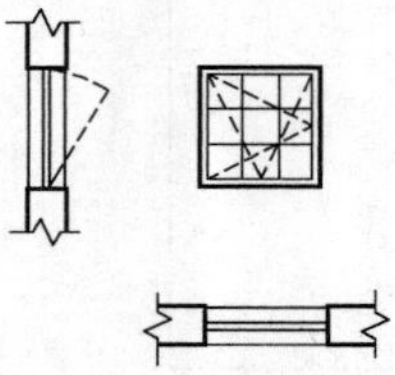	
44	单层外开平开窗	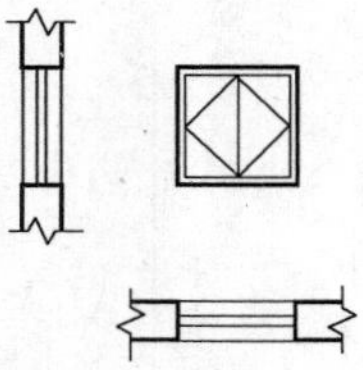	

序号	名　称	图　例	备　注
45	单层内开平开窗		1. 窗的名称代号用 C 表示 2. 平面图中，下为外，上为内 3. 立面图中，开启线实线为外开，虚线为内开。开启线交角的一侧为安装合页的一侧，开启线在建筑立面图中可不表示。在门窗立面大样图中需要绘出 4. 剖面图中，左为外，右为内，虚线仅表示开启方向，项目设计不表示 5. 附加纱扇应以文字说明，在平、立、剖面图中均不表示 6. 立面形式应按实际情况绘制
	双层内外开平开窗		
46	单层推拉窗		
	双层推拉窗		1. 门的名称代号用 C 表示 2. 立面形式应按实际情况绘制
47	上推窗		
48	百叶窗		
49	高窗	$h=$	1. 窗的名称代号用 C 表示 2. 立面图中，开启线实线为外开，虚线为内开。开启线交角的一侧为安装合页的一侧，开启线在建筑立面图中可不表示，在门窗立面大样图中需绘出 3. 剖面图中，左为外，右为内 4. 立面图形式应按实际情况绘制 5. h 表示高窗底距本层地面标高 6. 高窗开启方式参考其他窗型

续表

序号	名　称	图　例	备　注
50	平推窗	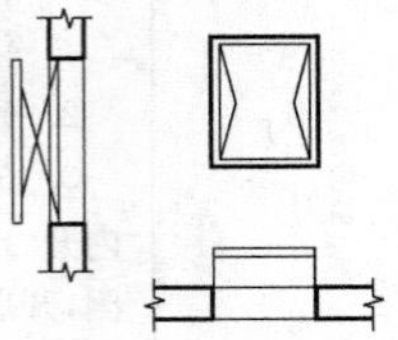	1. 门的名称代号用 C 表示 2. 立面形式应按实际情况绘制
51	新建建筑物	 8 ▲	1. 需要时,可用 ▲ 表示出入口,可在图形内右上角用点数或数字表示层数 2. 建筑物外形(一般以±0.000 高度处的外墙定位轴线或外墙面线为准)用粗实线表示。需要时,地面以上建筑用中粗实线表示;地面以下建筑用细虚线表示
52	原有建筑物	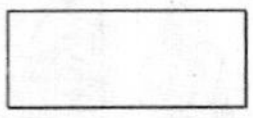	用细实线表示
53	计划预留地		用中粗虚线表示
54	拆除的建筑物	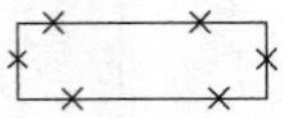	用细实线加叉号表示
55	建筑物下面的通道	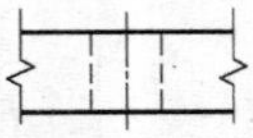	
56	散状材料露天堆场	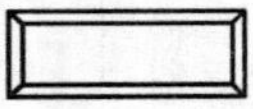	需要时可注明材料名称
	其他材料露天堆场或露天作业场	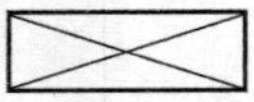	
57	铺砌场地	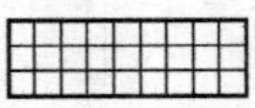	
58	敞棚或敞廊	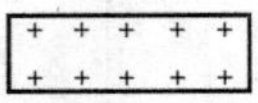	
59	高架式料仓		
60	漏斗式贮仓		左、右图为底卸式 中图为侧卸式

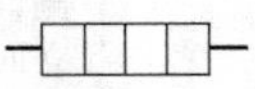

序号	名　称	图　例	备　注
61	冷却塔(池)		应注明冷却塔或冷却池
62	水塔、贮罐	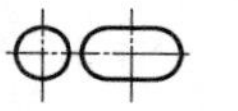	左图为水塔或立式贮罐 右图为卧式贮罐
63	水池、坑槽		也可以不涂黑
64	明溜矿槽(井)		
65	斜井或平洞		
66	烟囱	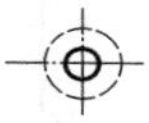	实线为烟囱下部直径,虚线为基础,必要时可注写烟囱高度和上、下口直径
67	围墙及大门	 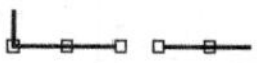	上图为实体性质的围墙,下图为通透性质的围墙,若仅表示围墙时不画大门
68	挡土墙		被挡土在"突出"的一侧
	挡土墙上设围墙		
69	台阶	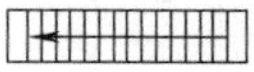	箭头指向表示向下
70	露天桥式起重机		"+"为柱子位置
71	露天电动葫芦	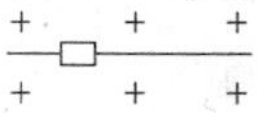 	"+"为支架位置

续表

序号	名 称	图 例	备 注
72	门式起重机	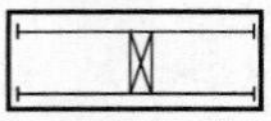 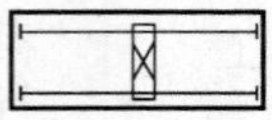	上图表示有外伸臂 下图表示无外伸臂
73	架空索道		"I"为支架位置
74	斜坡卷扬机道		
75	斜坡栈桥 （皮带廊等）	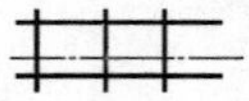	细实线表示支架中心线位置
76	坐标	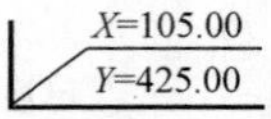 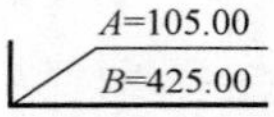 $X=105.00$ $Y=425.00$ $A=105.00$ $B=425.00$	上图表示测量坐标 下图表示建筑坐标
77	方格网交叉点标高	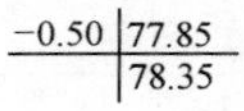 -0.50 | 77.85 | 78.35	"78.35"为原地面标高 "77.85"为设计标高 "−0.50"为施工高度 "−"表示挖方（"+"表示填方）
78	填方区、挖方区、未整平区及零点线	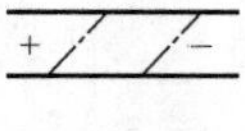  $+$ $-$ $+$ $-$	"+"表示填方区 "−"表示挖方区 中间为未整平区 点划线为零点线
79	填挖边坡 护坡	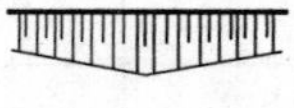	1. 边坡较长时，可在一端或两端局部表示 2. 下边线为虚线时表示填方
80	分水脊线与谷线	 	上图表示脊线 下图表示谷线

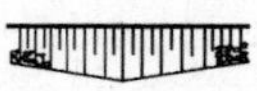

续表

序号	名 称	图 例	备 注
81	洪水淹没线		阴影部分表示淹没区(可在底图背面涂红)
82	地表排水方向		
83	截水沟或排水沟	 40.00	"1"表示 1‰的沟底纵向坡度,"40.00"表示变坡点间距离,箭头表示水流方向
84	排水明沟	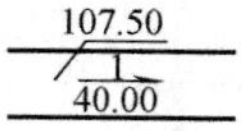 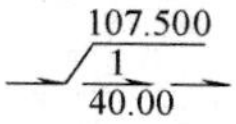 107.50 1 40.00 107.500 1 40.00	1. 上图用于比例较大的图面,下图用于比例较小的图面 2."1"表示 1‰的沟底纵向坡度,"40.00"表示变坡点间距离,箭头表示水流方向 3."107.500"表示沟底标高
85	铺砌的排水明沟	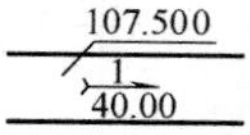 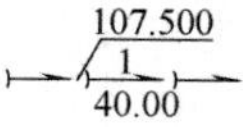 107.500 1 40.00 107.500 1 40.00	1. 上图用于比例较大的图面,下图用于比例较小的图面 2."1"表示 1‰的沟底纵向坡度,"40.00"表示变坡点间距离,箭头表示水流方向 3."107.500"表示沟底标高
86	有盖的排水沟	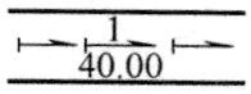 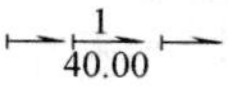 1 40.00 1 40.00	1. 上图用于比例较大的图面,下图用于比例较小的图面 2."1"表示 1‰的沟底纵向坡度,"40.00"表示变坡点间距离,箭头表示水流方向
87	雨水口		
88	消火栓井		
89	急流槽		箭头表示水流方向
90	跌水	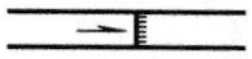	
91	拦水(闸)坝	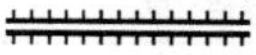	
92	透水路堤	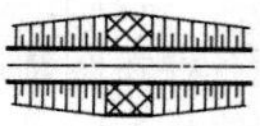	边坡较长时,可在一端或两端局部表示

23

续表

序号	名　　称	图　　例	备　　注
93	过水路面		
94	室内标高	151.000(±0.000)	
95	室外标高	●143.000▼143.000	室外标高也可采用等高线表示
96	露天桥式起重机		
97	龙门起重机		上图表示有外伸臂 下图表示无外伸臂
98	风向频率玫瑰图	北	
99	指南针	北	

注：1. 指北针宜用细实线绘制，圆圈直径宜为 24mm，指针尾部宽度宜为 3mm，需用较大直径绘制指北针时，指
　　　北针尾部宽度宜为直径的 1/8。
　　2. 风向频率玫瑰图是根据当地多年平均统计的各个方向吹风次数的百分数按一定的比例绘制的，风吹方向是
　　　指从外面吹向中心。实线——表示全年风吹频率，虚线－－－表示夏季风向频率，按 6、7、8 三个月
　　　统计。

3.2　土建材料常用图例

1. 土建材料常用图例
见表 3-2。

土建材料常用图例　　　　　　　　　　　　　　表 3-2

名称	图　　例	名称	图　　例
自然土壤		混凝土 包括各种强度等级、骨料、 添加剂的混凝土	

续表

名　称	图　例	名　称	图　例
夯实土壤		钢筋混凝土 如断面较窄可涂黑	
砂、灰土、粉刷		焦渣、矿渣 包括与水泥、石灰等混合而成的材料	
砂砾石 碎砖三合土		木材 上图为横断面，左上图为垫木、木砖、格栅下图为纵断面	
天然石材 包括岩层、砌体、铺地、贴面等材料		多孔材料 包括水泥珍珠岩、沥青珍珠岩、泡沫混凝土、非承重加气混凝土泡沫塑料、软木等	
毛石		玻璃 包括磨砂玻璃、夹丝玻璃、钢化玻璃等	
普通砖 包括砌体、砌块，如断面较窄可涂红		纤维材料 包括麻丝、玻璃棉、矿渣、木丝板、纤维板等	
耐火砖 包括耐酸砖等		防火卷材 构造层次多，比例较大时采用上面图例	
空心砖 包括各种多孔砖		金属 包括各种金属，图形小时可涂黑	
饰面砖 包括铺地砖、马赛克陶瓷面砖、人造大理石等		液体	

注：1. 砂、灰土图例中，在轮廓线内点较密的点，粉刷图例中点较稀的点。

2. 图例中的斜线、短斜线、短斜线等一律为45°。

3. 用液体图例时，应注明液体名称。

4. 详细说明见国家标准《建筑结构制图标准》GB/T 50105—2010。

2. 详图符号及对称符号

见表 3-3。

详图符号及对称符号　　　　　　　　　　表 3-3

	符　　号	说　　明
详 图 的 索 引 符 号	⑤——详图的编号 ——详图在本图纸上	详图索引符号的直径均以细实线绘制，图的直径应为10mm 详图在本张图纸上
	⑤——局部剖面详图的编号 ——剖面详图在本张图纸上	

续表

符　号	说　明
详图的索引符号　⑤/④　详图的编号　详图所在的图纸编号	详图不在本张图纸上
＝⑤/④　局部剖面详图的编号　剖面详图所在的图纸编号	
J103 ⑤/④　标准图型编号　标准详图编号　详图所在的图纸编号	标准详图
详图的符号　⑤　详图编号	详图符号应以粗实线绘制直径为 14mm 被索引的详图在本张图纸上
⑤/②　详图编号　被索引的详图所在的图纸编号	
对称符号　＋ ＋	对称符号应用细线绘制、平行线长度宜为 6～10mm,平行线间距宜为 2～3mm 平行线在对称线两侧的长度应相等

3. 水平垂直运输装置

见表 3-4。

水平垂直运输装置图例　　表 3-4

序号	名　称	图　例	备　注
1	铁路		适用于标准轨及窄轨铁路,使用本图例时应注明轨距
2	起重机轨道		
3	手、电动葫芦	I G_n=(t)	1. 上图表示立面(或剖切面),下图表示平面 2. 手动或电动由设计注明 3. 需要时,可注明起重机的名称、行驶的范围及工作级别 4. 本图例的符号说明: G_n——起重机起重量,以 t 计算

序号	名称	图 例	备 注
4	梁式悬挂起重机	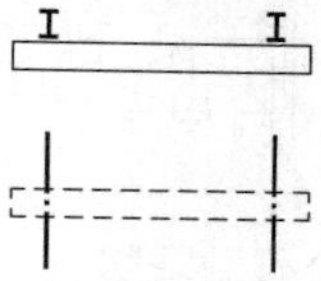 $G_n=(t)$ $S=(m)$	1. 上图表示立面(或剖切面),下图表示平面 2. 手动或电动由设计注明 3. 需要时,可注明起重机的名称、行驶的范围及工作级别 4. 本图例的符号说明: G_n——起重机起重量,以吨(t)计算 S——起重机的跨度或臂长,以米(m)计算
5	多支点悬挂起重机	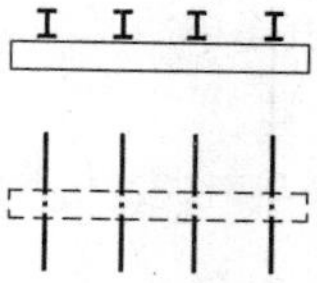 $G_n=(t)$ $S=(m)$	
6	梁式起重机	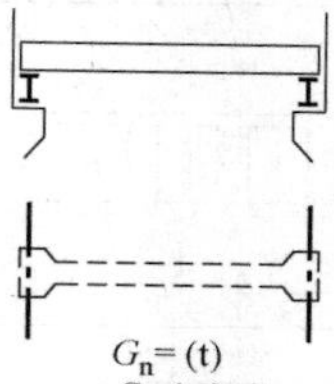 $G_n=(t)$ $S=(m)$	
7	桥式起重机	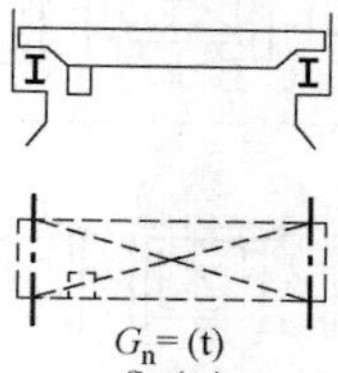 $G_n=(t)$ $S=(m)$	1. 上图表示立面(或剖切面),下图表示平面 2. 有无操纵室,应按实际情况绘制 3. 需要时,可注明起重机的名称、行驶的范围及工作级别 4. 本图例的符号说明: G_n——起重机起重量,以吨(t)计算 S——起重机的跨度或臂长,以米(m)计算
8	龙门式起重机	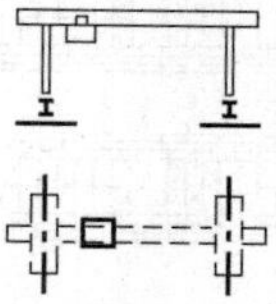 $G_n=(t)$ $S=(m)$	
9	臂柱式起重机	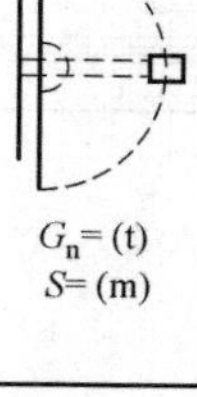 $G_n=(t)$ $S=(m)$	1. 上图表示立面(或剖切面),下图表示平面 2. 需要时,可注明起重机的名称、行驶的范围及工作级别 3. 本图例的符号说明: G_n——起重机起重量,以吨(t)计算 S——起重机的跨度或臂长,以米(m)计算

序号	名称	图 例	备 注
10	臂行起重机	$G_n=(t)$ $S=(m)$	1. 上图表示立面(或剖切面),下图表示平面 2. 需要时,可注明起重机的名称、行驶的范围及工作级别 3. 本图例的符号说明: G_n——起重机起重量,以吨(t)计算 S——起重机的跨度或臂长,以米(m)计算
11	定柱式起重机	$G_n=(t)$ $S=(m)$	
12	传送带		传送带的形式多种多样,项目设计图均按实际情况绘制,本图例仅为代表
13	电梯		1. 电梯应注明类型,并按实际绘出门和平衡锤或导轨的位置 2. 其他类型电梯应参照本图例按实际情况绘制
14	杂物电梯		
15	自动扶梯	上 上 下	箭头方向为设计运行方向
16	自动人行道		
17	自动人行坡道	上	

28

第4章 建筑工程图纸分析

4.1 图纸编排顺序

房屋建筑工程施工图是将建筑物的平面布置、外形轮廓、尺寸大小、结构构造和材料做法等内容，按照相关国家标准的规定，用正投影方法，详细准确地画出的图样。它是用以组织、指导建筑施工，进行经济核算，工程监理，完成整个房屋建造的一套图样，又可以称为房屋施工图。

一套完整的房屋建筑工程施工图一般分为：建筑施工图、结构施工图、设备施工图。

建筑施工图主要反映建筑物的总体布局、外部造型、内部布置、细部构造、内外装饰等情况。建筑施工图主要包括设计总说明、总平面图、平面图、立面图、剖面图和详图等。建筑施工图是房屋施工时定位放线、砌筑墙身、制作楼梯、安装门窗、固定设施以及室内外装修的主要依据，也是编制工程预算和施工组织计划等的主要依据。

结构施工图主要反映建筑物各承重构件的布置、形状尺寸、所用材料构造做法等内容，其主要包括设计说明、基础平面图、基础详图、结构平面布置图、钢筋混凝土构件详图、节点构造详图等。结构施工图是房屋施工时开挖地基，制作构件，绑扎钢筋，设置预埋件，安装梁、板、柱等构件的主要依据，是编制工程预算和施工组织计划等的主要依据。

设备施工图主要反映建筑工程各专业设备、管道及埋线的布置和安装要求的图样。

阅读施工图一般是按照图纸目录的顺序，即：总说明、建筑施工图、结构施工图、设备施工图的顺序排列。各专业图纸内容的主次关系、逻辑关系有序排列，一般是基本图在前，详图在后；总体图在前，局部图在后；主要部分在前，次要部分在后；布置图在前，构件图在后等次序编排。

建筑施工图的排列：设计总说明、总平面图、平面图（自下而上）、立面图、剖面图、详图等。建筑详图主要包括墙身详图、楼梯详图、门窗详图等。

结构施工图排列：结构设计总说明、基础平面图、基础详图、自下而上排列的楼层结构平面图、屋顶结构平面图、楼梯及构件详图等。

4.2 某中学食堂工程建筑施工图纸分析

1. 工程简介

本实例为某中学食堂工程，结构类型为框架结构，最大柱距为8m，耐火等级为一级，地震设防烈度为 8 度,总建筑面积为 1473.11m²。室内设计绝对标高为±0.000,建筑地上一层,室内外高差 0.450m,设计耐久年限为 50 年。所有的墙均采用 240mm 厚空心砖墙,砌筑砂浆均采用 M7.5 水泥砂浆。混凝土保护层厚度取 30mm。

2. 建筑说明

(1) 雨篷设置:雨篷设置在外墙,位置在高于门 300mm 处,雨篷宽为门宽每边延长 300mm,雨篷挑出长度为 1000mm,雨篷最外边缘厚度为 70mm,内边缘厚度为 130mm(靠墙外边),雨篷梁宽同墙厚 240mm,高 300mm,雨篷梁长为沿雨篷宽每边增加 250mm。

(2) 门窗过梁:门窗过梁高度为 200mm,只有 C-5 过梁高 300mm。厚度同墙厚为 240mm,长度为沿门窗宽度每边延长 300mm 计算。

主次梁交接处,在主梁上设置吊筋,2 根直径为 12mm 的 HRB400 级钢筋。具体门窗如表 4-1 所示。

具体门窗表　　　　　　　　　表 4-1

类型	设计编号	洞口尺寸	数量	
			1 层	合计
门	M-3	900×2100	5	5
	M-4	1000×2100	5	5
	M-5	1500×2400	2	2
卷帘门	M-1	4000×2400	1	1
	M-2	3000×2400	2	2
推拉门	M-6	3000×2400	1	1
窗	C-1	3000×1800	8	8
	C-2	2700×1800	4	4
	C-3	3000×1800	7	7
	C-4	900×900	2	2
	C-5	7500×1800	4	4

3. 某中学食堂施工图纸分析

平面图表达建筑物的布局,看平面图应该抓住重点,否则会迷失在复杂的标注和图样中。一找指北针,看图先要找到北。二看出入口、楼梯、电梯、扶梯的位置及走廊的走向,来了解内部的交通组织,把建筑"走通"。三看轴网及柱子的布置,了解建筑结构体系。四看屋面天沟、雨水口及各平面雨水管的布置,了解雨水排放系统。五注意做法索引、详图索引、剖面剖断符号,以便把平面图和立面图、剖面图、详图贯穿起来。

图 4-1~图 4-27 为某中学食堂工程图。其中包括建筑平面图 2 张,建筑结构图 3 张、建筑剖面图、建筑立面图、梁配筋详图、柱配筋详图、梯梁详图及其他小部位详图等。

(1) 平面图

从图纸可以看出,某中学食堂只有一层,从一层平面图(图 4-1)中可以了解,某中学食堂是凹的,①轴的长度为 37m,Ⓐ轴的长度为 42m,①轴上Ⓐ①轴之间的距离为 13m,①轴上Ⓓ①轴之间的距离为 24m,⑧轴的长度为 37m。该食堂内部有副食库、主食库、售餐区、更衣室、消毒、留样库、备餐区、配菜区、洗碗区、值班室、餐具回收区、就餐区、洗漱台、卫生间。该餐厅有 6 种形式的门和 5 种形式的窗，具体见门窗图和门窗表（表 4-1、图 4-15～图 4-25）。从图中还可以了解该餐厅设有散水、坡道烟道，散水的宽度为 0.9m，防滑坡道的平面图尺寸为 3m×1.5m，防滑坡道的结构构造从下到上依次为 300mm 厚 3：7 灰土压实、100mm 厚 C15 混凝土、20mm 厚 1：2 水泥砂浆抹面，烟道的尺寸为 600mm×600mm。

（2）剖面图

在⑤轴和⅓轴之间有一个剖切面，即 1—1 剖面图，从剖面图（图 4-7）中，我们可以看到室内外高差为 0.450m。

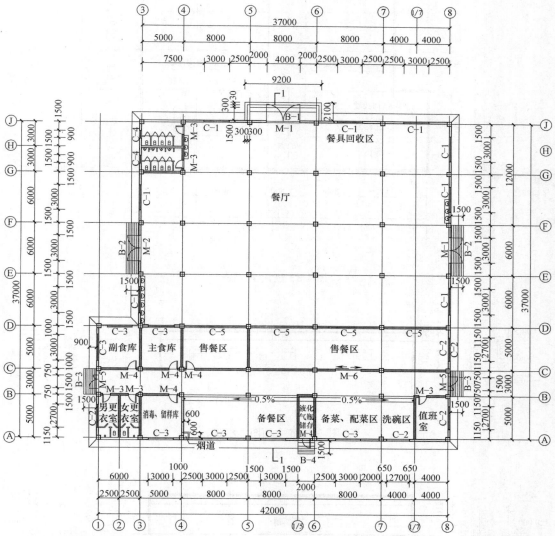

说明：雨篷的设置：雨篷设置在外墙，位置在高于门的 300mm 处，雨篷宽为门宽每边延长 300mm，雨篷挑出长度为 1000，雨篷最外边缘厚 70mm，内边缘厚 130mm。雨篷梁同墙厚，高 300mm，雨篷梁长为沿雨篷宽每边增加 250mm。

门窗过梁：门窗过梁高度为 200mm，厚度同墙厚为 240mm，长度为沿门窗宽度每边延伸 300mm 计算。

另注：C-5 过梁高 300mm，雨篷梁：宽 240mm，长沿雨篷每边增加 250mm，高 300mm

图 4-1　一层平面图 1：100

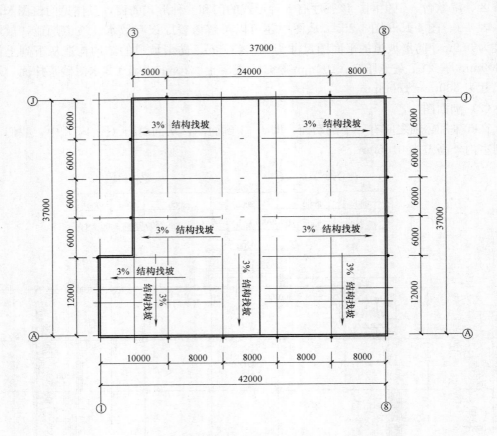

图 4-2　屋顶平面图

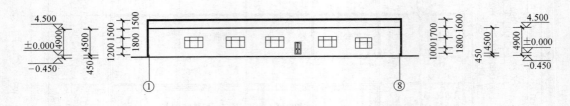

图 4-3　正立面图 1：100

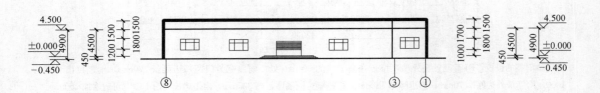

图 4-4　北立面图 1：100

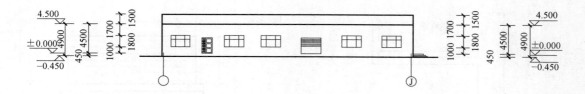

图 4-5 右立面图 1：100

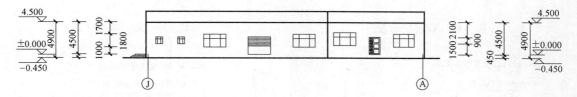

图 4-6 左立面图 1：100

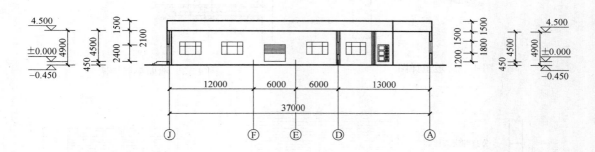

图 4-7 1-1 剖面图 1：100

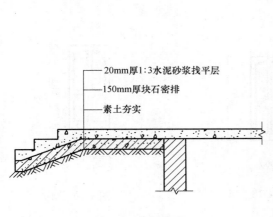

图 4-8 台阶详图

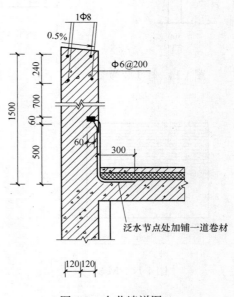

图 4-9 女儿墙详图

33

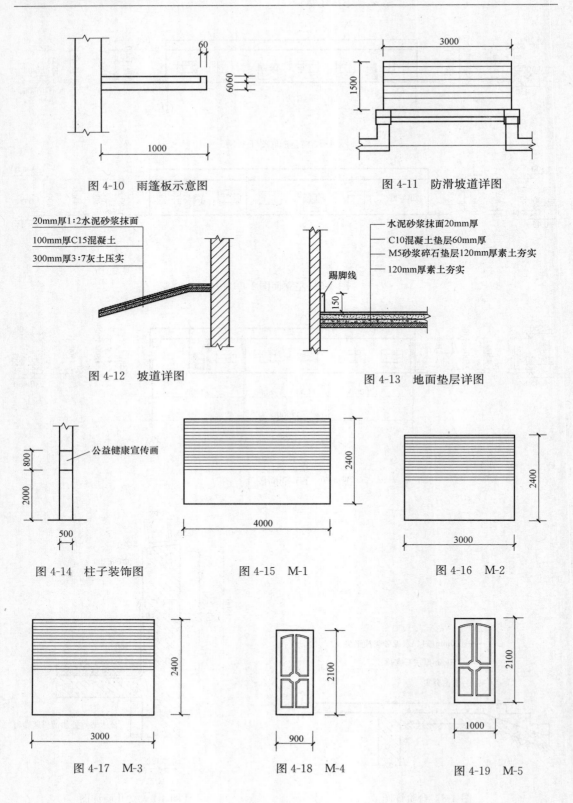

图 4-10　雨篷板示意图

图 4-11　防滑坡道详图

20mm厚1:2水泥砂浆抹面
100mm厚C15混凝土
300mm厚3:7灰土压实

图 4-12　坡道详图

水泥砂浆抹面20mm厚
C10混凝土垫层60mm厚
M5砂浆碎石垫层120mm厚素土夯实
120mm厚素土夯实

踢脚线

图 4-13　地面垫层详图

公益健康宣传画

图 4-14　柱子装饰图

图 4-15　M-1

图 4-16　M-2

图 4-17　M-3

图 4-18　M-4

图 4-19　M-5

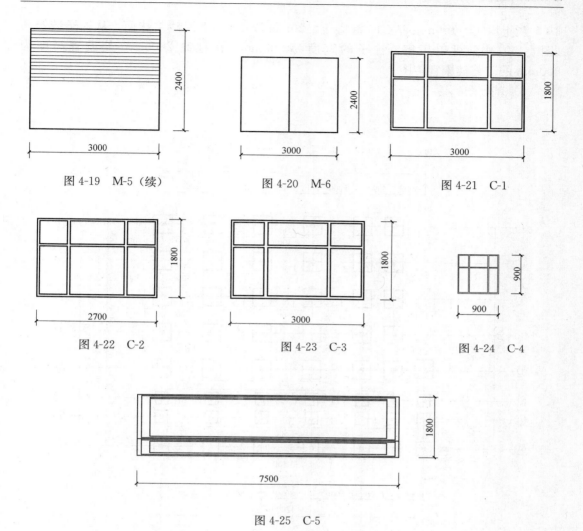

图 4-19　M-5（续）　　　　图 4-20　M-6　　　　图 4-21　C-1

图 4-22　C-2　　　　　图 4-23　C-3　　　　　图 4-24　C-4

图 4-25　C-5

从屋顶平面图（图 4-2）中，可以了解某中学食堂的结构找坡为 3%（图 4-12）。

（3）立面图

从施工图可以知道，从四个角度描述了某中学食堂的立面图，分别是正立面图、北立面图、右立面图和左立面图（图 4-3～图 4-6）。从立面图中，可以了解室内外高差为0.450m，层高为 4.5m，屋顶设有女儿墙，女儿墙高 1.5m，具体尺寸见其详图。从立面图中也可以了解到门窗的分布情况，具体见门窗图及门窗表（图 4-15～图 4-25）。

（4）详图

从台阶详图（图 4-8）中，可以了解台阶的构造，从下到上依次为素土夯实、150mm 厚块石密排、20mm 厚 1：3 水泥砂浆找平；从地面垫层详图（图 4-13），可以了解地面的构造从下到上依次为素土夯实、M5 砂浆碎石垫层 120mm 厚素土夯实、60mm 厚 C10 号混凝土、厚 20mm 水泥砂浆抹面，从地面垫层详图中，还可以了解到踢脚线的高度为 15cm；从雨棚板示意图（图 4-10）中，可以了解到雨棚的宽度为 1m，厚度为 12cm，从坡道详图（图 4-12）中，可以了解坡道的构造从下到上依次为 300mm 厚

3：7 灰土压实，100mm 厚 C15 混凝土，20mm 厚 1：2 水泥砂浆抹面，从柱子装饰图
（图 4-14）中，可以了解，柱子的宽度为 500mm，在柱高 2000mm 处设置高度为
800mm 的工艺健康宣传图。

（5）基础图

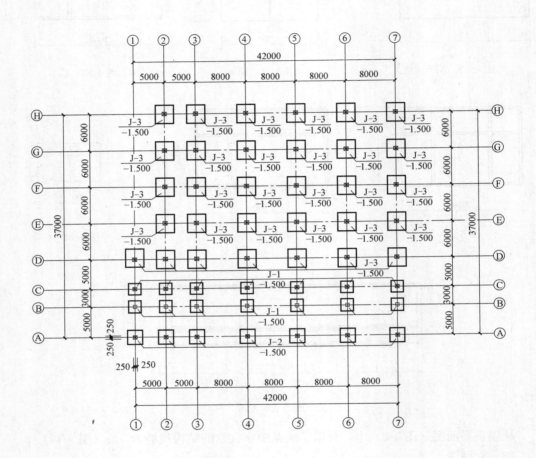

图 4-26　基础平面布置图

从基础平面布置图（图 4-26）中，可以了解某中学食堂的基础标高为 -1.5000，有 3
种独立基础，分别为 J-1：2000mm×2000mm，J-2：2400mm×2400mm，J-3：3000mm×
3000mm；从基础详图（图 4-27）中可以知道，J-1、J-2、J-3 均为等高大放脚的独立基
础，高度均为 300mm，基础深度均为 0.6m，且都有 10cm 厚的垫层，基础柱的截面尺寸
均为 500mm×500mm；从基础梁的配筋图（图 4-29）中，可以了解到基础梁只有一种形
式，其截面尺寸为 300mm×400mm。

（6）屋顶结构图

建筑物屋顶结构平面图表示屋面板的平面布置情况，每间房间的屋面板用斜向对角线
画出，在斜线上注出屋面板的数量、型号和编号等。

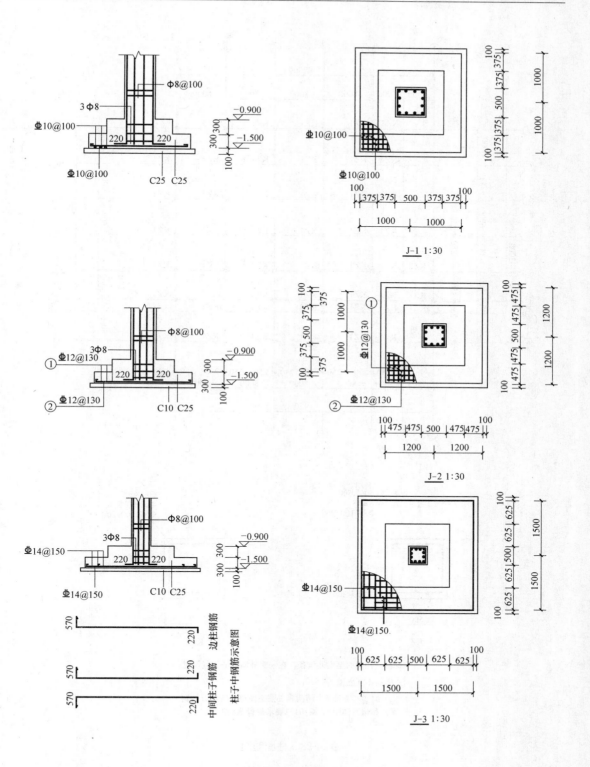

图 4-27　基础详图

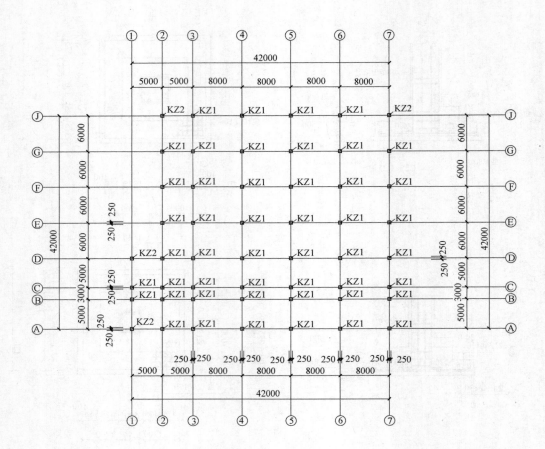

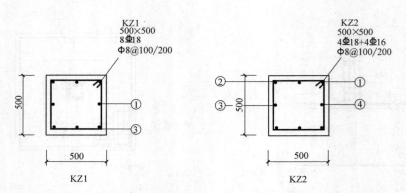

GZ标高由屋面至女儿墙顶,在一圈外墙柱子位置设置。

注:标高由基础顶至4.500。

柱施工时需按《混凝土结构施工图平面整体表示方法制图规则和构造详图》03G101-1要求设置箍筋加密

图4-28 柱配筋图

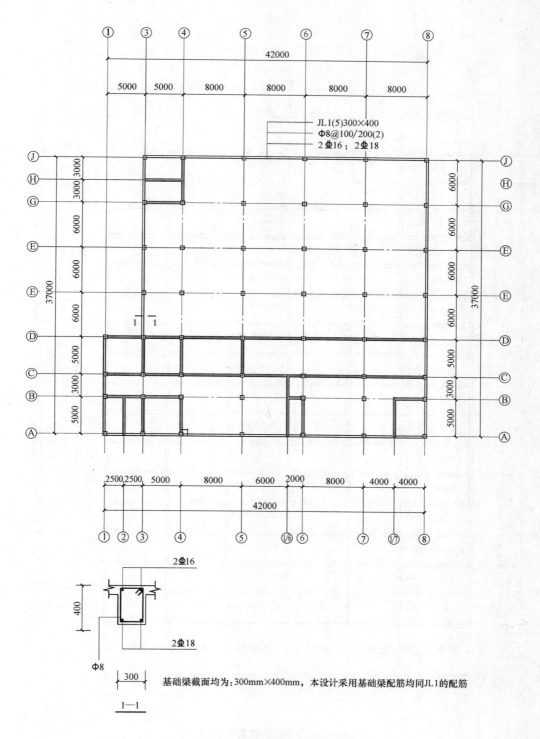

图 4-29　基础梁的配筋图

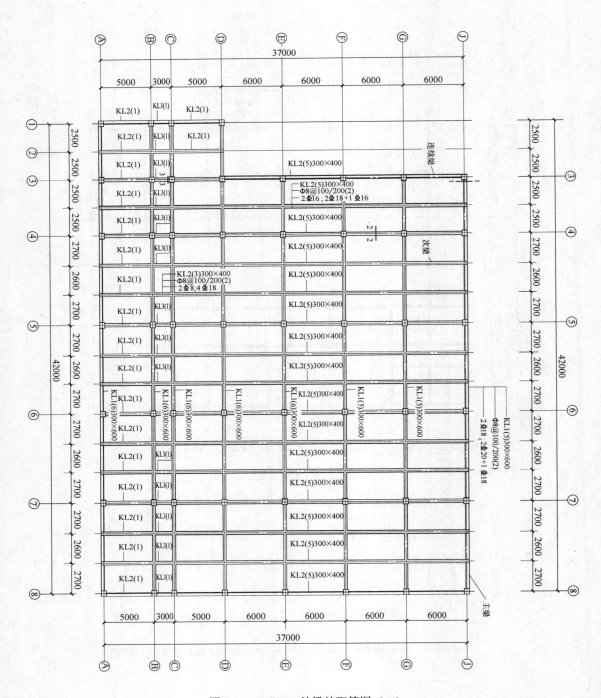

图 4-30 4.500m 处梁的配筋图（一）

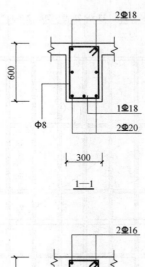

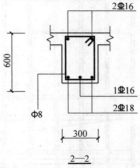

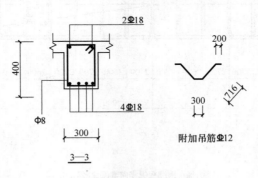

图 4-30 4.500m 处梁的配筋图（二）

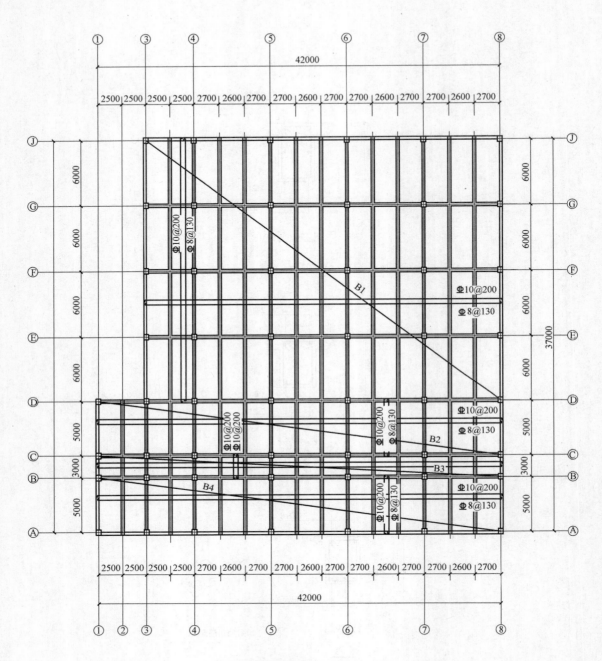

注:每个雨棚板纵横向都配Φ8@150。

楼面标高4.500。

楼板厚均为120mm

图 4-31　4.500m 处板的配筋图 1：100

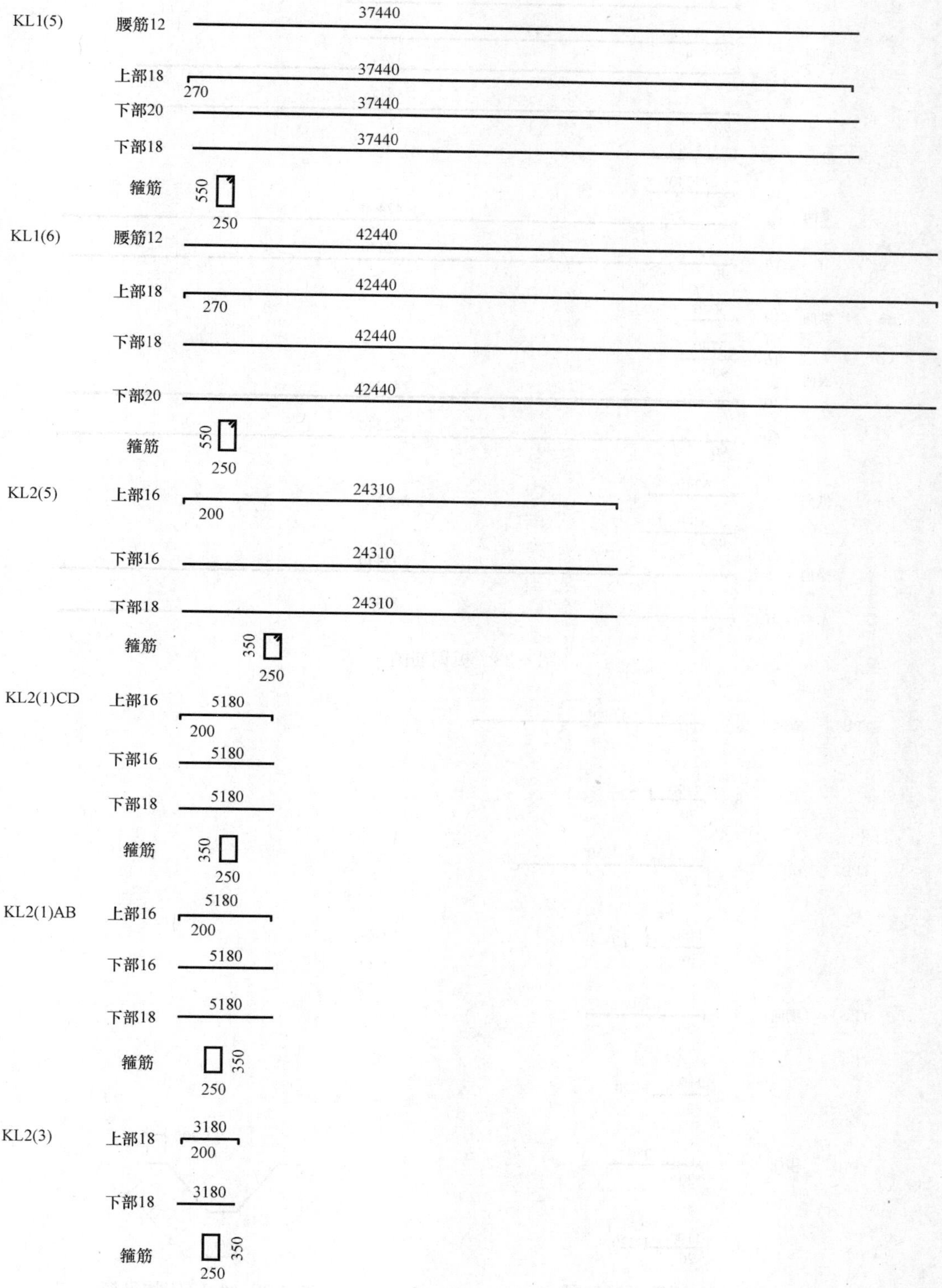

KL1(5)　腰筋12 ────────────── 37440 ──────────────

　　　　上部18 ┌────────── 37440 ──────────┐
　　　　　　270
　　　　下部20 ────────────── 37440 ──────────────
　　　　下部18 ────────────── 37440 ──────────────

　　　　箍筋　550 ▯
　　　　　　　250

KL1(6)　腰筋12 ────────────── 42440 ──────────────

　　　　上部18 ┌────────── 42440 ──────────┐
　　　　　　270
　　　　下部18 ────────────── 42440 ──────────────

　　　　下部20 ────────────── 42440 ──────────────

　　　　箍筋　550 ▯
　　　　　　　250

KL2(5)　上部16 ┌────── 24310 ──────┐
　　　　　　200
　　　　下部16 ────────── 24310 ──────────
　　　　下部18 ────────── 24310 ──────────

　　　　箍筋　350 ▯
　　　　　　　250

KL2(1)CD 上部16 ┌─ 5180 ─┐
　　　　　　200
　　　　下部16 ─── 5180 ───
　　　　下部18 ─── 5180 ───

　　　　箍筋　350 ▯
　　　　　　　250

KL2(1)AB 上部16 ┌─ 5180 ─┐
　　　　　　200
　　　　下部16 ─── 5180 ───
　　　　下部18 ─── 5180 ───

　　　　箍筋　▯ 350
　　　　　　250

KL2(3)　上部18 ┌─ 3180 ─┐
　　　　　　200
　　　　下部18 ── 3180 ──

　　　　箍筋　▯ 350
　　　　　　250

图 4-32　梁钢筋图

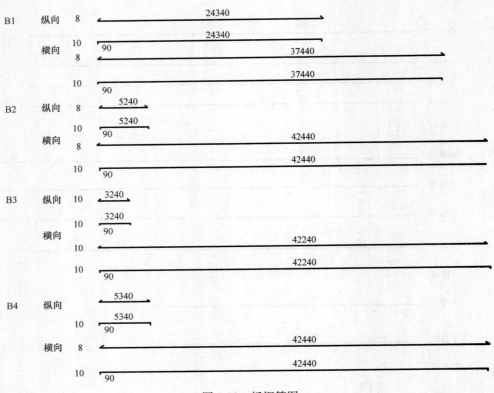

图 4-33　板钢筋图

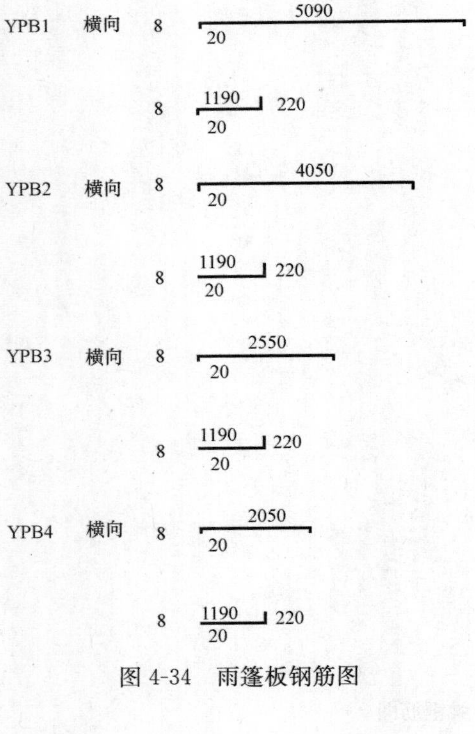

图 4-34　雨篷板钢筋图

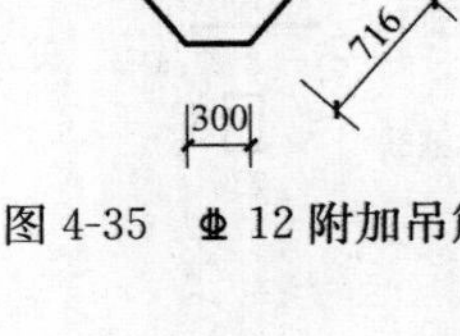

图 4-35　Φ 12 附加吊筋

从屋顶板的配筋图（图 4-31）中，可以了解到某中学食堂屋顶有 4 种形式，分别是：①B1 钢筋布置：板底纵向钢筋直径为 10mm，钢筋间距为 200mm 的 HRB400 级钢筋，板底横向钢筋直径为 8mm，间距为 130mm 的 HRB400 级钢筋；板顶纵向钢筋直径为 10mm 钢筋间距为 200mm 的 HRB400 级钢筋，板顶横向钢筋直径为 8mm，间距为 130mm 的 HRB400 级钢筋。②B2 钢筋布置板底纵向钢筋直径为 10mm，钢筋间距为 200mm 的 HRB400 级钢筋，板底横向钢筋直径为 10mm，间距为 200mm 的 HRB400 级钢筋；板顶纵向钢筋直径为

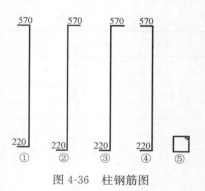

图 4-36　柱钢筋图

10mm，钢筋间距为 200mm 的 HRB400 级钢筋，板顶横向钢筋直径为 10mm，间距为 200mm 的 HRB400 级钢筋。③B1 钢筋布置同 B_1 布置。④B4 钢筋布置同 B1。板厚均为 120mm，从屋顶梁的配筋图（图 4-31）中，可以了解到某中学食堂的 3 种框架梁，分别是 KL1、KL2、KL3，其中 KL1 的截面尺寸为 300mm×600mm，KL2、KL3 的截面尺寸为 300mm×400mm。KL1 集中标注：第一排"（5）"表示有 5 跨没有悬挑，梁的截面尺寸为 300mm×600mm，第二排表示直径为 8 的 HPB300I 钢筋，加密区的间距为 200mm，非加密区的间距为 100mm，"（2）"表示两肢箍，第三排表示上部贯通筋 2 根直径为 18mm 的 HRB400 级钢筋；下部通长钢筋 2 根直径为 20mm 的 HRB400 级钢筋和 1 根直径为 18mm 的架立钢筋。KL2 集中标注：第一排"（5）"表示有 5 跨没有悬挑，梁的截面尺寸为 300mm×400mm，第二排表示直径为 8mm 的 HRB400 级钢筋，加密区的间距为 200mm，非加密区的间距为 100mm，"（2）"表示两肢箍，第三排表示上部贯通筋 2 根直径为 16mm 的 HRB400 级钢筋；下部通长钢筋 2 根直径为 18mm 的 HRB400 级钢筋和 1 根直径为 16mm 的架立钢筋。KL3 集中标注：第一排"（1）"表示有 1 跨没有悬挑，梁的截面尺寸为 300mm×400mm，第二排表示直径为 8mm 的 HPB300 级钢筋，加密区的间距为 200mm，非加密区的间距为 100mm，"（2）"表示两肢箍，第三排表示上部配置 2 根直径为 18mm 的 HRB400 级钢筋的通长筋，下部配置 4 根直径为 18mm 的 HRB400 级钢筋的通长筋。具体配筋不再叙述。

4.3　某三层框架结构工程施工图纸分析

1. 设计说明

（1）该建筑是框架结构，共三层。建设总高度为 12.45m，室内外高差为 450mm，安全等级、屋面防水等级、耐火等级均为二级、设计抗震等级为 8 度。

（2）该建筑绝对标高为 ±0.000；墙体砌筑材料为 250 厚混凝土砌块；各有水房间坡度为 1%，坡向地漏。该工程为一制药厂生产车间及办公大楼，共三层。门窗表见表 4-2。

2. 结构说明

本工程采用钢筋混凝土柱下独立基础和墙下条形基础，基础以第二层粉土为持力层，

间窗表 表 4-2

类别	洞口尺寸		樘数	备注
	宽	高		
C—1	5600	2000	11	组合窗分格见图
C—2	1500	2000	48	铝合金推拉窗
C—3	2100	1100	6	铝合金百叶窗
C—4	2100	9000	1	飘窗见建施大样图（飘窗）
C—5	2700	2000	2	铝合金推拉窗
C—6	5600	2000	1	组合窗分格见图
M—1	3000	2700	1	不锈钢安全无框玻璃门
M—2	1500	2700	3	不锈钢平开门
M—3	1500	2100	3	成品木门
M—4	1000	2100	27	成品木门
M—5	800	2100	6	成品木门
M—6	1500	2100	3	净化车间专用门 耐火极限不低于 0.6 小时
M—7	1000	2100	13	净化车间专用门 耐火极限不低于 0.6 小时
M—8	700	2100	11	净化车间专用门 耐火极限不低于 0.6 小时

地基承载力特征值为 $F_{ak}=95kPa$。地下水位勘察估算为天然地面以下 2.5m，且对混凝土和钢筋不具腐蚀性。混凝土强度等级：梁、板、柱采用 C30；楼梯采用 C30；基础采用 C30；基础垫层采用 C10；其他混凝土构件采用 C20。钢筋（φ）HPB300 和（Φ）HRB335。本工程墙体 ±0.000 以下采用 MU10 特制砖、M10 水泥砂浆砌筑；±0.000 以上框架部分采用 A3.5、B06 加气混凝土砌块，M5 混合砂浆砌筑，砖混部分采用 MU10 机制砖、M10 混合砂浆砌筑。构造柱设置：填充墙长大于 5m 时，应沿墙长每 4m 处设构造柱，当墙体洞口宽度大于 2000mm 时，洞口两侧应设构造柱。过梁：所有墙体洞口均设钢筋混凝土过梁（《钢筋混凝土过梁图集（河南）》02YG301），洞口一侧或两侧为混凝土墙或柱时，该过梁改为现浇过梁。

3. 某三层框架结构工程施工图纸识读重点

（1）建筑平面图的识读重点：

看图时应该根据施工顺序抓住主要部位。如应先记住房屋的总长、总宽、几道轴线、轴线间的尺寸、墙厚、门窗尺寸。

（2）建筑屋顶平面图的识读重点：

屋顶平面图主要呈现的是屋顶上建筑构造的具体情况。主要包括屋顶坡度的大小、女儿墙位置、雨水管的位置、前后檐的雨水排水天沟等。所以，拿到屋顶平面图后，先看它外围有无女儿墙或天沟，再看流水坡向、雨水出口及型号。

（3）建筑立面图的识读重点：

建筑立面图是一座房屋的立面形象，从立面图中，我们可以得到的是建筑物的标高、门窗的位置、装饰做法。立面图结合平面图可以把建筑物的外部结构表达出来，有利于我们对图纸的深入了解。

（4）建筑剖面图的识读重点：

剖面图每层都以楼板为分界，主要表达房屋的内部竖向构造。看剖面图我们可以知道各层的标高，各个部位的材料做法、关键部位尺寸。如室内墙裙的高度，同时由于建筑标高和结构标高有所不同，所以楼板面和楼板底的标高必须通过计算才能知道。对于未标注的尺寸或标高，我们可在已看懂图纸的基础上，把它"计算"出来。

某三层框架结构工程施工图纸见图 4-37～图 4-71。

4. 平面图

从图纸可以看出，该工程共有三层，以图 4-37 为例进行平面图分析。②～⑨轴之间的距离是该框架结构外墙的横向中心线长，外墙中心线长为 45.6m，Ⓐ、Ⓓ轴之间的距离是该框架结构外墙的纵向中心线长，纵向外墙中心线长为 14.1m，墙厚 240mm。①/③④轴之间和①/⑦⑦之间是楼梯，⑧⑨轴之间是卫生间，其余均为办公所用。从平面图上还可以看出，该框架结构设有散水，散水外边线的宽度至外墙中心线的长度为 800mm。卫生间室内标高为－0.200，其余室内标高为±0.000。门 M-1、M-2、M-3、M-4、M-5 及窗 C-1、C-2、C-3、C-4、C-5 具体尺寸见门窗表（表 4-3）。

门窗表 　　　　　　　　　　　　　　　　　　　　　　　　　　　　　　　　表 4-3

类型	设计编号	洞口尺寸
窗	C-1	1500×2000
	C-2	1500×1100
	C-3	2700×200
	C-4	5600×2000
	C-5	1500×9000
门	M-1	3000×2700
	M-2	1500×2700
	M-3	1500×2100
	M-4	1000×2100
	M-5	800×2100

5. 立面图

以图 4-41 为例进行立面图分析。从图 4-41，可以了解到该三层框架的室内外高差为 0.45m，每层的层高为 3.6m，女儿墙的高度为 0.6m，①轴上的走廊的宽度为 3m，挑檐宽度为 0.4m，栏杆高度为 1m。从图 4-41 立面图中还可以了解到窗的高度为 2m，图 4-41 中有装饰装修的部分内容，这部分内容不在介绍。

6. 详图

以图 4-48 卫生间大样图为例进行详图分析。卫生间的尺寸为 6m×6m，从图中可以看出，卫生间右侧是男卫生间，其尺寸为 3.9m×3m，卫生间左侧部分是女卫生间，其尺寸为 3.9m×3m。蹲式大便器的宽度为 1m，挂式小便器的宽度是 0.8m。洗漱台的宽度为 2m。一层卫生间的地面标高为－0.020，二层卫生间的地面标高为 3.580，三层卫生间的地面标高为 7.180。

7. 基础图

从基础平面布置图（图 4-49）中，可以了解某三层框架结构工程的基础有条形基础和独立基础两类，条形基础截面尺寸有 4 种，分别为 1-1、2-2、3-3、4-4；独立基础截面尺寸有 5 种，分别为 J-1、J-2、J-3、J-4、J-5；从基础详图中（图 4-50～图 4-54）可以知道，1-1、2-2、3-3、4-4 均为不等高大放脚的条形基础，且都有 10cm 厚的垫层，其上柱截面尺寸均为 500mm×500mm，基础深度 1.6m，基础上部墙体为 240mm；J-1、J-2、J-3、J-4、J-5 为坡形独立基础，且都有 10cm 厚的垫层，J-1、J-2、J-3 基础深度 1.8m，J-4、J-5 基础深度为 1.6m；从基础梁的配筋图（图 4-56）中，可以了解到基础梁只有一种形式，其截面尺寸为 240mm×550mm，梁的分布形式见图，不再叙述。

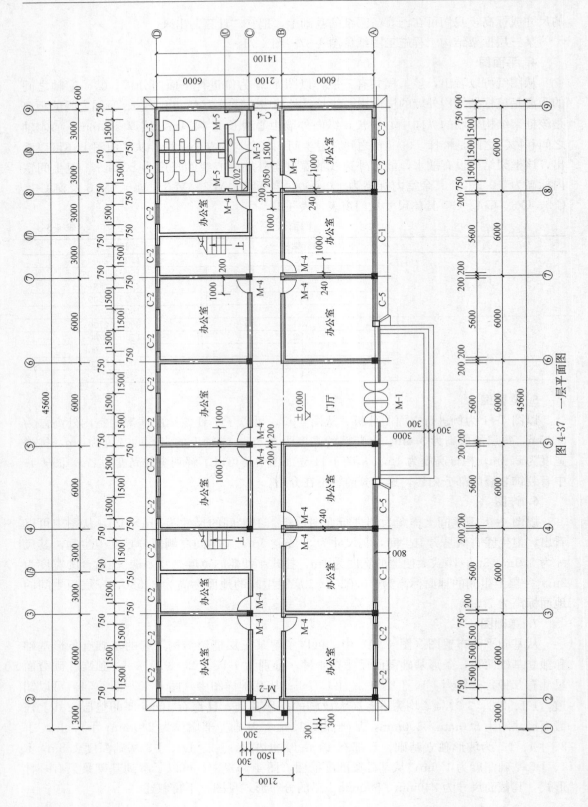

图 4-37　一层平面图

8. 屋顶结构图

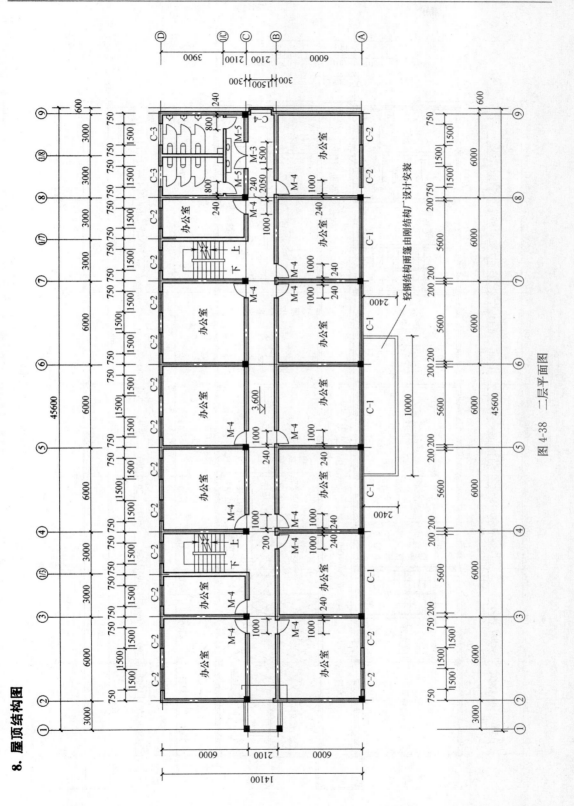

图 4-38 二层平面图

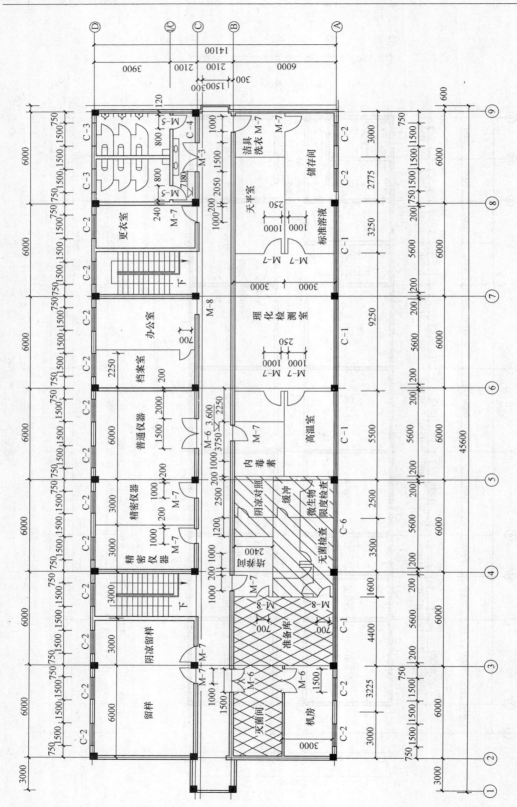

图 4-39 三层平面图

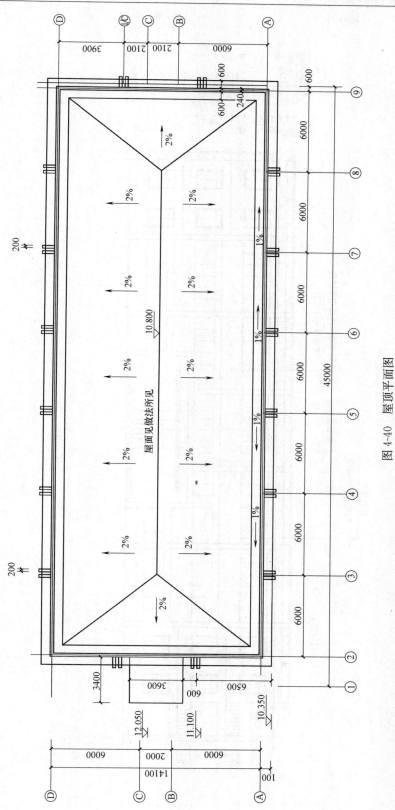

图 4-40 屋顶平面图

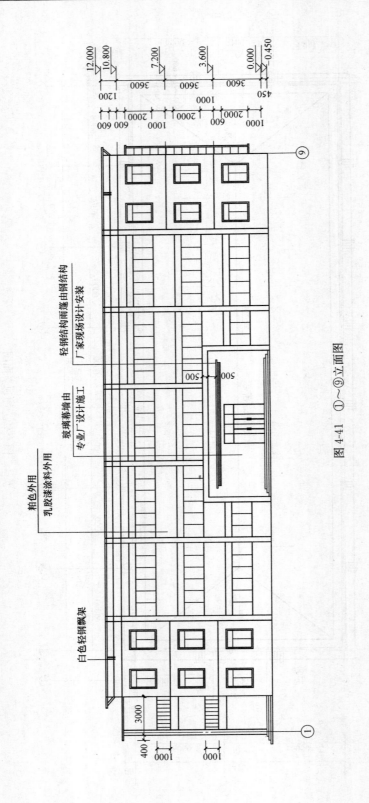

图 4-41 ①～⑨立面图

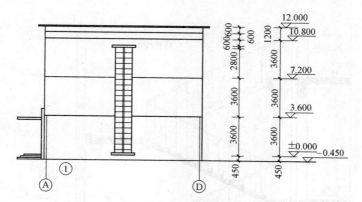

图 4-42 Ⓐ～Ⓓ立面图

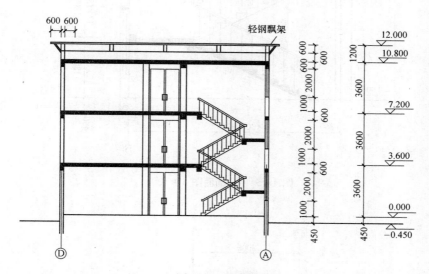

图 4-43 H 剖面图

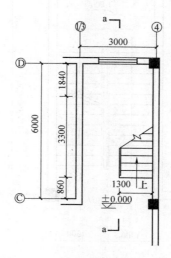

图 4-44 1号楼梯一层平面图 1：66

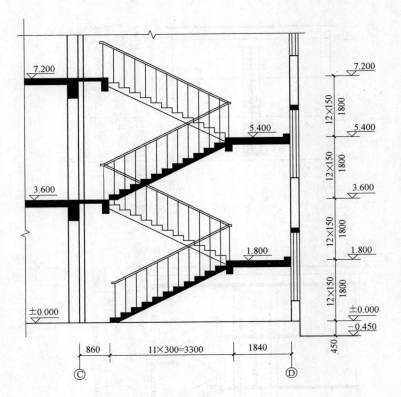

图 4-45　a-a 剖面图 1：100

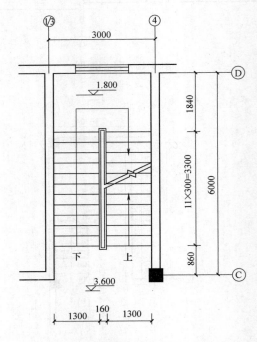

图 4-46　1 号楼梯二层平面图 1：100

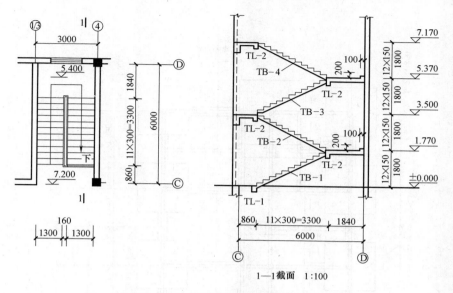

图 4-47 1号楼梯三层平面图 1∶100

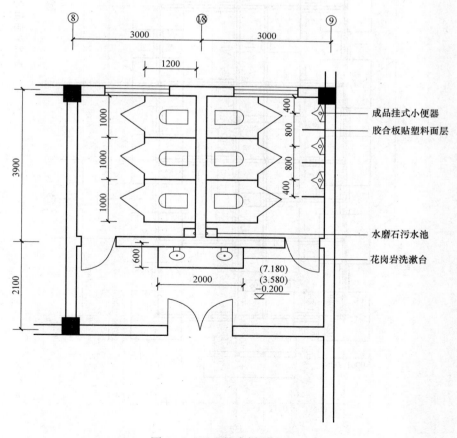

图 4-48 卫生间大样图 1∶67

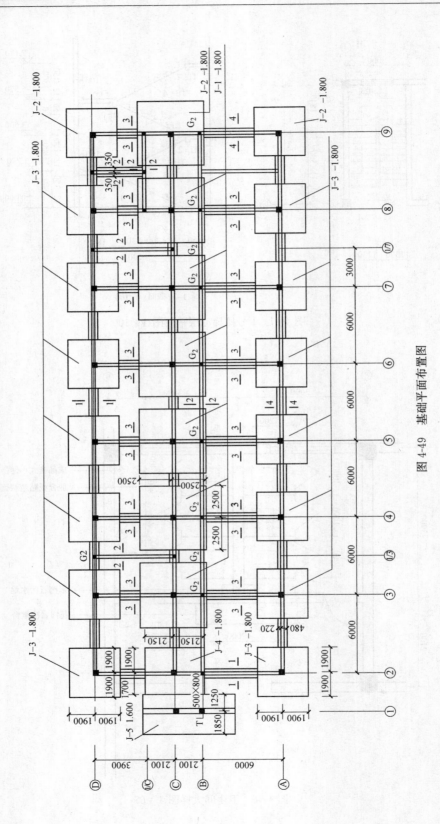

图 4-49 基础平面布置图

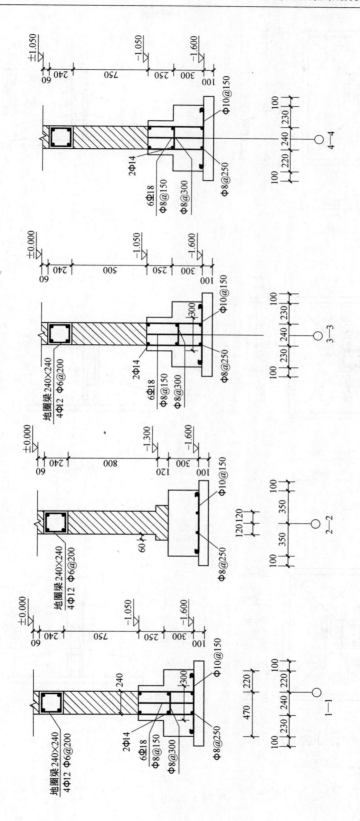

图 4-50 基础断面配筋图

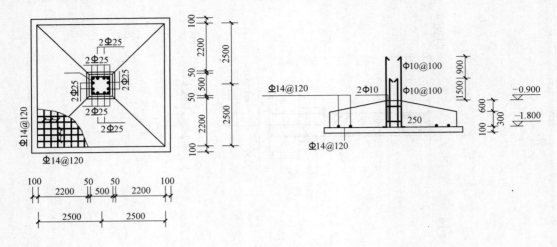

图 4-51　J-1

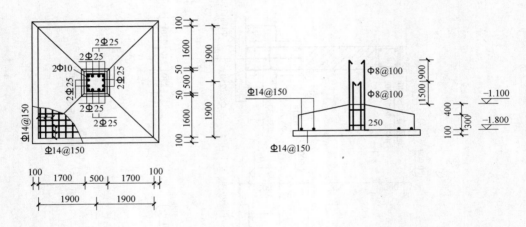

图 4-52　J-2

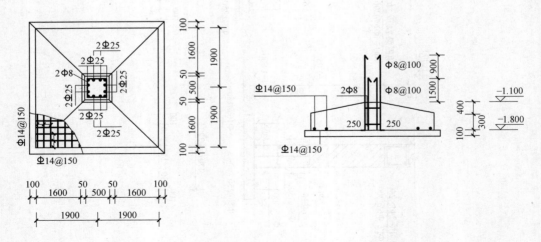

图 4-53　J-3

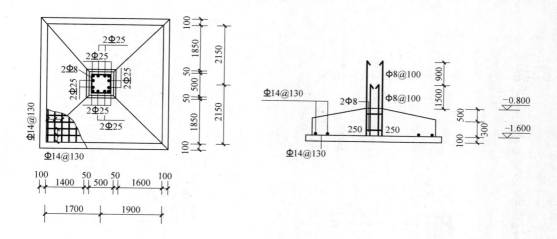

图 4-54 J-4

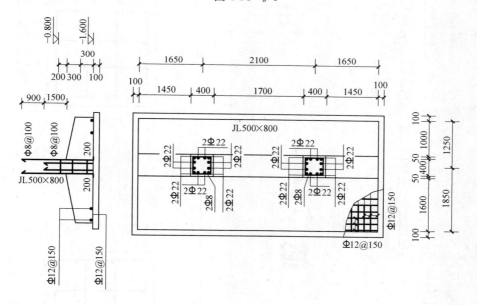

图 4-55 J-5

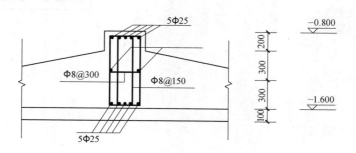

图 4-56 JL

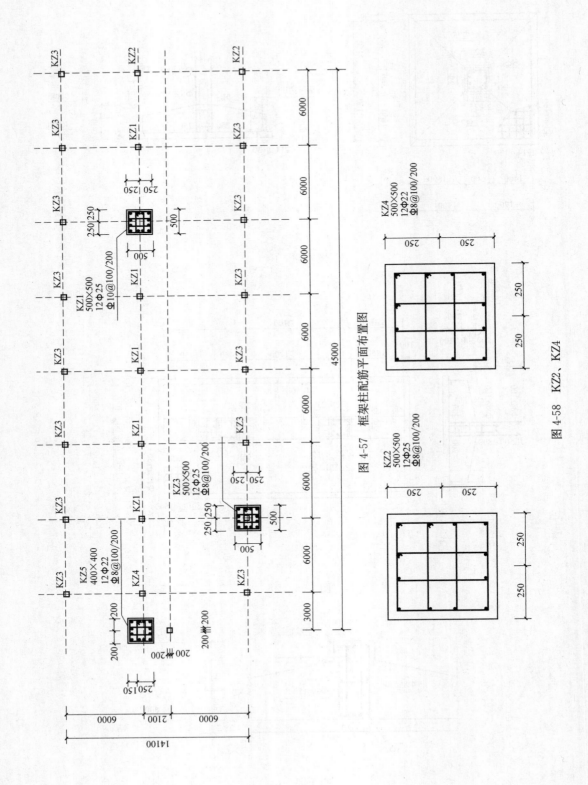

图 4-57　框架柱配筋平面布置图

图 4-58　KZ2、KZ4

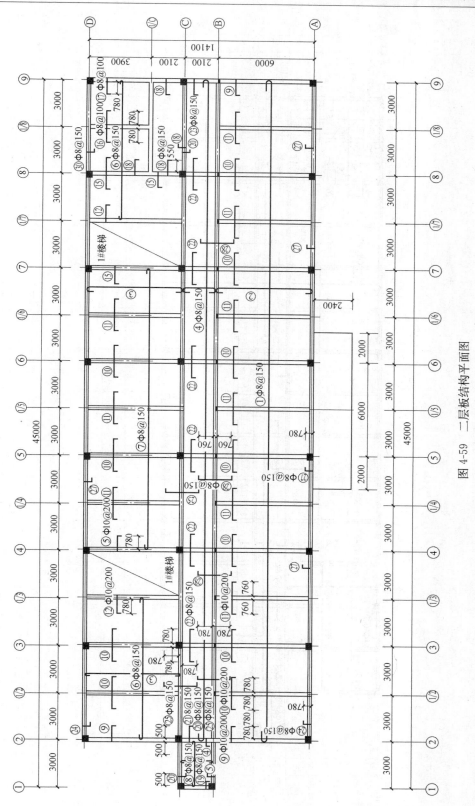

图 4-59 二层板结构平面图

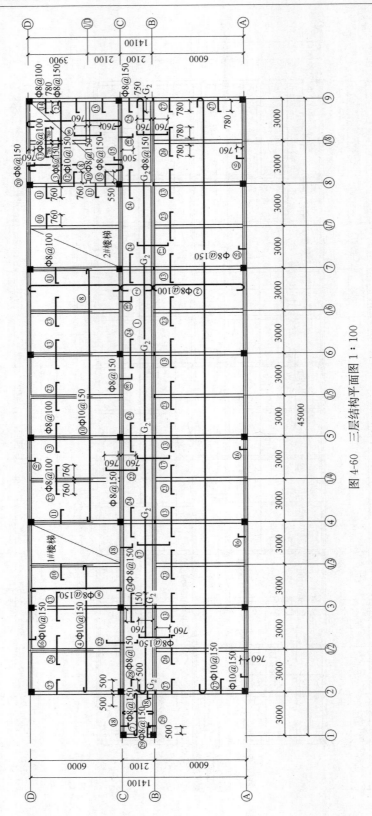

图 4-60　三层结构平面图 1：100

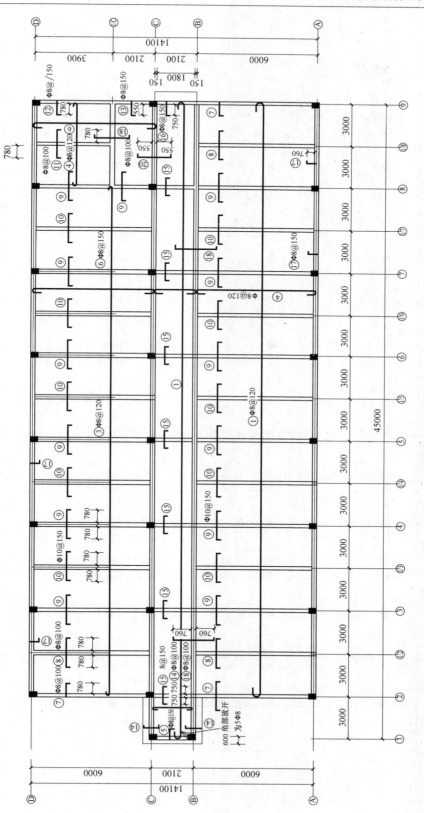

图 4-61 顶层板结构平面图 1：100

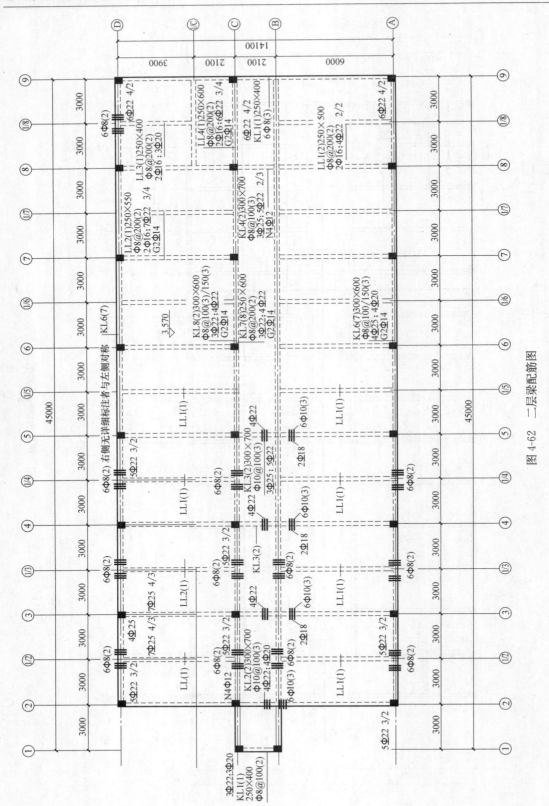

图 4-62　二层梁配筋图

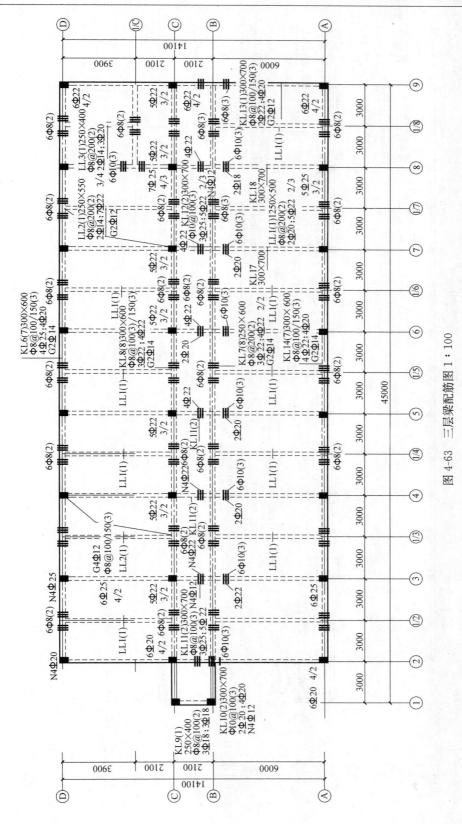

图 4-63 三层梁配筋图 1：100

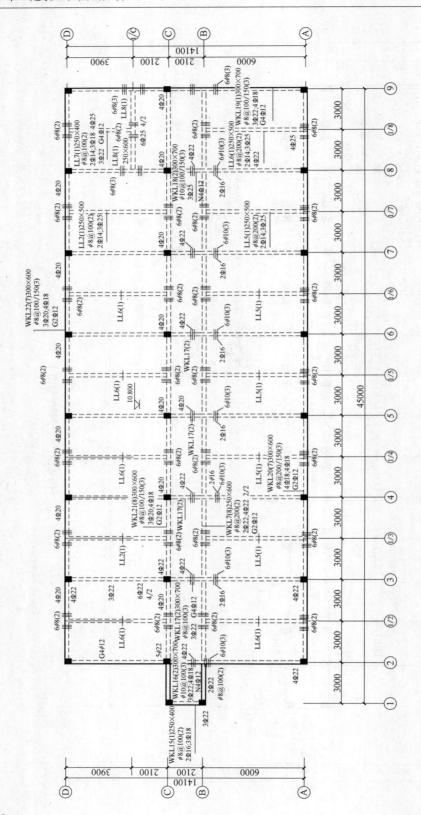

图 4-64　顶层梁配筋图 1∶100

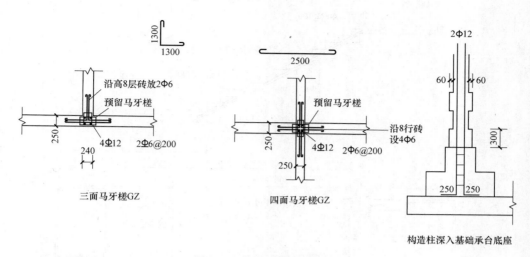

图 4-65 构造柱结构配筋图

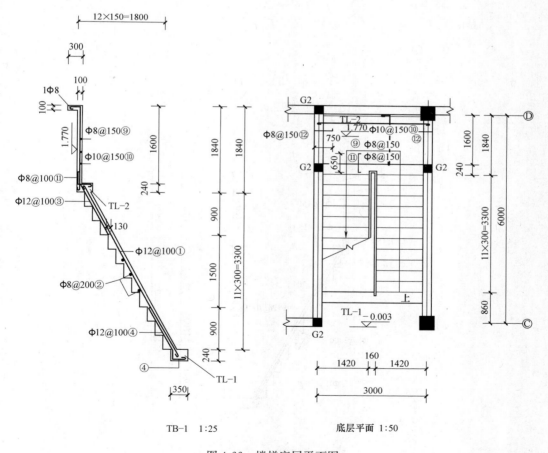

TB-1 1:25

底层平面 1:50

图 4-66 楼梯底层平面图

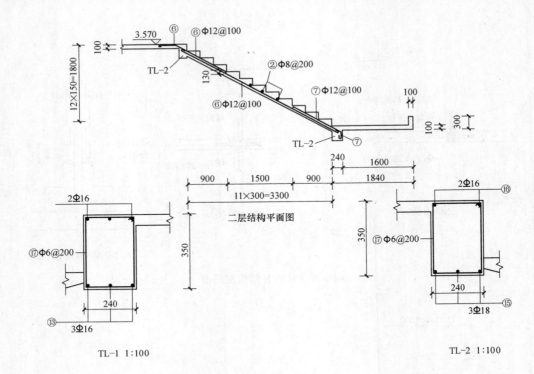

图 4-67　TL-1、TL-2

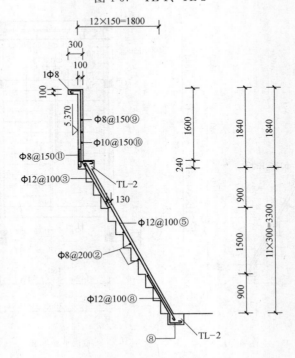

TB-3　1:25

图 4-68　楼梯标准平面图（一）

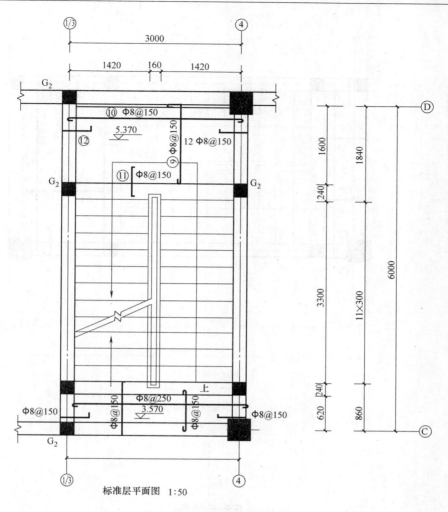

标准层平面图 1:50

图 4-68 楼梯标准平面图（二）

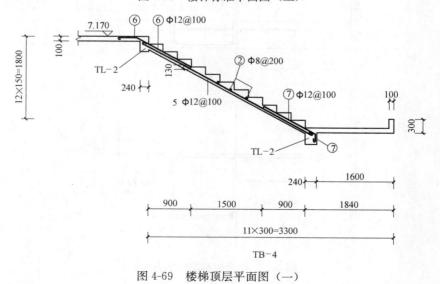

图 4-69 楼梯顶层平面图（一）

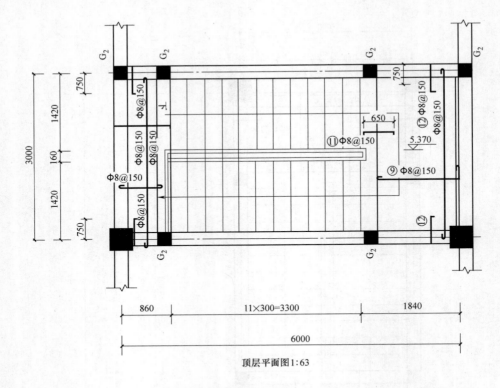

顶层平面图1:63

图 4-69　楼梯顶层平面图（二）

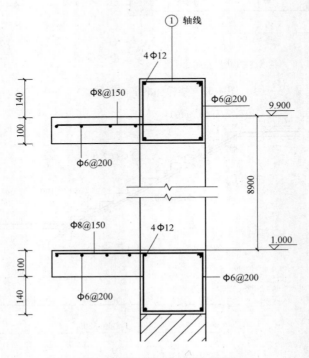

图 4-70　阳台边梁配筋剖面图

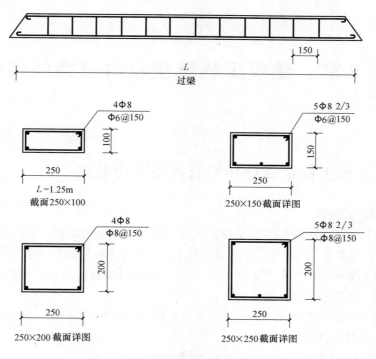

图 4-71 现浇过梁详图

从顶层梁的配筋图（图 4-64），可以了解到有 5 种连梁和 9 种屋面框架梁，分别为：LL2 截面尺寸 250mm×250mm、LL5 截面尺寸 250mm×500mm、LL6 截面尺寸 250mm×500mm、LL7 截面尺寸 250mm×400mm、LL8 截面尺寸 250mm×600mm；WKL7 截面尺寸 250mm×600mm、WKL15 截面尺寸 250mm×400mm、WKL16 截面尺寸 300mm×700mm、WKL17 截面尺寸 300mm×700mm、WKL18 截面尺寸 300mm×700mm、WKL19 截面尺寸 300mm×700mm、WKL20 截面尺寸 300mm×600mm、WKL21 截面尺寸 300mm×600mm，集体配筋情况不再做详细介绍。

从三层梁的配筋图（图 4-63）中，可以了解到某中学食堂的 9 种框架梁和 4 种连梁，分别是 KL9、KL10、KL11、KL6、KL7、KL8、KL14、KL12、KL13，其中 KL9 的截面尺寸为 250mm×400mm，KL10、KL11 的截面尺寸为 300mm×700mm，KL6、KL8、KL14 的截面尺寸为 300mm×600mm，KL7 的截面尺寸为 250mm×600mm，KL12、KL13 的截面尺寸为 300mm×700mm；LL1 截面尺寸 250mm×500mm、LL2 截面尺寸 250mm×550mm，LL3 截面尺寸 250×400，LL4 截面尺寸 250mm×600mm。具体配筋不再叙述。

71

第5章　建筑工程算量及清单编制实例

5.1　建筑工程工程量计算相关公式及常用数据

1. 常用的计算公式

（1）基数是指在计算分项工程量中多次反复使用过的基本数据，常用的基数一般有外墙中心线 $L_中$、内墙净长线 $L_内$、外墙外边线 $L_外$、底层建筑面积 $S_底$ 等。

（2）外墙主体砌砖的体积 $V_外$＝（$L_中$×高－外墙门窗洞口面积）×墙宽－外墙、预制现浇构件体积＋应增加体积

（3）内墙主体砌砖的体积 $V_内$＝（$L_内$×高－内墙门窗洞口面积）×墙宽－内墙、预制现浇构件体积＋应增加体积

（4）散水的面积 S＝（$L_外$－台阶宽）×散水宽＋4×散水宽^2

（5）四棱锥台体积的计算公式：

$$V=[a×b+(a+a')(b+b')+a'×b']×h/6$$

式中　V——四棱锥台形的体积；

a、b——四棱锥台底边的长、宽；

a'、b'——四棱锥台上边的长、宽；

h——四棱锥台的高。

2. 常用数据

基础大放脚多见于砌体墙下条形基础，为了满足地基承载力的要求，把基础底面做的比墙身宽，呈阶梯形逐级加宽，从基础墙断面上看单边或两边阶梯形的放出部分。根据每步放脚的高度是否相等，分为等高式和不等高式两种。

（1）大放脚折加高度如表 5-1 所示。

大放脚折加高度表（m）　　　　　　　表 5-1

墙厚	大放脚错台层数								
	一	二	三	四	五	六	七	八	九
1/2 砖	0.137	0.342	0.685	1.096	1.643	2.260	3.013	3.835	4.794
1 砖	0.066	0.164	0.328	0.525	0.788	1.083	1.444	1.838	2.297
3/2 砖	0.043	0.108	0.216	0.345	0.518	0.712	0.949	1.208	1.510
2 砖	0.032	0.080	0.161	0.257	0.386	0.530	0.707	0.900	1.125
5/2 砖	0.026	0.064	0.128	0.205	0.307	0.419	0.563	0.717	0.896
3 砖	0.021	0.053	0.106	0.170	0.255	0.351	0.468	0.596	0.745
大放脚增加断面积（m^2）	0.0158	0.0394	0.0788	0.1260	0.1890	0.2599	0.3464	0.4410	0.5513

注：本表高的一层按 12.6cm，低的一层按 6.3cm，间隔砌出 6.25cm，而且以下最下一层高度为 12.6cm 计算的。

（2）带形砖基础大放脚体积见表5-2。

带形砖基础大放脚的体积（等高式）表　　　　　　　　表5-2

基顶宽（mm）	放脚层数	大放脚体积（m³）								
		长度基数（m）								
		10	20	30	40	50	60	70	80	90
115	一	0.303	0.606	0.909	1.212	1.515	1.818	2.121	2.424	2.727
	二	0.763	1.526	2.289	3.052	3.815	4.578	5.341	6.104	6.867
	三	1.381	2.762	1.143	5.524	6.905	8.286	9.667	11.048	12.429
	四	2.156	4.312	6.468	8.624	10.780	12.936	15.092	17.248	19.404
	五	3.088	6.176	9.264	12.352	15.440	18.528	21.616	24.704	27.792
	六	4.178	8.356	12.534	16.712	20.890	25.068	29.246	33.424	37.602
180	一	0.385	0.770	1.155	1.540	1.925	2.310	2.695	3.080	3.465
	二	0.927	1.854	2.781	3.708	4.635	5.562	6.489	7.416	8.343
	三	1.626	3.252	4.878	6.504	8.130	9.756	11.382	13.008	14.634
	四	2.483	4.966	7.449	9.932	12.415	14.898	17.381	19.864	22.347
	五	3.497	6.994	10.491	13.982	17.485	20.982	24.479	27.976	31.473
	六	4.669	9.338	14.007	18.676	23.345	28.014	32.683	37.352	42.021
240	一	0.460	0.920	1.380	1.840	2.300	2.760	3.220	3.680	4.140
	二	1.078	2.156	3.234	4.312	5.390	6.468	7.548	8.624	9.702
	三	1.853	3.706	5.559	7.412	9.265	11.118	12.971	14.824	16.677
	四	2.785	2.570	8.355	11.140	13.925	16.710	19.495	22.280	25.065
	五	3.875	7.750	11.625	15.500	19.375	23.250	27.125	31.000	34.875
	六	5.123	10.246	15.369	20.492	25.615	30.738	35.861	40.984	46.107
365	一	0.618	1.236	1.854	2.472	3.090	3.708	4.326	4.994	5.562
	二	1.393	2.786	4.179	5.572	6.965	8.358	9.751	11.144	12.537
	三	2.325	4.650	6.975	9.300	11.625	13.950	16.275	18.600	20.925
	四	3.415	6.830	10.245	13.660	17.075	20.490	23.905	27.32	30.735
	五	4.663	9.326	13.989	18.652	23.315	27.978	32.641	37.304	41.967
	六	6.068	12.136	18.204	24.272	30.340	36.408	42.476	48.544	54.612
490	一	0.775	1.550	2.325	3.100	3.875	4.650	5.425	6.200	6.975
	二	1.708	3.416	5.124	6.832	8.540	10.248	11.956	13.664	15.372
	三	2.698	5.396	8.094	10.792	13.490	16.188	18.886	21.584	24.282
	四	4.045	8.090	12.135	16.180	20.225	24.270	18.315	32.360	36.405
	五	5.450	10.900	16.350	21.800	27.250	32.700	38.150	43.600	49.050
	六	7.013	14.026	21.039	28.052	35.065	42.078	49.091	56.104	63.117
615	一	0.933	1.866	2.799	3.732	4.665	5.598	6.531	7.464	8.397
	二	2.023	4.048	6.069	8.092	10.115	12.138	14.161	16.184	18.207
	三	3.270	6.540	9.810	13.080	16.350	19.620	22.890	26.160	29.430
	四	4.675	9.350	14.025	18.700	13.375	28.050	32.725	37.400	42.075
	五	6.238	12.476	18.714	24.952	31.190	37.428	43.666	49.904	56.142
	六	7.958	15.416	23.874	31.832	39.790	47.478	55.706	63.664	71.622
740	一	1.090	2.180	3.270	4.360	5.450	6.540	7.630	8.720	9.810
	二	2.338	4.676	7.014	9.352	11.690	14.028	16.366	18.704	21.042
	三	3.743	7.486	11.229	14.972	18.715	22.458	26.201	29.944	33.687
	四	5.305	10.610	15.915	21.220	26.526	31.830	37.135	42.440	47.745
	五	7.025	14.050	21.075	28.10	35.125	42.150	49.175	56.200	63.225
	六	8.903	17.806	26.709	35.612	44.515	53.418	62.321	71.224	80.127

5.2　工程量计算规则

工程量计算必须按照相关工程现行国家计量规范规定的工程量计算规则进行计算。本工程的清单工程量计算严格按照《房屋建筑与装饰工程工程量计算规范》GB 50854—2013、《建筑工程建筑面积计算规范》GB/T 50353—2013 等规范文件进行编制。

1. 清单工程量计算规则

见表 5-3。

建筑工程工程量计算规则　　　　　　　　　　　表 5-3

项目编码	项目名称	工程量计算规则
010101001	平整场地	按设计图示尺寸以建筑物首层建筑面积计算
010101004	挖基坑土方	按设计图示尺寸以基础垫层底面积乘以挖土深度计算
010103001	回填方	按设计图示尺寸以体积计算 1. 场地回填：回填面积乘平均回填厚度 2. 室内回填：主墙间面积乘回填厚度，不扣除间隔墙 3. 基础回填：按挖方清单项目工程量减去自然地坪以下埋设的基础体积（包括基础垫层及其他构筑物）
010402001	砌块墙	按设计图示尺寸以体积计算 　扣除门窗、洞口、嵌入墙内的钢筋混凝土柱、梁、圈梁、挑梁、过梁及凹进墙内的壁龛、管槽、暖气槽、消火栓箱所占体积，不扣除梁头、板头、檩头、垫木、木楞头、沿缘木、木砖、门窗走头、砌块墙内加固钢筋、木筋、铁件、钢管及单个面积≤0.3m² 的孔洞所占的体积。凸出墙面的腰线、挑檐、压顶、窗台线、虎头砖、门窗套的体积亦不增加。凸出墙面的砖垛并入墙体体积内计算 　1. 墙长度：外墙按中心线、内墙按净长计算 　2. 墙高度： 　（1）外墙：斜（坡）屋面无檐口顶棚者算至屋面板底；有屋架且室内外均有顶棚者算至屋架下弦底另加 200mm；无顶棚者算至屋架下弦底另加 300mm，出檐宽度超过 600mm 时按实砌高度计算；与钢筋混凝土楼板隔层者算至板顶；平屋面算至钢筋混凝土板底 　（2）内墙：位于屋架下弦者，算至屋架下弦底；无屋架者算至顶棚底另加 100mm；有钢筋混凝土楼板隔层者算至楼板顶；有框架梁时算至梁底 　（3）女儿墙：从屋面板上表面算至女儿墙顶面（如有混凝土压顶时算至压顶下表面） 　（4）内、外山墙：按其平均高度计算 　3. 框架间墙：不分内外墙按墙体净尺寸以体积计算 　4. 围墙：高度算至压顶上表面（如有混凝土压顶时算至压顶下表面），围墙柱并入围墙体积内
010401012	零星砌砖（砖烟道）	1. 以立方米计量，按设计图示尺寸截面积乘以长度计算 2. 以平方米计量，按设计图示尺寸水平投影面积计算 3. 以米计量，按设计图示尺寸长度计算 4. 以个计量，按设计图示数量计算
010501003	独立基础	按设计图示尺寸以体积计算。不扣除伸入承台基础的桩头所占体积
010501001	垫层	按设计图示尺寸以体积计算。不扣除伸入承台基础的桩头所占体积

项目编码	项目名称	工程量计算规则
010502001	矩形柱	按设计图示尺寸以体积计算 柱高: 　1. 有梁板的柱高,应自柱基上表面(或楼板上表面)至上一层楼板上表面之间的高度计算
010502002	构造柱	2. 无梁板的柱高,应自柱基上表面(或楼板上表面)至柱帽下表面之间的高度计算 　3. 框架柱的柱高:应自柱基上表面至柱顶高度计算 　4. 构造柱按全高计算,嵌接墙体部分(马牙槎)并入柱身体积 　5. 依附柱上的牛腿和升板的柱帽,并入柱身体积计算
010503001	基础梁	按设计图示尺寸以体积计算。伸入墙内的梁头、梁垫并入梁体积内
010503005	过梁	梁长: 　1. 梁与柱连接时,梁长算至柱侧面 　2. 主梁与次梁连接时,次梁长算至主梁侧面
010505001	有梁板	按设计图示尺寸以体积计算,不扣除单个面积≤0.3m² 的柱、垛以及孔洞所占体积 压形钢板混凝土楼板扣除构件内压形钢板所占体积有梁板(包括主、次梁与板)按梁、板体积之和计算,无梁板按板和柱帽体积之和计算,各类板伸入墙内的板头并入板体积内,薄壳板的肋、基梁并入薄壳体积内计算
010505008	雨篷	按设计图示尺寸以墙外部分体积计算。包括伸出墙外的牛腿和雨篷反挑檐的体积
010507005	压顶	1. 以米计量,按设计图示的中心线延长米计算 　2. 以立方米计量,按设计图示尺寸以体积计算
010507004	台阶	1. 以平方米计量,按设计图示尺寸水平投影面积计算 　2. 以立方米计量,按设计图示尺寸以体积计算
010507001	散水、坡道	按设计图示尺寸以水平投影面积计算。不扣除单个≤0.3m² 的孔洞所占面积
010515001	现浇钢筋混凝土钢筋	按设计图示钢筋(网)长度(面积)乘单位理论质量计算
010803001	金属卷帘门	1. 以樘计量,按设计图示数量计算 　2. 以平方米计量,按设计图示洞口尺寸以面积计算
010801001	胶合板门	1. 以樘计量,按设计图示数量计算 　2. 以平方米计量,按设计图示洞口尺寸以面积计算
010807001	金属推拉窗	1. 以樘计量,按设计图示数量计算 　2. 以平方米计量,按设计图示洞口尺寸以面积计算
010902001	屋面卷材防水	按设计图示尺寸以面积计算 　1. 斜屋顶(不包括平屋顶找坡)按斜面积计算,平屋顶按水平投影面积计算 　2. 不扣除房上烟囱、风帽底座、风道、屋面小气窗和斜沟所占面积 　3. 屋面的女儿墙、伸缩缝和天窗等处的弯起部分,并入屋面工程量内
010902004	屋面排水管	按设计图示尺寸以长度计算。如设计未标注尺寸,以檐口至设计室外散水上表面垂直距离计算
011001003	保温隔热墙	按设计图示尺寸以面积计算。扣除门窗洞口以及面积>0.3m² 梁、孔洞所占面积;门窗洞口侧壁以及与墙相连的柱,并入保温墙体工程量内

2. 定额工程量计算规则

某中学食堂采用的河南省建设工程工程量清单综合单价,其定额工程量计算规则为:

(1) 平整场地按设计图示尺寸以建筑物首层面积计算。

(2) 挖土方包括带形基础、独立基础、满堂基础及设备基础等的挖方。带形基础应按不同底宽和深度，独立基础、满堂基础应按不同底面面积和深度分别列项。其工程量均按设计图示尺寸以基础垫层底面积乘以挖土深度计算。其中，挖沟槽长度，外墙按图示中心线长度计算，内墙按图示基础垫层底面之间净长线长度计算，内外凸出部分（垛、附墙烟囱等）体积并入沟槽土方工程量内计算。

（3）回填土分夯填、松填，按设计图示尺寸以体积并按下列规定计算：

① 场地回填：场地面积乘以平均回填厚度。

② 室内回填：主墙间净面积乘以回填厚度。

③ 基础回填：挖方体积减去设计室外地坪以下埋设的基础体积（包括基础垫层及其他构筑物）。

（4）砌块墙的定额工程量计算规则同清单工程量计算规则。

（5）砖烟道按设计图示尺寸以体积计算。

（6）现浇基础垫层与基础的定额工程量计算规则同清单工程量计算规则。

（7）现浇柱的定额工程量计算规则同清单工程量计算规则。

（8）现浇梁，按设计图示尺寸以体积计算，不扣除构件内钢筋、预埋铁件所占体积。伸入墙内的梁头、梁垫并入梁体积内。梁长计算和相关规定如下：

① 梁与柱连接时，梁长算至柱侧面。

② 主梁与次梁连接时，次梁长算至主梁侧面。

③ 圈梁与过梁连接时，过梁并入圈梁计算。

（9）有梁板的定额工程量计算规则同清单工程量计算规则。

（10）雨篷的定额工程量计算规则同清单工程量计算规则。

（11）压顶按设计图示尺寸以体积计算。

（12）台阶按设计图示尺寸以水平投影面积计算，如台阶与平台连接时，其分界线应以最上层踏步外沿加30cm。台阶子目中不包括垫层和面层。

（13）零星构件按设计图示尺寸以实体体积计算。

（14）各类门、窗工程量除特别规定者外，均按设计图示尺寸以门、窗洞口面积计算。框帽走头、木砖及立框所需的拉条、护口条以及填缝灰浆，均已包括在定额子目内，不得另行增加。

（15）金属卷闸门安装按设计图示洞口尺寸以面积计算。

（16）现浇混凝土钢筋的定额工程量计算规则同清单工程量计算规则。

（17）屋面卷材防水的定额工程量计算规则同清单工程量计算规则。

（18）屋面排水管的定额工程量计算规则同清单工程量计算规则。

（19）保温隔热墙的定额工程量计算规则同清单工程量计算规则。

5.3　某中学食堂建筑工程清单项目工程量计算

1. 清单工程量

（1）土石方工程

1）场地平整

a. ③、⑧轴线、①、①轴线之间的面积：

$S_1 = (37+0.25+0.25) \times (37-5-3-5+0.25-0.12) = 904.88 \text{m}^2$

【注释】 37——③、⑧轴线之间的距离；

0.25——轴线到外墙外边缘的距离；

37——外墙宽度；

5——Ⓐ、Ⓑ轴线之间的距离；

3——Ⓑ、Ⓒ轴线之间的距离；

第二个 5——Ⓒ、Ⓓ轴线之间的距离；

0.25——Ⓙ轴线到外墙外边缘的距离；

0.12——Ⓓ轴线到墙内边缘的距离。

b. ①、⑧轴线、Ⓐ、Ⓓ轴线之间的面积：

$S_2 = (42 + 0.25 + 0.25) \times (5 + 3 + 5 + 0.12 + 0.25) = 568.23 m^2$

【注释】 42——建筑的长度；

0.25——轴线到外墙外边缘的距离；

5——Ⓐ、Ⓑ轴线之间的距离；

3——Ⓑ、Ⓒ轴线之间的距离；

第二个 5——Ⓒ、Ⓓ轴线之间的距离；

0.25——Ⓐ轴线到外墙外边缘的距离；

0.12——Ⓓ轴线到墙内边缘的距离。

故该工程的建筑面积：$S = (904.88 + 568.23) = 1473.11 m^2$

2）挖土方

参见《河南省建设工程工程量清单综合单价》，如图 4-27 所示

J-1：$(2 + 0.1 \times 2 + 0.3 \times 2) \times (2 + 0.1 \times 2 + 0.3 \times 2) \times (1.5 + 0.1 - 0.45) \times 14 = 126.22 m^3$

【注释】 2——J-1 的宽度；

0.1——垫层每边增加的长度；

0.3——基础施工所需工作面的宽度；

1.5——基础底面标高；

0.1——基础垫层的厚度；

—0.45——室内地面的标高；

14——J-1 的数量。

J-2：$(2.4 + 0.1 \times 2 + 0.3 \times 2) \times (2.4 + 0.1 \times 2 + 0.3 \times 2) \times (1.5 + 0.1 - 0.45) \times 7 = 82.43 m^3$

【注释】 2.4——J-2 的宽度；

0.1——垫层每边增加的长度；

0.3——基础施工所需工作面的宽度；

1.5——基础底面标高，距地面标高 0.00 的距离；

—0.45——室内地面的标高；

0.1——基础垫层的厚度；

7——J-2 的数量。

J-3：$(3 + 0.1 \times 2 + 0.3 \times 2) \times (3 + 0.1 \times 2 + 0.3 \times 2) \times (1.5 + 0.1 - 0.45) \times 31 = 514.79 m^3$

【注释】 3——J-3 的宽度；

0.1——垫层每边增加的长度；

　　　0.3——基础施工所需工作面的宽度；

　　　1.5——基础底面标高；

　　　0.1——基础垫层的厚度；

　　　31——J-3 的数量。

　　总的工程量＝126.22＋82.43＋514.79＝723.44m³

　　【注释】　　由于柱下基础最大尺寸为 3×3 为 9m²，小于 20m²，故按基坑来挖。考虑到地质条件比较好，基坑比较浅，故不考虑放坡。

　　3）基坑回填方

　　基坑回填方体积＝挖方体积－基础垫层－基础柱－基础

　　a. 垫层工程量：

　　J-1 的混凝土垫层工程量＝(2＋0.1×2)×(2＋0.1×2)×0.1×14＝6.78m³

　　【注释】　2——基础宽度；

　　　　　　　0.1——垫层每边沿基础向外突出的长度；

括号外面的 0.1——垫层厚度；

　　　　　　　14——基础个数。

　　J-2 的混凝土垫层工程量＝(2.4＋0.1×2)×(2.4＋0.1×2)×0.1×7＝4.73m³

　　【注释】　(2.4＋0.1×2) 括号中：

　　　　　　　2.4——基础宽度；

　　　　　　　0.1——垫层每边沿基础向外突出的长度；

　　　　　　　0.1——垫层厚度；

　　　　　　　7——基础个数。

　　J-3的混凝土垫层工程量＝(3＋0.1×2)×(3＋0.1×2)×0.1×31＝31.74m³

　　【注释】　(3＋0.1×2) 中：

　　　　　　　3——基础宽度；

　　　　　　　0.1——垫层每边沿基础向外突出的长度；

　　　　　　　0.1——垫层厚度；

　　　　　　　31——基础个数。

　　总的工程量＝6.78＋4.73＋31.74＝43.25m³

　　b. 基础柱工程量：0.5×0.5×(0.9－0.45)×52＝5.85m³

　　【注释】　0.5——基础柱的长和宽；

　　　　　　　0.9——基础顶面表高；

　　　　　　　0.45——室内外高差；

　　　　　　　52——基础柱个数。

　　c. 基础工程量：

　　J-1：(2×2×0.3＋1.25×1.25×0.3)×14＝23.36m³

　　【注释】　2——基础底面的长和宽；

　　　　　　　0.3——底面第一阶的高度；

　　　　　　　1.25——基础第二阶的长和宽；

最后一个 0.3——第二阶基础的高度。

J-2：$(2.4 \times 2.4 \times 0.3 + 1.45 \times 1.45 \times 0.3) \times 7 = 16.51 m^3$

【注释】　2.4——基础底面的长和宽；

　　　　　0.3——底面第一阶的高度；

　　　　　1.45——基础第二阶的长和宽；

最后一个 0.3——第二阶基础的高度。

J-3：$(3 \times 3 \times 0.3 + 1.75 \times 1.75 \times 0.3) \times 31 = 112.18 m^3$

【注释】　3——基础底面的长和宽；

　　　　　0.3——底面第一阶的高度；

　　　　　1.75——基础第二阶的长和宽；

最后一个 0.3——第二阶基础的高度。

总的基础工程量 $=(23.36 + 16.51 + 112.18) = 152.05 m^3$

则基坑回填方工程量 $= 723.44 - 43.25 - 5.85 - 152.05) = 522.29 m^3$

4）房心回填方

a. ①、⑧轴线与Ⓐ、Ⓑ轴线之间回填土工程量

$(42 + 0.01 + 0.01 - 0.24 \times 6) \times (5 + 0.01 - 0.12) \times 0.45 + 0.24 \times (8 + 5.88 + 8 + 4) \times 0.45 = 92.09 m^3$

【注释】　42——①、⑧轴线之间的距离；

　　　　　0.01——①、⑧轴线到外墙内边缘的距离；

　　　　　0.24——内墙的厚度；

　　　　　6——①、⑧轴线之间内纵墙的数量；

　　　　　0.45——回填土高度；

$0.24 \times (8 + 5.88 + 8 + 4)$——②⑰轴线之间没有墙部分的面积；

　　　　　　　　　8——④、⑤轴线之间的距离；

　　　　　　　　　5.88——⑤、⑮轴线之间的距离；

　　　　　　　　　8——⑥、⑦轴线之间的距离；

　　　　　　　　　4——⑦、⑰轴线之间的距离；

　　　　　0.45——回填土厚度。

b. ①、⑧轴线与Ⓑ、Ⓒ轴线之间回填土工程量

$(42 + 0.01 + 0.01) \times (3 - 0.12 - 0.12) \times 0.45 = 52.19 m^3$

【注释】　42——①、⑧轴线之间的距离；

　　　　　0.01——①、⑧轴线到外墙内边缘的距离；

　　　　　3——Ⓑ、Ⓒ轴线之间的距离；

　　　　　0.12——Ⓑ、Ⓒ轴线到墙内边缘的距离；

　　　　　0.45——室内填土高度。

c. ①、⑧轴线与Ⓒ、Ⓓ轴线之间回填土工程量

$(42 + 0.01 + 0.01 - 0.24 \times 3) \times (5 - 0.12 - 0.12) \times 0.45 = 88.46 m^3$

【注释】　42——①、⑧轴线之间的距离；

　　　　　0.01——①、⑧轴线到外墙内边缘的距离；

　　　　　0.24——内墙的厚度；

　　　　　　　3——①、⑧轴线之间内纵墙的数量；

　　　　　　　5——ⓒ、ⓓ轴线之间的距离；

　　　　　　0.45——回填土高度。

　　d. ③、⑧轴线与ⓓ、ⓙ轴线之间回填土工程量

$[(37+0.01+0.01)\times(37-5-3-5-0.12+0.01)-(5+0.01-0.12)\times0.24\times2-$
$(6+0.01-0.12)\times0.24]\times0.45=396.29m^3$

　　【注释】　37——③、⑧轴线之间的距离；

　　　　　　0.01——③、⑧轴线到外墙内边缘的距离；

　　　　　　　37——Ⓐ、ⓙ轴线之间的距离；

　　　　　　　5——Ⓐ、Ⓑ轴线之间的距离；

　　　　　　　3——Ⓑ、ⓒ轴线之间的距离；

　　　　　　　5——ⓒ、ⓓ轴线之间的距离；

　　　　　　0.12——ⓓ轴线到墙内边缘的距离；

　　　　　　0.01——ⓙ轴线到外墙内边缘的距离；

　　　　　　0.24——内墙厚；

　　　　　　　2——③、⑧轴线与ⓓ、ⓙ轴线之间内纵墙的数量；

　　　　　　　6——ⓖ、ⓙ轴线之间的距离。

　　房心回填方工程量＝92.09＋52.19＋88.46＋396.29＝629.03m³

　　（2）砌筑工程

　　1）240 加气混凝土砌块外墙

　　a. 外墙总面积：

　　$(42+0.13\times2+37+0.13\times2)\times2\times(4.5+1.5+0.45)=1025.81m^2$

　　【注释】　42——外墙的长；

　　　　　　0.13——外墙轴线到外墙中心线之间的距离；

　　　　　　　37——外墙的宽；

　　第一个括号外的 2——两面相同的墙；

　　　　　　4.5——层高；

　　　　　　1.5——女儿墙高；

　　　　　　0.45——室内外高差。

　　b. 外墙门的面积：

　　M-1：$4\times2.4=9.6m^2$

　　【注释】　4——门宽；

　　　　　　2.4——门高。

　　M-2：$3\times2.4\times2=14.4m^2$

　　【注释】　3——门宽；

　　　　　　2.4——门高；

　　　　　　2——门的数量。

　　M-5：$1.5\times2.4\times2=7.2m^2$

　　【注释】　1.5——门宽；

2.4——门高；

2——门的数量。

M-4：1.0×2.1＝2.1m²

【注释】 1.0——门宽；

2.1——门高。

总的面积＝9.6＋14.4＋7.2＋2.1＝33.3m²

c. 外墙窗子的面积：

C-1：3×1.8×8＝43.2m²

【注释】 3——窗的宽度；

1.8——窗高度；

8——窗的数量。

C-2：2.7×1.8×4＝19.44m²

【注释】 2.7——窗的宽度；

1.8——窗的高度；

4——窗的数量。

C-3：3×1.8×6＝32.4m²

【注释】 3——窗的宽度；

1.8——窗的高度；

6——窗的数量。

C-4：0.9×0.9×2＝1.62m²

【注释】 0.9——窗的高和宽；

2——窗的数量。

总的面积＝43.2＋19.44＋32.4＋1.62＝96.66m²

240 实心砖砌外墙工程量＝（1025.81－33.3－96.66）×0.24＝215.00m³

【注释】 0.24——墙厚。

2）240 加气混凝土砌块内墙

a. 内墙净长：

③、④轴线与⑥、①轴线之间卫生间内墙：

L_1＝（6－0.25×2）＋（5－0.12＋0.01）＋（5－0.25×2）＝14.89m

【注释】 6——⑥、①轴线之间的距离；

0.25——轴线到柱边缘的距离；

5——③、④轴线之间的距离；

0.12——④轴线到墙内边缘的距离；

0.01——③轴线到卫生间内隔墙之间的距离。

①、⑧轴线与Ⓐ、Ⓓ轴线之间内横墙：

L_2＝42－5－0.25×2－4×0.5＝34.5m

【注释】 42——建筑的长度；

0.25——轴线到柱边缘的距离；

0.5——柱子的宽度；

4——柱子的个数。

$L_3 = 42 - 0.25 \times 2 - 5 \times 0.5 = 39m$

【注释】 42——建筑的长度；

　　　　0.25——轴线到柱边缘的距离；

　　　　0.5——柱子的宽度；

　　　　5——柱子的个数。

$L_4 = (5 + 5 - 0.25 \times 2 - 0.5) + (2 + 0.12 - 0.25) + (4 - 0.25) = 14.62m$

【注释】 5+5——①、④轴线之间的距离；

　　　　0.25——轴线到柱边缘的距离；

　　　　2——⑮、⑥轴线之间的距离；

　　　　4——⑰、⑧轴线之间的距离。

①、⑧轴线、Ⓐ、Ⓓ轴线之间内纵墙：

$L_5 = (5 - 0.25 \times 2) \times 3 + (5 - 0.12 + 0.01) \times 2 + 5 + 0.01 = 28.29m$

【注释】 5——①、⑧轴线、Ⓐ、Ⓓ轴线之间内纵墙长度；

　　　　0.25——轴线到柱边缘的距离；

　　　　3——有 3 段相同的纵墙。

(5−0.12+0.01) 中：

　　　　5——⑮轴线上墙的长度；

　　　　0.12——轴向Ⓑ到墙外边缘的距离；

　　　　0.01——轴向Ⓐ到外墙内边缘的距离。

内墙净长 $L = L_1 + L_2 + L_3 + L_4 + L_5 = 14.89 + 34.5 + 39 + 14.62 + 28.29 = 131.3m$

b. 内墙门洞面积：

M-3：$0.9 \times 2.1 \times 5 = 9.45m^2$

【注释】 0.9——门宽；

　　　　2.1——门高；

　　　　5——门的数量。

M-4：$1.0 \times 2.1 \times 4 = 8.4m^2$

【注释】 1.0——门的宽度；

　　　　2.1——门的高度；

　　　　4——门的数量。

M-6：$3.0 \times 2.4 = 7.2m^2$

门总面积$=9.45 + 8.4 + 7.2 = 25.05m^2$

c. 内墙窗洞面积：

C-3：$3 \times 1.8 = 5.4m^2$

【注释】 3——窗的宽度；

　　　　1.8——窗的高度。

C-5：$7.5 \times 1.8 \times 4 = 54m^2$

【注释】 7.5——窗的宽度；

　　　　1.8——窗的高度；

4——窗的数量。

窗总的面积＝5.4＋54＝59.4m²

内墙的工程量＝[131.3×(4.5-0.12)-25.05-59.4]×0.24＝117.75m³

【注释】　0.24——墙厚。

3）砖烟道（耐火砖砌筑）

砖烟道的工程量＝(0.6＋0.6)×0.24×2.0＝0.57m³

【注释】　0.6——烟道宽度；

0.24——烟道厚度；

2.0——烟道高度。

（3）混凝土工程

1）独立基础

a. C10混凝土垫层，垫层工程量：

J-1的混凝土垫层工程量＝(2＋0.1×2)×(2＋0.1×2)×0.1×14＝6.78m³

【注释】　2——基础宽度；

0.1——垫层每边沿基础向外突出的长度；

括号外的0.1——垫层厚度；

14——基础个数。

J-2的混凝土垫层工程量＝(2.4＋0.1×2)×(2.4＋0.1×2)×0.1×7＝4.73m³

【注释】　(2.4＋0.1×2)中：

2.4——基础宽度；

0.1——垫层每边沿基础向外突出的长度；

0.1——垫层厚度；

7——基础个数。

J-3的混凝土垫层工程量＝(3＋0.1×2)×(3＋0.1×2)×0.1×31＝31.74m³

【注释】　(3＋0.1×2)中：

3——基础宽度；

0.1——垫层每边沿基础向外突出的长度；

0.1——垫层厚度；

31——基础个数。

总的工程量＝6.78＋4.73＋31.74＝43.25m³

b. 基础工程量

J-1：(2×2×0.3＋1.25×1.25×0.3)×14＝23.36m³

【注释】　2——基础底面的长和宽；

0.3——底面第一阶的高度；

1.25——基础第二阶的长和宽；

最后一个0.3——第二阶基础的高度。

J-2：(2.4×2.4×0.3＋1.45×1.45×0.3)×7＝16.51m³

【注释】　2.4——基础底面的长和宽；

0.3——底面第一阶的高度；

1.45——基础第二阶的长和宽；

最后一个 0.3——第二阶基础的高度。

J-3：$(3\times3\times0.3+1.75\times1.75\times0.3)\times31=112.18m^3$

【注释】　　3——基础底面的长和宽；

　　　　　0.3——底面第一阶的高度；

　　　　　1.75——基础第二阶的长和宽；

最后一个 0.3——第二阶基础的高度。

总的工程量$=23.36+16.51+112.18=152.05m^3$

2）基础梁

基础梁采用 C20 混凝土，基础梁尺寸均为 300×400，如图 4-29 所示。

a. 外墙基础梁：

$[(42+0.1\times2+37+0.1\times2)\times2-(0.5\times22+0.35\times2\times4)]\times0.3\times0.4=17.4m^3$

【注释】　42——外墙的长度；

　　　　　37——外墙的宽度；

　　　　　0.1——外墙中轴线到基础梁的中心线之间的距离；

$(0.5\times22+0.35\times2\times4)$ 中：

　　　　　0.5——柱子的宽度；

　　　　　22——外墙中间柱子的个数；

　　　　　0.35——外墙基础梁的中心线到柱边的距离；

　　　　　2——外墙角柱的和基础梁相连的两个面；

　　　　　4——外墙角柱的数量。

b. 内墙基础梁

③、④轴线与Ⓖ、Ⓙ轴线之间卫生间内墙：

$L_1=(6-0.25\times2)+(5-0.05-0.15)+(5-0.25\times2)=14.8m$

【注释】　6——Ⓖ、Ⓙ轴线之间距离；

　　　　　0.25——轴线到柱子边缘的距离；

　　　　　5——③、④轴线之间的距离；

　　　　　0.05——③轴线到梁内边缘的距离；

　　　　　0.15——④轴线到外墙内边缘的距离。

①、⑧轴线与Ⓐ、Ⓓ轴线之间内横墙：

$L_2=42-5-0.25\times2-4\times0.5=34.5m$

【注释】　42——①、⑧轴线之间的距离；

　　　　　5——①、③轴线之间的距离；

　　　　　0.25——轴线到柱子边缘的距离；

　　　　　4——③、⑧轴线之间柱子的个数；

　　　　　0.5——柱子的宽度。

$L_3=42-0.25\times2-5\times0.5=39m$

【注释】　42——①、⑧轴线之间的距离；

　　　　　0.25——轴线到柱子边缘的距离；

5——ⓒ轴线之间柱子的个数；

  0.5——柱子的宽度。

$L_4 = (5+5-0.25 \times 2-0.5)+(2-0.15-0.25)+(4-0.15-0.25)=14.20m$

【注释】 5+5——①、④轴线之间的距离；

           0.25——轴线到柱子边缘的距离；

            0.5——柱子的宽度；

(2-0.15-0.25)中：

                2——⑯、⑥轴线之间的距离；

          0.15——⑯轴线到墙内边缘的距离；

          0.25——⑥轴线到柱子边缘的距离；

                4——⑰、⑧轴线之间的距离。

①、⑧轴线与Ⓐ、Ⓓ轴线之间内纵墙：

$L_5 = (5-0.25 \times 2) \times 3+(5-0.15-0.05) \times 2+(5+3-0.05-0.15)=30.9m$

【注释】   5——Ⓐ、Ⓑ轴线之间的距离；

          0.25——轴线到柱子边缘的距离；

              3——相同梁的数量；

(5-0.15-0.05)——②轴线、Ⓐ、Ⓑ轴线之间的一段墙；

              5——Ⓐ、Ⓑ轴线之间的距离；

          0.15——Ⓑ轴线到内墙边缘的距离；

          0.05——Ⓐ轴线到墙边缘的距离；

(5+3-0.05-0.15)——⑯轴线、Ⓐ、ⓒ轴线之间的一段墙；

         5+3——Ⓐ、ⓒ轴线之间的距离；

          0.05——Ⓐ轴线到内墙边缘的距离；

          0.15——ⓒ轴线到墙边缘的距离。

内墙净长 $L=14.8+34.5+39+14.20+30.9=133.4m$

基础梁总工程量 $=133.4 \times 0.3 \times 0.4+17.4=33.41m^3$

【注释】 0.3——基础梁的宽度；

          0.4——基础梁的高度。

3）C30 现浇混凝土矩形柱

柱的工程量 $=0.5 \times 0.5 \times (0.9+4.5) \times 52=70.2m^3$

【注释】 0.5——柱子的长和宽；

          0.9——地面以下柱子的高度；

          4.5——层高；

           52——柱子的个数。

4）女儿墙构造柱

女儿墙中构造柱宽同墙厚 240mm，长 360mm，高为 1500mm，采用 C20 混凝土构造

柱的工程量 $=0.24 \times 0.36 \times 1.5 \times 26=3.37m^3$

【注释】 0.24——构造柱的宽度；

          0.36——构造柱的长度；

　　　　　　1.5——构造柱的高度；

　　　　　　26——构造柱的个数。

5）过梁

a. 门过梁（240×200 两侧各增加 300mm）：

均采用 C30 混凝土，

M－1：$(4+0.3×2)×0.24×0.2=0.22m^3$

【注释】　4——门的宽度；

　　　　　0.3——过梁沿门宽度方向每边延伸的长度；

　　　　　2——两边都延伸；

　　　　　0.24——过梁的宽度；

　　　　　0.2——过梁的高度。

M－2：$(3+0.3×2)×0.24×0.2×2=0.35m^3$

M－3：$(0.9+0.3×2)×0.24×0.2×5=0.36m^3$

M－4：$(1+0.3×2)×0.24×0.2×5=0.38m^3$

M－5：$(1.5+0.3×2)×0.24×0.2×2=0.2m^3$

M－6 ：$(3+0.3×2)×0.24×0.2=0.17m^3$

门过梁总工程量$=0.22+0.35+0.36+0.38+0.2+0.17=1.68m^3$

b. 窗过梁：

C－1：$(3+0.3×2)×0.24×0.2×8=1.38m^3$

【注释】　3——窗的宽度；

　　　　　0.3——窗过梁沿窗宽每边延伸的长度；

　　　　　2——两边都延伸；

　　　　　0.24——过梁的宽度；

　　　　　0.2——过梁的高度；

　　　　　8——相同窗的数量。

C－2：$(2.7+0.3×2)×0.24×0.2×4=0.63m^3$

C－3：$(3+0.3×2)×0.24×0.2×7=1.21m^3$

C－4：$(0.9+0.3×2)×0.24×0.2×2=0.14m^3$

C－5：$(7.5+0.3×2)×0.24×0.3×4=2.33m^3$

雨篷梁总的工程量$=0.37+0.59+0.15+0.37=1.48m^3$

窗过梁总的工程量$=1.38+0.63+1.21+0.14+2.33=5.69m^3$

c. 雨篷梁：

M－1：$(4+0.3×2+0.25×2)×0.24×0.3=0.37m^3$

【注释】4——门的宽度；

　　　　0.3——雨篷沿门宽每边延伸的长度；

　　　　2——两边都延伸；

　　　　0.25——雨篷梁沿雨棚长度每边延伸的长度；

　　　　0.24——过梁的宽度；

　　　　0.3——过梁的高度；

　　　　4——相同窗的数量。

M—2：$(3+0.3\times2+0.25\times2)\times0.24\times0.3\times2=0.59m^3$

M—4：$(1+0.3\times2+0.25\times2)\times0.24\times0.3=0.15m^3$

M—5：$(1.5+0.3\times2+0.25\times2)\times0.24\times0.3\times2=0.37m^3$

混凝土过梁$=1.68+1.48+5.69=8.85m^3$

6）C20现浇钢筋混凝土女儿墙压顶

$(42+0.13\times2+37+0.13\times2)\times2\times0.24\times0.36=13.74m^3$

【注释】　42——建筑的长度；

　　　　　37——外墙宽度；

　　　　0.13——轴线到外墙中心线之间的距离；

　　　　　2——相同长度外墙的面数；

0.24，0.36——混凝土压顶的宽和高。

7）现浇混凝土板（有梁板）

采用C30混凝土，如图4-31所示。

a．现浇混凝土梁的工程量

KL1的C30钢筋混凝土工程量：

③、⑧轴线与Ⓔ、Ⓙ轴线之间：

$(37-0.5\times4-0.25\times2)\times0.3\times(0.6-0.12)\times4=19.87m^3$

【注释】　37——③、⑧轴线之间的距离；

　　　　0.5——柱子的宽度；

　　　　　4——③、⑧轴线之间柱子的数量；

　　　　0.25——轴线到柱子边缘的距离；

　　　　0.3——梁的宽度；

　　　　0.6——梁的高度；

　　　　0.12——板厚；

　　　　　4——Ⓔ、Ⓕ、Ⓖ、Ⓗ相同的跨数。

①、⑧轴线与Ⓐ、Ⓓ轴线之间：

$(42-0.5\times5-0.25\times2)\times0.3\times(0.6-0.12)\times4=22.46m^3$

【注释】　42——①、⑧轴线之间的距离；

　　　　0.5——柱子的宽度；

　　　　　5——①、⑧轴线之间柱子的数量；

　　　　0.25——轴线到柱子边缘的距离；

　　　　0.3——梁的宽度；

　　　　0.6——梁的高度；

　　　　0.12——板厚；

　　　　　4——Ⓐ、Ⓑ、Ⓒ、Ⓓ相同的跨数。

故KL1的C30钢筋混凝土工程量$V=19.87+22.46=42.33m^3$

KL2的C30钢筋混凝土工程量：

①、⑧轴线与Ⓐ、Ⓓ轴线之间：

$(5-0.25\times2)\times2\times0.3\times(0.4-0.12)\times7+(5-0.15-0.05)\times2\times0.3\times(0.4-$

0.12)×10＝13.36m³

【注释】　5——Ⓐ、Ⓑ轴线之间的距离；

　0.25——轴线到柱子边缘的距离；

括号外面的2——与Ⓐ、Ⓑ之间梁相同的Ⓒ、Ⓓ之间的梁；

　0.3——梁的宽度；

　0.4——梁的高度；

　0.12——板厚；

　7——梁两端与柱子相连的梁的个数；

　10——梁与主梁相连的个数。

③、⑧轴线与Ⓓ、Ⓙ轴线之间：

$(37-5-3-5-0.5×3-0.25×2)×0.3×(0.4-0.12)×6+(37-5-3-5-0.3×3-0.15×2)×0.3×(0.4-0.12)×9=28.32m³$

【注释】　37——Ⓓ、Ⓙ轴线之间的距离；

　0.5——柱子的宽度；

　　3——Ⓓ、Ⓙ轴线之间柱子的个数；

　0.25——轴线到柱子边缘的距离；

　0.3——梁的宽度；

　0.4——梁的高度；

　0.12——板厚；

　6——梁两端与柱子相连的梁的个数；

　10——梁与主梁相连的个数。

故 KL2 的 C30 钢筋混凝土工程量 $V=13.36+28.32=41.68m³$

KL3 的 C30 钢筋混凝土工程量：

Ⓑ、Ⓒ轴线之间：

$V=(3-0.25×2)×0.3×(0.4-0.12)×7+(3-0.15×2)×0.3×(0.4-0.12)×10$
$=3.74m³$

C30 现浇钢筋混凝土框架梁的工程量＝42.33＋41.68＋3.74＝87.75m³

b. C30 现浇钢筋混凝土板的工程量

③、⑧轴线与Ⓓ、Ⓙ轴线之间的面积：

$S_1=(37+0.25+0.25)×(37-5-3-5+0.25)×0.12=109.13m³$

【注释】　37——③、⑧轴线之间的距离；

　0.25——轴线到外墙外边缘的距离；

　(37-5-3-5+0.25) 中：

　　37——Ⓐ、Ⓙ轴线之间的距离；

37-5-3-5——Ⓓ、Ⓙ轴线之间的距离；

　0.25——Ⓙ轴线到墙外边缘的距离；

　0.12——板厚。

①、⑧轴线与Ⓐ、Ⓓ轴线之间的面积：

$S_2=(42+0.25+0.25)×(5+3+5+0.25)×0.12=67.58m³$

【注释】 42——①、⑧轴线之间的距离；

0.25——轴线到外墙外边缘的距离；

5+3+5——Ⓐ、Ⓓ轴线之间的距离；

0.25——Ⓐ轴线到墙外边缘的距离；

0.12——板厚。

板的工程量 $S=109.13+67.58=176.71m^2$

故 C30 现浇钢筋混凝土楼板（有梁板）的工程量$=176.71+87.75=264.46m^3$

8）雨篷板

采用 C20 混凝土雨篷板工程量：

M—1：$(4+0.3\times2)\times(0.07+0.13)/2\times1+(1-0.06)\times2\times0.06\times(0.3-0.07)+(4+0.3\times2)\times0.06\times(0.3-0.07)=0.54m^3$

【注释】 4——门的宽；

0.3——雨篷每边沿门宽延伸的宽度；

0.07——雨篷最前面的板厚；

0.13——雨篷墙边的厚度；

1——雨篷外挑的长度；

0.06——雨篷反挑檐的厚度；

$(0.3-0.07)$ 中：

0.3——反挑檐的高度；

$(1-0.06)\times2$——雨篷两个侧面长；

$(4+0.3\times2)\times(0.07+0.13)/2\times1$——雨篷底板的体积；

$(1-0.06)\times2\times0.06\times(0.3-0.07)$——雨篷两侧面的体积；

$(4+0.3\times2)\times0.06\times(0.3-0.07)$——雨篷最前面立面的体积。

M—2：$[(3+0.3\times2)\times(0.07+0.13)/2\times1+(1-0.06)\times2\times0.06\times(0.3-0.07)+(3+0.3\times2)\times0.06\times(0.3-0.07)]\times2=0.87m^3$

【注释】 3——门的宽；

0.3——雨篷每边沿门宽延伸的宽度；

0.07——雨篷最前面的板厚；

0.13——雨篷墙边的厚度；

1——雨篷外挑的长度；

0.06——雨篷反挑檐的厚度；

$(0.3-0.07)$ 中：

0.3——反挑檐的高度；

$(1-0.06)\times2$——雨篷两个侧面长；

最后一个 2——有两个相同的雨篷。

M—4：$(1+0.3\times2)\times(0.07+0.13)/2\times1+(1-0.06)\times2\times0.06\times(0.3-0.07)+(1+0.3\times2)\times0.06\times(0.3-0.07)=0.21m^3$

【注释】 1——门的宽；

0.3——雨篷每边沿门宽延伸的宽度；

0.07——雨篷最前面的板厚；

0.13——雨篷墙边的厚度；

1——雨篷外挑的长度；

0.06——雨篷反挑檐的厚度；

(0.3−0.07)中：

0.3——反挑檐的高度；

(1−0.06)×2——雨篷两个侧面长。

M−5：[(1.5+0.3×2)×(0.07+0.13)/2×1+(1−0.06)×2×0.06×(0.3−0.07)+(1.5+0.3×2)×0.06×(0.3−0.07)]×2=0.53m³

【注释】　1.5——门的宽；

0.3——雨篷每边沿门宽延伸的宽度；

0.07——雨篷最前面的板厚；

0.13——雨篷墙边的厚度；

1——雨篷外挑的长度；

0.06——雨篷反挑檐的厚度；

(0.3−0.07)中：

0.3——反挑檐的高度；

(1−0.06)×2——雨篷两个侧面长；

2——有两个相同的雨篷。

雨篷板总的工程量=0.54+0.87+0.21+0.53=2.15m³

9）台阶（C10）

工程量=0.3×9.2+1.8×2×0.3+8.6×0.3+1.5×2×0.3+8×1.5=19.32m²

【注释】　0.3×9.2+1.8×2×0.3——第一个台阶的面积；

8.6×0.3+1.5×2×0.3——第二个台阶的面积；

8×1.5——第三个台阶的面积。

10）坡道（C20）

工程量=(6×2+3×2+2)×1.5=30.00m²

【注释】　6——M−2 坡道的宽度；

2——M−2 门的数量；

3——M−5 坡道的宽度；

2——M−5 的数量；

最后一个 2——M−4 坡道的宽度；

1.5——坡道的长度。

11）散水（C15 混凝土）

散水的工程量=(42+0.25+0.25+0.9+0.9+37+0.25+0.25)×2×0.9+0.9×0.9
=148.05m²

【注释】　42——①、⑧轴线之间的距离；

0.25——轴线到墙外边缘的距离；

2——对称的两面墙的散水；

　　0.9——散水的宽度；

　　　37——Ⓐ、Ⓙ轴线之间的距离；

　　0.9×0.9——Ⓓ轴线处一个转角增加的面积。

（4）楼地面工程

底面垫层采用 100mm 厚 3∶7 灰土。

1）③、⑧轴线、Ⓓ、Ⓙ轴线之间的面积：

$S_1 = (37+0.25+0.25) \times (37-5-3-5+0.25-0.12) = 904.88 m^2$

【注释】　37——③、⑧轴线之间的距离；

　　　0.25——轴线到外墙外边缘的距离；

　　　　37——外墙宽度；

　　　　5——Ⓐ、Ⓑ轴线之间的距离；

　　　　3——Ⓑ、Ⓒ轴线之间的距离；

　第二个 5——Ⓒ、Ⓓ轴线之间的距离；

　　　0.25——Ⓙ轴线到外墙外边缘的距离；

　　　0.12——Ⓓ轴线到墙内边缘的距离。

2）①、⑧轴线、Ⓐ、Ⓓ轴线之间的面积：

$S_2 = (42+0.25+0.25) \times (5+3+5+0.12+0.25) = 568.23 m^2$

【注释】　42——建筑的长度；

　　　0.25——轴线到外墙外边缘的距离；

　　　　5——Ⓐ、Ⓑ轴线之间的距离；

　　　　3——Ⓑ、Ⓒ轴线之间的距离；

　第二个 5——Ⓒ、Ⓓ轴线之间的距离；

　　　0.25——Ⓙ轴线到外墙外边缘的距离；

　　　0.12——Ⓓ轴线到墙内边缘的距离。

故该工程的建筑面积 $S = 904.88+568.23 = 1473.11 m^2$

总的工程量 $= 1473.11 \times 0.1 = 147.31 m^3$

【注释】　0.1——垫层厚度。

（5）钢筋工程

箍筋加密区是对于抗震结构来说的。根据抗震等级的不同，箍筋加密区设置的规定也不同。一般来说，对于钢筋混凝土框架的梁的端部和每层柱子的两端都要进行加密。梁端的加密区长度一般取 1.5 倍的梁高。这里主梁、次梁、连系梁加密区均为 900mm，柱子加密区长度一般取 1/6 每层柱子的高度。但最底层（一层）柱子的根部应取 1/3 的高度，这里取 1.5m。钢筋重量计算表见表 5-4。

钢筋重量计算表　　　　　　　　　　　　　　　表 5-4

直径(mm)	钢筋单位长度质量(kg/m)	直径(mm)	钢筋单位长度质量(kg/m)
6	0.222	16	1.58
8	0.395	18	1.988
10	0.617	20	2.47
12	0.888	22	2.98
14	1.21		

1）基础钢筋

基础保护层厚度为 30mm。

a. J—1 钢筋工程量

HRB400 级 ϕ10 钢筋数量＝[(2−0.03×2)/0.1+1]×2×14＝571.2，取 572。

【注释】　2——基础宽度；

0.03——保护层厚度；

2——两个边的保护层；

0.1——钢筋间距；

1——基础边缘多的一条钢筋；

括号外面的 2——基础纵横两个方向的钢筋；

14——基础的个数。

钢筋下料长度＝2−0.03×2+6.25×0.01×2＝2.07m

【注释】　2——基础宽度；

0.03——保护层厚度；

2——两个边的保护层；

6.25×0.01×2——180°弯钩的工程量。

HPB300 级 ϕ8 钢筋下料长度＝(500−30×2)×4+13×8×2＝1968mm＝1.968m，数量：3。

【注释】　500——柱子宽度；

30——保护层厚度；

2——两个边的保护层；

4——钢筋沿柱四个面的长度；

13×8×2——箍筋弯钩处的工程量；

8——为钢筋直径。

【注释】　如图 4-34 所示。

故，HRB400 级钢筋总质量＝572×2.07×0.617/1000＝0.731t

HPB300 级钢筋总质量＝1.968×3×0.395/1000＝0.002t

【注释】　0.395、0.617 见表 54。

b. J—2 钢筋工程量

HRB400 级 ϕ12 钢筋数量＝[(2.4−0.03×2)/0.13+1]×2×7＝266

【注释】　2.4——基础宽度；

0.03——保护层厚度；

2——两个边的保护层；

0.13——钢筋间距；

1——基础边缘多的一条钢筋；

括号外面的 2——基础纵横两个方向的钢筋；

7——基础的个数。

钢筋下料长度＝2.4−0.03×2+6.25×0.12×2＝3.84m

【注释】　2.4——基础宽度；

0.03——保护层厚度；

2——两个边的保护层；

6.25×0.12×2——两个弯钩的量。

HPB300级 $\phi 8$ 钢筋下料长度＝（500－30×2）×4＋13×8×2＝1968mm＝1.968m，数量为3。

【注释】 500——柱子宽度；

0.03——保护层厚度；

2——两个边的保护层；

4——钢筋沿柱四个面的长度；

13×8×2——弯钩的工程量。

【注释】 见图4-34。

HRB400级钢筋：总质量＝266×3.64×0.888/1000＝0.860t

HPB300级钢筋：总质量＝1.968×3×0.395/1000＝0.002t

c. J－3钢筋工程量

HRB400级 $\phi 14$ 钢筋数量＝[（3－0.03×2）/0.15＋1]×2×31＝1277.2，取1278。

【注释】 3——基础宽度；

0.03——保护层厚度；

2——两个边的保护层；

0.15——钢筋间距；

1——基础边缘多的一条钢筋；

括号外面的2——基础纵横两个方向的钢筋；

31——基础的个数。

钢筋下料长度＝3－0.03×2＋6.25×0.14×2＝4.69m

【注释】 3——基础宽度；

0.03——保护层厚度；

2——两个边的保护层。

HPB300级 $\phi 8$ 钢筋下料长度＝（500－30×2）×4＋13×8×2＝1.968m

【注释】 500——柱子宽度；

0.03——保护层厚度；

2——两个边的保护层；

4——钢筋沿柱四个面的长度；

8——钢筋直径；

3——有三个直角；

13×8×2——弯钩的工程量；

2——有两个135°转角。

数量：3

【注释】 见上图。

共计：HRB400级 $\phi 10$ 钢筋：数量＝571.2，取572，下料长度＝2.07m。

HRB400级 $\phi 12$ 钢筋：数量＝266，下料长度＝3.84m。

HRB400级 $\phi 14$ 钢筋：数量＝1277.2，取1278，下料长度＝4.69m。

HPB300级 $\phi 8$ 钢筋：数量＝9，下料长度＝1.968m。

HRB400 级钢筋：

总质量＝572×2.07×0.617＋266×3.84×0.888＋1278×4.69×1.21＝8890.11kg

$\quad\quad\quad=8.890t$

HPB300 级钢筋＝9×1.968×0.395/1000＝0.007t

【注释】　0.617、0.888、0.395 见表 5-4。

2）基础梁钢筋

a. Ⓐ、Ⓒ、Ⓓ轴线：

HRB400 级 φ16 钢筋：下料长度＝(42000＋250＋250－30×2)＋2×270＝42980mm＝42.98m

【注释】　42000——①、⑧轴线之间的距离；

$\quad\quad\quad\quad$250——①、⑧轴线到梁外边缘的距离；

$\quad\quad\quad\quad$30——保护层厚度；

$\quad\quad\quad\quad$2——两端两个保护层；

$\quad\quad\quad\quad$270——钢筋端部向上弯曲部分的长度；

$\quad\quad\quad\quad$2——两端两个弯曲长度。

数量：2×3＝6。

【注释】　2——该号钢筋的数量；

$\quad\quad\quad\quad$3——相同梁的数量。

HRB400 级 φ18 钢筋：下料长度＝(42000＋250＋250－30×2)＝42440mm＝42.44m

【注释】　42000——①、⑧轴线之间的距离；

$\quad\quad\quad\quad$250——轴线到梁外边缘的距离；

$\quad\quad\quad\quad$30——保护层厚度。

数量：2×3＝6。

【注释】　2——该号钢筋的数量；

$\quad\quad\quad\quad$3——相同梁的数量。

HPB300 级 φ8 箍筋：下料长度＝(400－30×2)×2＋(300－30×2)×2＋13×8×2

$\quad\quad\quad\quad\quad\quad\quad\quad\quad\quad=1368mm$

【注释】　400——梁的高度；

$\quad\quad\quad\quad$30——保护层厚度；

$\quad\quad\quad\quad$2——两边两个保护层；

$\quad\quad$13×8×2——弯钩的工程量；

$\quad\quad\quad\quad$300——梁宽。

数量：加密区箍筋

加密区长度为：1.5×400＝600mm≥500mm，取 600mm

则加密区箍筋的根数：600/100＋1＝7

则Ⓐ、Ⓒ、Ⓓ轴线加密区总根数为：6×7×2×3＝252

非加密区箍筋：

①③、③④间非加密区长度：500－250×2－50×2－600×2＝3200mm

$\quad\quad\quad\quad\quad\quad\quad\quad$3200/200＋1＝17

$\quad\quad\quad\quad\quad\quad$ⒶⒸⒹ箍筋总数：17×2×3＝252

④～⑤间非加密区长度为：（8000－250×2－50×2－600×2）＝6200mm

④～⑧则箍筋总根数：32×4＝128

Ⓐ©Ⓓ轴非加密区箍筋数量为：128×3＝384

则Ⓐ©Ⓓ筋筋总数384＋252＋252＝888

非加密区筋箍筋根数为：6200/200＋1＝32

共计：HRB400级φ16钢筋下料长度＝42980mm，数量＝6。

HRB400级φ18钢筋下料长度＝42440mm，数量＝6。

HPB300级φ8钢筋下料长度＝1368mm，数量＝888。

HRB400级钢筋总质量＝(42.98×6×1.58＋42.44×6×1.988)/1000＝0.914t

HPB300级钢筋质量＝1.368×888×0.395/1000＝0.48t

【注释】 1.58、1.988、0.395见表5-4。

b. Ⓑ轴线：

HRB400级φ16钢筋下料长度：

①、④轴线间＝5000＋5000＋250＋150－30×2＋2×270＝10880mm

【注释】 5000＋5000——①、③轴线之间的距离；

250——①轴线到梁外边缘的距离；

150——③轴线到梁外边缘的距离；

30——保护层厚度；

2——有两个保护层；

270——钢筋端部向上弯曲部分的长度；

2——两端两个弯曲长度。

⑮、⑥轴线间＝2000＋150＋150－30×2＋2×270＝2780mm

【注释】 2000——⑮、⑥轴线之间的距离；

150——两轴线到梁边缘的距离；

270——钢筋端部向上弯曲部分的长度；

2——两端两个弯曲长度。

⑰、⑧轴线间＝4000＋150＋250－30×2＋2×270＝4880mm

【注释】 4000——⑰、⑧轴线之间的距离；

150——⑦轴线到梁边缘的距离；

250——⑧轴线到梁边缘的距离；

30——保护层厚度；

270——钢筋端部向上弯曲部分的长度；

2——两端两个弯曲长度。

总的下料长度＝10880＋2780＋4880＝18540mm，数量＝2×1＝2。

三级φ18钢筋：下料长度＝(5000＋5000＋250＋150－30×2)＋(2000＋150＋150－

30×2)＋(4000＋150＋250－30×2)

＝16920mm

【注释】 5000＋5000——①、③轴线之间的距离；

2000——⑮、⑥轴线之间的距离；

4000——⑰、⑧轴线之间的距离;

150——轴线到梁边缘的距离;

250——轴线到梁边缘的距离;

30——保护层厚度;

2——有两个保护层。

数量＝2

HPB300 级 $\phi8$ 钢筋:下料长度＝$(400-30\times2)\times2+(300-30\times2)\times2+13\times8\times2$
$$=1368mm$$

【注释】 400——梁的高度;

30——保护层厚度;

2——两边两个保护层;

300——梁宽;

括号外面乘的 2——对称的两个边;

8——钢筋直径;

13×8×2——弯钩的工程量;

2——2 个 135°转角。

加密区长度:1.5×400＝600mm

＞500mm 取 600mm

加密区箍筋的数量:600/100＋1＝7

①②,③④间加密区箍筋的数量为:7×2×2＝28

①③,③④非加密区的长度 5000－250×2－50×2－600×2＝3200mm

①③,3200/200＋1＝17

⑰⑥、⑥间加密区长度:600mm

箍筋数量:600/200＋1＝7

非加密区长度 2000－250－50－600＝1100mm

1100/200＋1＝6.5 取 7

⑰、⑧加密区长度 600mm

600/100＋1＝7

非加密区长度 4000－250－50－600＝3100mm

3100÷200＋1＝16.5,取 17

⑧轴箍筋总量:

7×2×2＋28＋17×2＋7＋7＋7＋17＝128

共计:HRB400 级 $\phi16$ 钢筋下料长度＝18540mm,数量＝2。

HRB400 级 $\phi18$ 钢筋下料长度＝16920mm,数量＝2。

HPB300 级 $\phi8$ 钢筋下料长度＝1368mm,数量＝128。

HRB400 级钢筋总质量＝$(18.54\times2\times1.58+16.92\times2\times1.988)/1000＝0.126t$

HPB300 级钢筋总质量＝$1.368\times128\times0.395/1000＝0.069t$

【注释】 1.58、1.988、0.395 见表 5-4。

c. ⑥轴线:①、③、④、⑤、⑥轴线中的 5m 为一跨

HRB400 级 ϕ16 钢筋：下料长度＝5000＋250＋150－30×2＋2×270＝5880mm

【注释】 5000——梁的跨度；

250——梁到柱边缘的距离；

150——梁两端轴线到梁边的距离；

30——保护层厚度；

270——钢筋端部向上弯曲部分的长度；

2——两端两个弯曲长度。

数量＝2×9＝18。

【注释】 2 表示梁中该钢筋的数量，9 表示相同梁的数量。

HRB400 级 ϕ18 钢筋：下料长度＝5000＋250＋150－30×2＝5340mm

【注释】 5000——梁的跨度；

250——梁到柱子边缘的距离；

150——梁两端轴线到梁边的距离；

30——保护层厚度。

数量＝2×9＝18。

【注释】 2——梁中该钢筋的数量；

9——相同梁的数量。

HPB300 级 ϕ8 钢筋：下料长度＝（400－30×2）×2＋（300－30×2）×2＋13×8×2

$$＝1368mm$$

【注释】 400——梁的高度；

30——保护层厚度；

2——两边两个保护层；

300——梁宽；

括号外面乘的 2——对称的两个边；

13×8×2——弯钩的工程量。

数量＝[（5000－250－250－50×2）/150＋1]×9＝273

【注释】 5000——梁的跨度；

250——梁到柱子边缘的距离；

150——梁两端轴线到梁边的距离；

50——该梁箍筋距离其他梁或柱的距离；

150——箍筋间距；

9——相同梁的数量。

共计：HRB400 级 ϕ16 钢筋下料长度＝5880mm，数量＝18。

HRB400 级 ϕ18 钢筋下料长度＝5340mm，数量＝18。

HPB300 级 ϕ8 钢筋下料长度＝1358mm，数量＝273。

HRB400 级钢筋总质量＝（5.88×18×1.58＋5.34×18×1.988）/1000＝0.358t

HPB300 级钢筋总质量＝1.358×273×0.395/1000＝0.146t

【注释】 1.58、1.988、0.395 见表 5-4。

d. Ⓗ轴线：②、⒘中的 5m 跨

HRB400 级 φ16 钢筋：下料长度＝5000＋250＋150－30×2＋2×270＝5880mm

【注释】 5000——梁的跨度；

250——梁到柱子边缘的距离；

150——梁两端轴线到梁边的距离；

30——保护层厚度；

270——钢筋端部向上弯曲部分的长度；

2——两端两个弯曲长度。

数量＝2×3＝6

【注释】 2——梁中该钢筋的数量；

3——相同梁的数量。

HRB400 级 φ18 钢筋：下料长度＝5000＋250＋150－30×2＝5340mm

【注释】 5000——梁的跨度；

250——梁到柱子边缘的距离；

150——梁两端轴线到梁边的距离；

30——保护层厚度。

数量＝2×3＝6

【注释】 2——梁中该钢筋的数量；

3——相同梁的数量。

HPB300 级 φ8 钢筋：下料长度＝（400－30×2）×2＋（300－30×2）×2＋13×8×2＝1368mm

【注释】 400——梁的高度；

30——保护层厚度；

2——两边两个保护层；

300——梁宽；

括号外面乘的 2——对称的两个边；

13×8×2——弯钩的工程量。

数量＝[（5000－50－150－50×2)/150＋1]×3＝32.33，取 33。

【注释】 5000——梁的跨度；

50——梁到柱子边缘的距离；

150——梁两端轴线到梁边的距离；

50×2——该梁箍筋距离其他梁或柱的距离；

150——箍筋间距；

3——有三种相同梁的数量。

共计：HRB400 级 φ16 钢筋下料长度＝5880mm，数量＝6。

HRB400 级 φ18 钢筋下料长度＝5340mm，数量＝6。

HPB300 级 φ8 钢筋下料长度＝1368mm，数量＝32.33，取 33。

HRB400 级钢筋总质量＝（5.88×6×1.58＋5.34×6×1.988)/1000＝0.119t

HPB300 级钢筋总质量＝1.368×33×0.395/1000＝0.018t

【注释】 1.58、1.988、0.395 见表 5-4。

e. ⓙ轴线：

HRB400 级 φ16 钢筋：下料长度＝37000＋250＋250－30×2＋2×270＝37980mm

【注释】 37000——梁的跨度；

250——梁到柱子边缘的距离；

150——梁两端轴线到梁边的距离；

30——保护层厚度；

270——钢筋端部向上弯曲部分的长度；

2——两端两个弯曲长度。

数量＝2

HRB400 级 φ18 钢筋：下料长度＝37000＋250＋250－30×2＝37440mm

【注释】 37000——梁的跨度；

250——梁到柱子边缘的距离；

150——梁两端轴线到梁边的距离；

30——保护层厚度。

数量＝2

HPB300 级 φ8 钢筋：下料长度＝(400－30×2)×2＋(300－30×2)×2＋13×8×2

＝1368mm

【注释】 400——梁的高度；

30——保护层厚度；

2——两边两个保护层；

300——梁宽；

括号外面乘的 2——对称的两个边；

13×8×2——弯钩的工程量。

数量＝ (37000－250×2－500×2－50×10)/150＋1＝227.67，取 228。

【注释】 37000——梁的跨度；

250——梁两端轴线到柱边的距离；

500×4——①、⑧轴线之间的柱子总宽度；

50×10——该梁箍筋距离其他梁或柱的总距离；

150——箍筋间距。

共计：HRB400 级 φ16 钢筋下料长度＝37980mm，数量＝2。

HRB400 级 φ18 钢筋下料长度＝37440mm，数量＝2。

HPB300 级 φ8 钢筋下料长度＝1368mm，数量＝227.67，取 228。

HRB400 级钢筋总质量＝(37.98×2×1.58＋37.44×2×1.988)/1000＝0.269t

HPB300 级钢筋总质量＝1.368×228×0.395/1000＝0.123t

【注释】 1.58、1.988、0.395 见表 5-4。

f. ⑰轴线：

HRB400 级 φ16 钢筋：下料长度＝5000＋3000＋250＋150－30×2＋2×270

＝8880mm

【注释】 5000＋3000——梁的跨度；

250——梁到柱子边缘的距离；

150——梁两端轴线到梁边的距离；

30——保护层厚度；

270——钢筋端部向上弯曲部分的长度；

2——两端两个弯曲长度。

数量＝2

HRB400 级 ϕ18 钢筋：下料长度＝5000＋3000＋250＋150－30×2＝8340mm

【注释】 5000＋3000——梁的跨度；

250——梁到柱子边缘的距离；

150——梁两端轴线到梁边的距离；

30——保护层厚度。

数量＝2

HPB300 级 ϕ8 箍筋：下料长度＝（400－30×2）×2＋（300－30×2）×2＋13×8×2＝1368mm

【注释】 400——梁的高度；

30——保护层厚度；

2——两边两个保护层；

300——梁宽；

括号外面乘的 2——对称的两个边；

13×8×2——弯钩的工程量。

数量＝（5000＋3000－50－150－50×2)/150＋1＝52.33，取53。

【注释】 5000＋3000——梁的跨度；

50——梁段轴线到梁边的距离；

150——梁端轴线到梁边的距离；

50×2——该梁箍筋距离其他梁或柱的总距离；

150——箍筋间距。

共计：HRB400 级 ϕ16 钢筋下料长度＝8880mm，数量＝2。

HRB400 级 ϕ18 钢筋下料长度＝8340mm，数量＝2。

HPB300 级 ϕ8 钢筋下料长度＝1368mm，数量＝52.33，取53。

HRB400 级钢筋质量＝（8.88×2×1.58＋8.34×2×1.988)/1000＝0.061t

HPB300 级钢筋质量＝1.368×53×0.395/1000＝0.029t

【注释】 1.58、1.988、0.395 见表5-4。

基础梁中 HRB400 级钢筋总质量＝0.914＋0.126＋0.358＋0.119＋0.269＋0.061＝1.847t

基础梁中 HPB300 级钢筋总质量＝0.480＋0.069＋0.146＋0.018＋0.123＋0.029＝0.865t

3) 柱钢筋

a. Z1 工程量

HRB400 级 ϕ18 钢筋下料长度为＝1500＋4500－30×2＋220＋570＋3.5×18×2
$$＝6856mm$$

【注释】 1500——基础顶面到室外地面的高度；

4500——层高；

30——保护层厚度；

220——底部钢筋弯曲部分的长度；

570——顶部钢筋弯曲部分的长度；

3.5×18×2——90°弯钩的工程量。

HRB400 级 ϕ18 钢筋数量＝8×47＝376

【注释】 8——Z1 中该号钢筋的数量；

47——Z1 的数量。

HPB300 级 ϕ8 箍筋下料长度＝(500－30×2)×4＋13×8×2＝1968mm

【注释】 500——柱子宽度；

0.03——保护层厚度；

2——两个边的保护层；

4——钢筋沿柱四个面的长度；

13×8×2——弯钩的工程量。

HPB300 级 ϕ8 箍筋数量＝[(0.9＋1.5＋1.5)/0.1＋1]×47＋[(4.5＋0.45－1.5－
1.5)/0.2＋1]×47
$$＝2385.25$$

【注释】 0.9——柱子在基础地下的加密长度；

1.5——柱子上下两端的加密长度；

0.1——箍筋加密区间距；

1——加密区端部少计算的一根箍筋；

47——该柱子的数量；

4.5——层高；

0.45——室内外高差；

0.2——非加密区箍筋间距；

1——加密区端部少计算的一根箍筋。

HRB400 级钢筋总质量＝6.856×376×1.988/1000＝5.125t

HPB300 级钢筋总质量＝1.968×2386×0.395/1000＝1.855t

b. Z2 工程量

HRB400 级 ϕ18 钢筋下料长度为＝1500＋4500－30×2＋220＋570＋3.5×18×2
$$＝6856mm$$

【注释】 1500——基础顶面到室外地面的高度；

4500——层高；

30——保护层厚度；

220——底部钢筋弯曲部分的长度；

570——顶部钢筋弯曲部分的长度；

3.5×18×2——90°弯钩的工程量。

HRB400 级 ϕ18 钢筋数量＝4×5＝20。

【注释】　4——Z2 中该号钢筋的数量；

5——Z2 的数量。

HRB400 级 ϕ16 钢筋下料长度＝1500＋4500−30×2＋220＋570＋3.5×16×2

＝6842mm

【注释】　1500——基础顶面到室外地面的高度；

4500——层高；

30——保护层厚度；

220——底部钢筋弯曲部分的长度；

570——顶部钢筋弯曲部分的长度。

3.5×16×2——90°弯钩的工程量。

HRB400 级 ϕ16 钢筋数量＝4×5＝20。

【注释】　4——Z2 中该号钢筋的数量；

5——Z2 的数量。

HPB300 级 ϕ8 箍筋下料长度＝（500−30×2）×4＋13×8×2＝1968mm

【注释】　500——柱子宽度；

0.03——保护层厚度；

2——两个边的保护层；

4——钢筋沿柱四个面的长度；

13×8×2——箍筋弯钩工程量。

HPB300 级 ϕ8 箍筋数量＝[（0.9＋1.5＋1.5）/0.1＋1]×47＋[（4.5＋0.45−1.5−

1.5）/0.2＋1]×47

＝2385.25

【注释】　0.9——柱子在基础地下的加密长度；

1.5——柱子上下两端的加密长度；

0.1——箍筋加密区间距；

1——加密区端部少计算的一根箍筋；

47——该柱子的数量；

4.5——层高；

0.45——室内外高差；

0.2——非加密区箍筋间距；

1——加密区端部少计算的一根箍筋。

柱中共计：HRB400 级 ϕ16 钢筋：数量＝20，下料长度＝6842mm。

HRB400 级 ϕ18 钢筋：数量＝376＋20＝396

下料长度＝6856＋6856＝13712mm

HPB300 级 ϕ8 钢筋：数量＝2385.25＋2385.25＝4770.5

下料长度＝1968＋1968＝3936mm

三级钢筋质量＝(20×6.842×1.58＋396×13.712×1.988)/1000＝11.01t

一级钢筋质量＝4771×3.936×0.395/1000＝7.418t

【注释】 1.58、1.988、0.395见表5-4。

4) 梁钢筋

a. KL1（5）

HRB400级 ϕ12 钢筋：下料长度＝37000＋250＋250－30×2＝37440mm

【注释】 37000——③、⑧轴线之间的距离；

　　　　 250——③、⑧轴线到梁外边缘的距离；

　　　　 30——保护层厚度；

　　　　 2——两端两个保护层厚度。

数量＝2×4＝8

【注释】 2——该号钢筋的数量；

　　　　 4——相同梁的数量。

HRB400 级 ϕ18 钢筋：上部钢筋下料长度＝（37000＋250＋250－30×2）＋2×15×18＝37980mm

【注释】 37000——③、⑧轴线之间的距离；

　　　　 250——③、⑧轴线到梁外边缘的距离；

　　　　 30——保护层厚度；

　　　　 2——两端两个保护层厚度；

　　 2×15×18——15×18表示上部钢筋向下弯曲部分的长度，2表示两端两个弯曲长度。

数量：2×4＝8

【注释】 2——该号钢筋的数量；

　　　　 4——相同梁的数量。

下部钢筋下料长度＝37000＋250＋250－30×2＝37440mm

【注释】 37000——③、⑧轴线之间的距离；

　　　　 250——③、⑧轴线到梁外边缘的距离；

　　　　 30——保护层厚度；

　　　　 2——两端两个保护层厚度。

数量＝1×4＝4

【注释】 1——该号钢筋的数量；

　　　　 4——相同梁的数量。

HRB400 级 ϕ20 钢筋：下料长度＝37000＋250＋250－30×2＝37440mm

【注释】 37000——③、⑧轴线之间的距离；

　　　　 250——③、⑧轴线到梁外边缘的距离；

　　　　 30——保护层厚度；

　　　　 2——两端两个保护层厚度。

数量：2×4＝8

【注释】 2——该号钢筋的数量；

　　　　　4——相同梁的数量。

HPB300 级 $\phi 8$ 箍筋：下料长度＝$(600-30\times2)\times2+(300-30\times2)\times2+13\times8\times2$

$$=1768\text{mm}$$

【注释】 600——梁的高度；

　　　　　30——保护层厚度；

　　　　　2——两边两个保护层；

　　　　300——梁宽；

括号外面乘的 2——对称的两个边；

　　13×8×2——箍筋弯钩工程量。

数量：$\{(900\times10/100+1)+[(37000-50\times2-50\times10-900\times10-500\times4)/200+1]\}\times4$

$$=876$$

【注释】 900——梁每端的加密区长度；

　　　　　10——5 跨梁，每个梁两端，共 10 个加密区；

　　　　100——加密区箍筋间距；

　　　　　1——加密区端部少算的一根；

　　　37000——③、⑧轴线之间的距离；

　　　50×2——50 表示轴线到梁边缘的距离，2 表示两端两个；

　　　50×10——布置箍筋时，箍筋距离两端要有 50mm 的距离，10 表示 5 跨梁，每跨有两段；

　　　500×4——梁中间所有柱子的宽度，200 表示非加密区箍筋间距，4 表示有 4 个同样的梁。

共计：HRB400 级 $\phi 12$ 钢筋：下料长度＝37440mm，数量＝8。

HRB400 级 $\phi 18$ 钢筋：下料长度＝37980＋37440＝75420mm，数量＝8＋4＝12。

HRB400 级 $\phi 20$ 钢筋：下料长度＝37440mm，数量＝8。

HPB300 级 $\phi 8$ 箍筋：下料长度＝1768mm，数量＝876。

HRB400 级钢筋总质量＝$(37.44\times8\times0.888+75.42\times12\times1.988+37.440\times8\times2.47)/$

$$1000=2.805\text{t}$$

HPB300 级钢筋总质量＝$1.768\times876\times0.395/1000\text{t}=0.612\text{t}$

【注释】 0.888、1.988、2.47、0.395 见表 5-4。

b. KL1（6）

HRB400 级 $\phi 12$ 钢筋：下料长度＝42000＋250＋250－30×2＝42440mm

【注释】 42000——①、⑧轴线之间的距离；

　　　　250——①、⑧轴线到梁外边缘的距离；

　　　　　30——保护层厚度；

　　　　　2——两端两个保护层。

数量＝2×4＝8

【注释】 2——该号钢筋的数量；

　　　　　4——相同梁的数量。

HRB400 级 ϕ18 钢筋：

上部钢筋下料长度＝(42000＋250＋250－30×2)＋2×15×18＝42980mm

【注释】 42000——42000 表示①、⑧轴线之间的距离；

250——①、⑧轴线到梁外边缘的距离；

30——保护层厚度，2 表示两端两个保护层；

15×18——钢筋端部向上弯曲部分的长度 15d，18 表示钢筋直径；

2——两端两个弯曲长度。

数量：2×4＝8

【注释】 2——该号钢筋的数量；

4——相同梁的数量。

下部钢筋下料长度＝42000＋250＋250－30×2＝42440mm

【注释】 42000——①、⑧轴线之间的距离；

250——①、⑧轴线到梁外边缘的距离；

30——保护层厚度；

2——两端两个保护层。

数量＝1×4＝4

【注释】 1——该号钢筋的数量；

4——相同梁的数量。

HRB400 级 ϕ20 钢筋：钢筋：下料长度＝42000＋250＋250－30×2＝42440mm

【注释】 42000——①、⑧轴线之间的距离；

250——①、⑧轴线到梁外边缘的距离；

30——保护层厚度；

2——两端两个保护层。

数量：2×4＝8

HPB300 级 ϕ8 箍筋：下料长度＝(600－30×2)×2＋(300－30×2)×2＋13×8×2

＝1768mm

【注释】 600——梁的高度；

30——保护层厚度；

2——两边两个保护层；

300——梁宽；

括号外面乘的 2——对称的两个边。

数量：[(900×12/100＋1)＋(42000－50×2－50×12－900×12－500×5)/200＋1]×4

＝1000

【注释】 900——梁每端的加密区长度；

12——6 跨梁，每个梁两端，共 12 个加密区；

100——加密区箍筋间距；

1——加密区端部少算的一根；

42000——①、⑧轴线之间的距离；

50×2——50 表示轴线到梁边缘的距离，2 表示两端两个；

50×12——布置箍筋时，箍筋距离两端要有 50mm 的距离，12 表示 6 跨梁，每跨有两段；

500×5——梁中间所有柱子的宽度；

200——非加密区箍筋间距；

4——有 4 个同样的梁。

共计：HRB400 级 ϕ12 钢筋：下料长度＝42440mm，数量＝8。

HRB400 级 ϕ18 钢筋：下料长度＝42980＋42440＝85420mm，数量＝12。

HRB400 级 ϕ20 钢筋：下料长度＝42440mm，数量＝8。

HPB300 级 ϕ8 钢筋：下料长度＝1768mm，数量＝1000。

HRB400 级钢筋总质量＝(42.44×8×0.888＋85.42×12×1.988＋42.44×8×2.47)/1000＝3.178t

HPB300 级钢筋总质量＝1.768×1000×0.395/1000＝0.698t

【注释】　0.888、1.988、2.47、0.395 见表 5-4。

c. KL2（5）

HRB400 级 ϕ16 钢筋：

上部钢筋下料长度＝(37000－13000＋120＋250－30×2)＋200＋200＝24710mm

【注释】　37000－13000——Ⓓ、Ⓙ轴线之间的距离；

120——Ⓓ轴线到墙外边缘的距离；

250——Ⓙ轴线到墙外边缘的距离；

30——保护层厚度；

2——两端两个保护层；

200——两端钢筋弯曲部分的长度。

数量＝2×15＝30

【注释】　2 表示该号钢筋的数量，15 表示相同梁的数量。

下部钢筋下料长度＝37000－13000＋120＋250－30×2＝24310mm

【注释】　37000－13000——Ⓓ、Ⓙ轴线之间的距离；

120——Ⓓ轴线到墙外边缘的距离；

250——Ⓙ轴线到墙外边缘的距离；

30——保护层厚度；

2——两端两个保护层。

数量＝1×15＝15

【注释】　1——该号钢筋的数量；

15——相同梁的数量。

HRB400 级 ϕ18 钢筋：下料长度＝37000－13000＋120＋250－30×2＝24310mm

【注释】37000－13000——Ⓓ、Ⓙ轴线之间的距离；

120——Ⓓ轴线到墙外边缘的距离；

250——Ⓙ轴线到墙外边缘的距离；

30——保护层厚度；

2——两端两个保护层。

数量＝2×15＝30

【注释】 2——该号钢筋的数量；

15——相同梁的数量。

HPB300 级 $\phi 8$ 箍筋：

下料长度＝(400－30×2)×2＋(300－30×2)×2＋13×8×2＝1368mm

【注释】 400——梁高；

30——保护层厚度；

2——上下两个保护层；

括号外的 2——左右两个对称长度；

300——梁宽度；

30——保护层厚度；

2——左右两个保护层；

括号外的 2——上下两个对称长度；

13×8×2——箍筋两个弯钩的工程量。

数量＝[(900×8/100＋1)＋(37000－13000－250－120－50×8－900×8－500×4)/
200＋1]×15

＝2162.25

【注释】 900——梁每端的加密区长度；

8——4 跨梁，每个梁两端，共 8 个加密区；

100——加密区箍筋间距；

1——加密区端部少算的一根；

37000——①、①轴线之间的距离；

50×2——50 表示轴线到梁边缘的距离，2 表示两端两个；

50×8——布置箍筋时，箍筋距离两端要有 50mm 的距离，8 表示 4 跨梁，每
跨有两段；

500×4——梁中间所有柱子的宽度；

200——非加密区箍筋间距；

15——有 15 个同样的梁。

共计：HRB400 级 $\phi 16$ 钢筋：下料长度＝24710mm   数量＝30

HRB400 级 $\phi 18$ 钢筋：下料长度＝24310mm   数量＝30

HPB300 级 $\phi 8$ 箍筋：下料长度＝1368mm   数量＝2163

HRB400 级钢筋总质量＝(24.71×30×1.58＋24.31×30×1.988)/1000＝2.621t

HPB300 级钢筋总质量＝1.368×2163×0.395/1000＝1.169t

【注释】 1.58、1.988、0.395 见表5-4。

d. KL2 (1) ⓒ、ⓓ跨

HRB400 级 $\phi 16$ 钢筋：

上部钢筋下料长度＝(5000＋120＋120－30×2)＋200＋200＝5580mm

【注释】 5000——ⓒ、ⓓ轴线之间的距离；

120——ⓒ轴线到墙外边缘的距离；

250——①轴线到墙外边缘的距离；

　30——保护层厚度；

　　2——两端两个保护层；

200——两端钢筋弯曲部分的长度。

数量＝2×17＝34

【注释】　2——该号钢筋的数量；

　　　　　17——相同梁的数量。

下部钢筋下料长度＝5000＋120＋120－30×2＝5180mm

【注释】　5000——ⓒ、①轴线之间的距离；

　　　　　120——ⓒ轴线到墙外边缘的距离；

　　　　　250——①轴线到墙外边缘的距离；

　　　　　 30——保护层厚度；

　　　　　　2——两端两个保护层。

数量＝1×17＝17

【注释】1——该号钢筋的数量；

　　　　17——相同梁的数量。

HRB400 级 ϕ18 钢筋：下料长度＝5000＋120＋120－30×2＝5180mm

【注释】　5000——ⓒ、①轴线之间的距离；

　　　　　120——ⓒ轴线到墙外边缘的距离；

　　　　　250——①轴线到墙外边缘的距离；

　　　　　 30——保护层厚度；

　　　　　　2——两端两个保护层。

数量＝2×17＝34

【注释】　2——该号钢筋的数量；

　　　　　17——相同梁的数量。

HPB300 级 ϕ8 箍筋：

下料长度＝(400－30×2)×2＋(300－30×2)×2＋13×8×2＝1368mm

【注释】　400——梁高；

　　　　　 30——保护层厚度；

　　　　　　2——上下两个保护层；

　括号外的 2——左右两个对称长度；

　　　　　300——梁宽度；

　　　　　 30——保护层厚度；

　　　　　　2——左右两个保护层；

　括号外的 2——上下两个对称长度；

　　13×8×2——箍筋的工程量。

数量＝[(900×2/100＋1)＋(5000－120－120－50×2－900×2)/200＋1]×17＝583.1

【注释】　900——梁每端的加密区长度；

　　　　　　2——每个梁两端两个加密区；

100——加密区箍筋间距；

1——加密区端部少算的一根；

5000——ⓒ、ⓓ轴线之间的距离；

120——ⓒ、ⓓ轴线到墙外边的距离；

50×2——布置箍筋时，箍筋距离两端要有 50mm 的距离；

2——2 有两段；

200——非加密区箍筋间距；

17——有 17 个同样的梁。

共计：HRB400 级 $\phi16$ 钢筋：下料长度＝5580＋5180＝10760mm，数量＝34＋17＝51。

HRB400 级 $\phi18$ 钢筋：下料长度＝5180mm，数量＝34。

HPB300 级 $\phi8$ 箍筋：下料长度＝1368mm，数量＝583.1，取 584。

HRB400 级钢筋总质量＝（10.76×51×1.58＋5.18×34×1.988）/1000＝1.217t

HPB300 级钢筋总质量＝1.36×584×0.395/1000＝0.314t

【注释】 1.58、1.988、0.395 见表 5-4。

e. KL2（1）ⓐ、ⓑ跨

HRB400 级 $\phi16$ 钢筋：

上部钢筋下料长度＝（5000＋250＋120－30×2）＋200＋200＝5710mm

【注释】 5000——ⓐ、ⓑ轴线之间的距离；

120——ⓑ轴线到墙外边缘的距离；

250——ⓐ轴线到墙外边缘的距离；

30——保护层厚度；

2——两端两个保护层；

200——两端钢筋弯曲部分的长度。

数量＝2×17＝34

【注释】 2 表示该号钢筋的数量，17 表示相同梁的数量。

下部钢筋下料长度＝5000＋250＋120－30×2＝5310mm

【注释】 5000——ⓐ、ⓑ轴线之间的距离；

120——ⓑ轴线到墙外边缘的距离；

250——ⓐ轴线到墙外边缘的距离；

30——保护层厚度；

2——两端两个保护层。

数量＝1×17＝17

【注释】 1——该号钢筋的数量；

17——相同梁的数量。

HRB400 级 $\phi18$ 钢筋下料长度＝5000＋250＋120－30×2＝5310mm

【注释】 5000——ⓐ、ⓑ轴线之间的距离；

120——ⓑ轴线到墙外边缘的距离；

250——ⓐ轴线到墙外边缘的距离；

　　　　　　　30——保护层厚度；

　　　　　　　2——两端两个保护层。

数量＝2×17＝34

【注释】　2——该号钢筋的数量；

　　　　　　17——相同梁的数量。

HPB300 级 φ8 箍筋：下料长度＝（400－30×2）×2＋（300－30×2）×2＋13×8×2

　　　　　　　　　　　　　＝1368mm

【注释】　400——梁高；

　　　　　　30——保护层厚度；

　　　　　　2——上下两个保护层；

括号外的 2——左右两个对称长度；

　　　　　　300——梁宽度；

　　　　　　30——保护层厚度；

　　　　　　2——左右两个保护层；

括号外的 2——上下两个对称长度；

　　13×8×2——箍筋的工程量。

数量＝[（900×2/100＋1）＋（5000－250－120－50×2－900×2）/200＋1]×17＝572.05

【注释】　900——梁每端的加密区长度；

　　　　　　2——每个梁两端两个加密区；

　　　　　　100——加密区箍筋间距；

　　　　　　1——加密区端部少算的一根；

　　　　5000——Ⓐ、Ⓑ轴线之间的距离；

　　　　120——Ⓑ轴线到墙外边的距离；

　　　　250——Ⓑ轴线到墙外边缘的距离；

　　50×2——布置箍筋时，箍筋距离两端要有 50mm 的距离，2 表示 2 有两段；

　　　　200——非加密区箍筋间距；

　　　　17——有 17 个同样的梁。

　　共计：HRB400 级 φ16 钢筋：下料长度＝5710＋5310＝11020mm，数量＝34＋17＝51。

　　HRB400 级 φ18 钢筋：下料长度＝5310mm，数量＝34。

　　HPB300 级 φ8 箍筋：下料长度＝1368mm，数量＝572.05，取 573。

　　HRB400 级钢筋总质量＝（11.02×51×1.58＋5.31×34×1.988）/1000＝1.247t。

　　HPB300 级钢筋总质量＝1.368×573×0.395/1000＝0.310t

【注释】　1.58、1.988、0.395 见表 5-4。

　　f. KL3（1）

　　HRB400 级 φ18 钢筋：

　　上部钢筋下料长度＝（3000＋120＋120－30×2）＋200＋200＝3580mm

【注释】　3000——Ⓑ、Ⓒ轴线之间的距离；

　　　　　　120——Ⓑ轴线到墙外边缘的距离；

30——保护层厚度；

　2——两端两个保护层；

200——两端钢筋弯曲部分的长度。

数量＝2×17＝34

【注释】　2——该号钢筋的数量；

　　　　　17——相同梁的数量。

下部钢筋下料长度＝3000＋120＋120－30×2＝3180mm

【注释】　3000——Ⓑ、Ⓒ轴线之间的距离；

　　　　　120——Ⓑ轴线到墙外边缘的距离；

　　　　　120——Ⓑ轴线到墙外边缘的距离；

　　　　　30——保护层厚度；

　　　　　2——两端两个保护层。

数量＝4×17＝68

【注释】　4——该号钢筋的数量；

　　　　　17——相同梁的数量。

HPB300 级 $\phi8$ 箍筋：下料长度＝（400－30×2）×2＋（300－30×2）×2＋13×8×2

　　　　　　　　　　　　＝1368mm

【注释】　400——梁高；

　　　　　30——保护层厚度；

　　　　　2——上下两个保护层；

　括号外的 2——左右两个对称长度；

　　　　　300——梁宽度；

　　　　　30——保护层厚度；

　　　　　2——左右两个保护层；

　括号外的 2——上下两个对称长度；

　13×8×2——箍筋的工程量。

数量＝[（900×2/100＋1）＋（3000－120－120－50×2－900×2）/200＋1]×17＝413.1

【注释】　900——梁每端的加密区长度；

　　　　　2——每个梁两端两个加密区；

　　　　　100——加密区箍筋间距；

　　　　　1——加密区端部少算的一根；

　　　　　3000——Ⓑ、Ⓒ轴线之间的距离；

　　　　　120——Ⓑ轴线到墙外边的距离；

　　　　　250——Ⓑ轴线到墙外边缘的距离；

　　　　　50×2——布置箍筋时，箍筋距离两端要有 50mm 的距离，2 表示 2 有两段；

　　　　　200——非加密区箍筋间距；

　　　　　17——有 17 个同样的梁。

共计：HRB400 级 $\phi18$ 钢筋：下料长度＝3580＋3180＝6760mm

数量＝34＋68＝102

HPB300 级 ϕ8 箍筋：下料长度＝1368mm，数量＝413.1，取 414。

HRB400 级钢筋总质量＝(6.76×102×1.988)/1000＝1.371t

HPB300 级钢筋总质量＝1.368×414×0.395/1000＝0.224t

【注释】　1.988、0.395 见表 5-4。

g. 吊筋（HRB400 级钢筋）

下料长度＝(200＋716)×2＋300＋4×0.5×12＝2156mm

【注释】　200、716、300 见图 4-30 尺寸；

　　　　　4——四个转角；

　0.5×12——四个 45°转角的量度差值 0.5d，12 表示钢筋直径。

数量＝9×4＋10×4＝76

【注释】　9×4——Ⓔ、Ⓕ、Ⓖ、Ⓙ轴线上次梁交与主梁跨中相交的个数；

　　　　　10×4——Ⓐ、Ⓑ、Ⓒ、Ⓓ四个轴线上次梁与主梁跨中相交的个数。

总质量＝2.156×76×0.888/1000＝0.146t

【注释】　0.888 见表 5-4。

梁、吊筋中 HRB400 级钢筋总质量＝2.805＋3.178＋2.621＋1.217＋1.247＋1.371＋0.146＝12.59t

梁、吊筋中 HPB300 级钢筋总质量＝0.612＋0.698＋1.169＋0.314＋0.310＋0.224＝3.327t

5）板钢筋

a. 屋面板

（a）B1

a）纵向钢筋：

HRB400 级 ϕ8 钢筋：钢筋下料长度＝(37000－13000＋150＋250－30×2)＋2×3.5×8
　　　　　　　　　　＝24396mm

【注释】　37000－13000——Ⓓ、Ⓙ轴线之间的距离；

　　　　　150——Ⓓ轴线到梁内边缘的距离；

　　　　　250——Ⓙ轴线到梁外边缘的距离；

　　　　　30——钢筋保护层厚度；

　　　　　2×3.5×8——钢筋两端 135°弯钩的量。

数量＝(37000－50－50－13×300)/130－13＝240.85，取 241。

【注释】　37000——③、⑧轴线之间的距离；

　　　　　50——轴线到边缘梁内边缘的距离；

　　　　　13——③、⑧轴线之间所有梁的个数；

　　　　　300——主梁宽度；

　　　　　130——钢筋间距；

　最后一个 13——③、⑧轴线之间的所有梁总个数，因板在梁两边布置时需要与梁
　　　　　　　　　有 1/2 钢筋间距的距离。

HRB400 级 ϕ10 钢筋：钢筋下料长度＝(37000－13000＋150＋250－30×2)＋90×2
　　　　　　　　　　＝24520mm

【注释】　37000－13000——⑪、⑩轴线之间的距离；

　　　　　　　　150——⑪轴线到梁内边缘的距离；

　　　　　　　　250——⑩轴线到梁外边缘的距离；

　　　　　　　　30——钢筋保护层厚度；

　　　　　　　　90×2——钢筋两端长度。

数量＝(37000－50－50－13×300)/200－13＝152

【注释】　37000——③、⑧轴线之间的距离；

　　　　　　　50——轴线到边缘梁内边缘的距离；

　　　　　　　13——③、⑧轴线之间所有梁的个数；

　　　　　　　300——主梁宽度；

　　　　　　　200——钢筋间距；

　　　最后一个 13——③、⑧轴线之间的所有梁总个数，因板在梁两边布置时需要与梁
　　　　　　　　　有 1/2 钢筋间距的距离。

总质量＝(24.396×241×0.395＋24.52×152×0.617)/1000＝4.622t

【注释】　0.617、0.395 见表 5-4。

b）横向钢筋：

HRB400 级 $\phi8$：钢筋下料长度＝(37000＋250＋250－30×2)＋2×3.5×8＝37496mm

【注释】　37000——③、⑧轴线之间的距离；

　　　　　　　250——③、⑧轴线到外墙外边缘的距离；

　　　　　　　30——保护层厚度；

　　　　　2×3.5×8——钢筋两端 135°弯钩的量。

数量＝(37000－13000－50－150－3×300)/130－3＝173.15，取 174。

【注释】　37000－13000——⑪、⑩轴线之间的距离；

　　　　　　　150——轴线到墙内边缘的距离；

　　　　　　　50——轴线到墙内边缘的距离；

　　　　　　　3——⑪、⑩轴线之间主梁的个数；

　　　　　　　130——钢筋间距；

　　　　　　　3——板在梁两边布置时需要与梁有 1/2 钢筋间距的距离。

HRB400 级 $\phi10$ 钢筋：钢筋下料长度＝(37000＋250＋250－30×2)＋90×2＝37620mm

【注释】　37000——③、⑧轴线之间的距离；

　　　　　　　250——轴线到墙外边缘的距离；

　　　　　　　30——保护层厚度。

数量＝(37000－13000－50－150－3×300)/200－3＝111.5　取 112

【注释】　37000－13000——⑪、⑩轴线之间的距离；

　　　　　　　150——轴线到墙内边缘的距离；

　　　　　　　50——轴线到墙内边的距离；

　　　　　　　3——⑪、⑩轴线之间主梁的个数；

　　　　　　　200——钢筋间距；

3——板在梁两边布置时需要与梁有 1/2 钢筋间距的距离。

总质量＝(37.496×174×0.395＋37.62×112×0.617)/1000＝5.177t

【注释】　0.617、0.395 见表 5-4。

（b）B2

a）纵向钢筋：

HRB400 级 ϕ8 钢筋：钢筋下料长度＝(5000＋150＋150－30×2)＋2×3.5× 8＝5296mm

【注释】　5000——Ⓒ、Ⓓ轴线之间的距离；

150——轴线到墙外边缘的距离；

30——保护层厚度；

2×3.5×8——钢筋弯钩的量。

数量＝(42000－50－50－15×300)/130－15＝272.69，取 273。

【注释】　42000——①、⑧轴线之间的距离；

50——轴线到外墙内边缘的距离；

15×300——①、⑧轴线之间所有梁的宽度之和；

130——钢筋间距；

15——板在梁两边布置时需要与梁有 1/2 钢筋间距的距离。

HRB400 级 ϕ10 钢筋：钢筋下料长度＝(5000＋150＋150－30×2)＋90×2＝5420mm

【注释】　5000——Ⓒ、Ⓓ轴线之间的距离；

150——轴线到墙外边缘的距离；

30——保护层厚度；

90×2——钢筋两端长度。

数量＝(42000－50－50－15×300)/200－15＝172

【注释】　42000——①、⑧轴线之间的距离；

50——轴线到外墙内边缘的距离；

15×300——①、⑧轴线之间所有梁的宽度之和；

200——钢筋间距；

15——板在梁两边布置时需要与梁有 1/2 钢筋间距的距离。

总质量＝(5.296×273×0.395＋5.42×172×0.617)/1000＝1.146t

【注释】　0.617、0.395 见表 5-4。

b）横向钢筋：

HRB400 级 ϕ8 钢筋：钢筋下料长度＝(42000＋250＋250－30×2)＋2×3.5×8

＝42496mm

【注释】　42000——①、⑧轴线之间的距离；

250——①、⑧轴线到外墙外边缘的距离；

30——保护层厚度；

2×3.5×8——钢筋两端弯钩的量。

数量＝(5000－150－150)/130＝36.15，取 37。

【注释】　5000——Ⓒ、Ⓓ轴线之间的距离；

150——ⓒ、ⓓ轴线到墙外边缘的距离；

130——钢筋间距。

HRB400 级 φ10 钢筋：下料长度＝(42000＋250＋250－30×2)＋90×2＝42620mm

【注释】 42000——①、⑧轴线之间的距离；

250——①、⑧轴线到外墙外边缘的距离；

30——保护层厚度；

90×2——钢筋两端长度。

数量＝(5000－150－150)/200＝23.5，取 24。

【注释】 5000——ⓒ、ⓓ轴线之间的距离；

150——ⓒ、ⓓ轴线到墙外边缘的距离；

200——钢筋间距。

总质量＝(42.496×37×0.395＋42.62×24×0.617)/1000＝1.252t

【注释】 0.617、0.395 见表5-4。

(c) B3

a) 纵向钢筋：

HRB400 级 φ10 钢筋（下部）：下料长度＝(3000＋150＋150－30×2)＋2×3.5×10
＝3310mm

【注释】 3000——Ⓑ、ⓒ轴线之间的距离；

150——Ⓑ、ⓒ轴线到墙外边缘的距离；

30——保护层厚度；

2×2.5×10——钢筋两端135°弯钩的量度差值。

数量＝(42000－50－50－15×300)/200－15＝172

【注释】 42000——①、⑧轴线之间的距离；

50——轴线到外墙内边缘的距离；

15×300——①、⑧轴线之间所有梁的宽度之和；

15——板在梁两边布置时需要与梁有1/2钢筋间距的距离。

HRB400 级 φ10 钢筋（上部）：下料长度＝(3000＋150＋150－30×2)＋90×
2＝3420mm

【注释】 3000——Ⓑ、ⓒ轴线之间的距离；

150——Ⓑ、ⓒ轴线到墙外边缘的距离；

30——保护层厚度；

2×2×10——钢筋两端的90°弯钩的量度差值2d；

90×2——钢筋两端长度。

数量＝(42000－50－50－15×300)/200－15＝172

【注释】 42000——①、⑧轴线之间的距离；

50——轴线到外墙内边缘的距离；

15×300——①、⑧轴线之间所有梁的宽度之和；

15——板在梁两边布置时需要与梁有1/2钢筋间距的距离。

总质量＝(3.31×172×0.617＋3.42×172×0.617)/1000＝0.714t

【注释】　0.617 见表 5-4。

b）横向钢筋：

HRB400 级 φ10 钢筋（下部钢筋）：下料长度＝（42000＋250＋250－30×2）＋2×3.5×10
＝42510mm

【注释】　42000——①、⑧轴线之间的距离；

250——①、⑧轴线到外墙外边缘的距离；

30——保护层厚度。

数量＝（3000－150－150)/200＝13.5，取 14。

【注释】　3000——Ⓑ、Ⓒ轴线之间的距离；

150——Ⓑ、Ⓒ轴线到墙外边缘的距离；

200——钢筋间距。

HRB400 级 φ10 钢筋（上部钢筋）：下料长度＝（42000＋250＋250－30×2）＋90×2
＝42620mm

【注释】　42000——①、⑧轴线之间的距离；

250——①、⑧轴线到外墙外边缘的距离；

30——保护层厚度；

90×2——钢筋两端长度。

数量＝（3000－150－150)/200＝13.5，取 14。

【注释】　3000——Ⓑ、Ⓒ轴线之间的距离；

150——Ⓑ、Ⓒ轴线到墙外边缘的距离；

200——钢筋间距。

总质量＝（42.51×14×0.617＋42.62×14×0.617)/1000＝0.735t

【注释】　0.617 见表 5-4。

（d）B4

a）纵向钢筋：

HRB400 级 φ8 钢筋：钢筋下料长度＝（5000＋150＋250－30×2）＋2×3.5×8
＝5396mm

【注释】　5000——Ⓐ、Ⓑ轴线之间的距离；

150——Ⓑ轴线到墙外边缘的距离；

250——Ⓐ轴线到墙外边缘的距离；

30——保护层厚度；

2×3.5×8——钢筋弯钩的量。

数量＝（42000－50－50－15×300)/130－15＝272.69，取 273。

【注释】　42000——①、⑧轴线之间的距离；

250——①、⑧轴线到外墙外边缘的距离；

30——保护层厚度；

15——①、⑧轴线之间梁的个数；

300——梁宽；

130——钢筋间距；

15——板在梁两边布置时需要与梁有 1/2 钢筋间距的距离。

HRB400 级 ϕ10 钢筋：钢筋下料长度＝(5000＋150＋250－30×2)＋90×2＝5520mm

【注释】　5000——Ⓐ、Ⓑ轴线之间的距离；

　　　　　150——Ⓑ轴线到墙外边缘的距离；

　　　　　250——Ⓐ轴线到墙外边缘的距离；

　　　　　30——保护层厚度；

　　　　90×2——钢筋两端长度。

数量＝(42000－50－50－15×300)/200－15＝172

【注释】　42000——①、⑧轴线之间的距离；

　　　　　250——①、⑧轴线到外墙外边缘的距离；

　　　　　30——保护层厚度；

　　　　　15——①、⑧轴线之间梁的个数；

　　　　　300——梁宽；

　　　　　200——钢筋间距；

　　　　　15——板在梁两边布置时需要与梁有 1/2 钢筋间距的距离。

总质量＝(5.396×273×0.395＋5.52×172×0.617)/1000＝1.168t

【注释】　0.617、0.395 见表 5-4。

b）横向钢筋：

HRP400 级 ϕ8 钢筋：钢筋下料长度＝(42000＋250＋250－30×2)＋2×3.5×8
$$＝42496mm$$

【注释】　42000——①、⑧轴线之间的距离；

　　　　　250——①、⑧轴线到外墙外边缘的距离；

　　　　　30——保护层厚度；

　　　　2×3.5×8——钢筋弯钩的量。

数量＝(5000－50－150)/130＝36.92，取 37。

【注释】　5000——Ⓐ、Ⓑ轴线之间的距离；

　　　　　50——Ⓐ轴线到墙内边缘的距离；

　　　　　150——Ⓑ轴线到墙内边缘的距离；

　　　　　130——钢筋间距。

HRB400 级 ϕ10 钢筋：下料长度＝(42000＋250＋250－30×2)＋90×2＝42620mm

【注释】　42000——①、⑧轴线之间的距离；

　　　　　250——①、⑧轴线到外墙外边缘的距离；

　　　　　30——保护层厚度；

　　　　90×2——钢筋两端长度。

数量＝(5000－50－150)/200＝24

【注释】　5000——Ⓐ、Ⓑ轴线之间的距离；

　　　　　50——Ⓐ轴线到墙内边缘的距离；

　　　　　150——Ⓑ轴线到墙内边缘的距离；

　　　　　200——钢筋间距。

总质量＝(42.496×37×0.395＋42.62×24×0.617)/1000＝1.252t

【注释】　0.617、0.395 见表 5-4。

b. 雨篷板 (两个方向都配 HRB400 级 ϕ8@150，保护层 25mm，两端各向下弯曲120mm)

(a) B1 4600×1000

a) 横向钢筋：

HRB400 级 ϕ8 钢筋：下料长度＝4600－25×2＋20×2＝4590mm

【注释】　4600——雨篷板的长度；

　　　　　25——保护层厚度；

　　　　　 2——左右两个保护层；

　　　　　20——钢筋端部弯曲部分长度；

　　　　　 2——钢筋两端弯曲长度。

数量＝(1000＋240－25×2)/150＋1＝8.93，取 9。

【注释】　1000——雨篷板宽度；

　　　　　240——雨篷梁的宽度；

　　　　　25——保护层厚度；

　　　　　 2——两端两个保护层厚度；

　　　　　150——钢筋间距。

b) 纵向钢筋：

HRB400 级 ϕ8 钢筋：下料长度＝1000＋240－25×2＋220＋20＝1430mm

【注释】　1000——雨篷板宽度；

　　　　　240——雨篷梁的宽度；

　　　　　25——保护层厚；

　　　　　 2——两端两个保护层厚度；

　　　　　220——钢筋在雨篷梁部分弯曲长度；

　　　　　20——钢筋在雨篷外挑边缘弯曲长度。

数量＝(4600－25×2)/150＋1＝31.33，取 32。

【注释】　4600——雨篷板宽度；

　　　　　25——保护层厚度；

　　　　　 2——两端两个保护层厚度；

　　　　　150——钢筋间距。

总质量＝(4.59×9×0.395＋1.43×32×0.395)/1000＝0.034t

【注释】　0.395 见表 5-4。

(b) B2 3600×1000

a) 横向钢筋

HRB400 级 ϕ8 钢筋：下料长度＝3600－25×2＋20×2＝3590mm

【注释】　3600——雨篷板的长度；

　　　　　25——保护层厚度；

　　　　　 2——左右两个保护层；

　　　　　　　　20——钢筋端部弯曲部分长度；

　　　　　　　　2——钢筋两端弯曲长度。

数量＝（1000＋240－25×2）/150＋1＝8.93，取9。

【注释】　1000——雨篷板宽度；

　　　　　240——雨篷梁的宽度；

　　　　　25——保护层厚度；

　　　　　2——两端两个保护层厚度；

　　　　　150——钢筋间距。

b）纵向钢筋：

HRB400级 ϕ8 钢筋：下料长度＝1000＋240－25×2＋220＋20＝1430mm

【注释】　1000——雨篷板宽度；

　　　　　240——雨篷梁的宽度；

　　　　　25——保护层厚度；

　　　　　2——两端两个保护层厚度；

　　　　　220——钢筋在雨篷梁部分弯曲长度；

　　　　　20——钢筋在雨篷外挑边缘弯曲长度。

数量＝（3600－25×2）/150＋1＝24.67，取25。

【注释】　3600——雨篷板宽度；

　　　　　25——保护层厚度；

　　　　　2——两端两个保护层厚度；

　　　　　150——钢筋间距。

总质量＝（3.59×9×0.395＋1.43×25×0.395）/1000t＝0.027t

【注释】　0.395见表5-4。

（c）B3 21000×1000

a）横向钢筋

HRB400级 ϕ8 钢筋：下料长度＝2100－25×2＋20×2＝2090mm

【注释】　2100——雨篷板的长度；

　　　　　25——保护层厚度；

　　　　　2——左右两个保护层；

　　　　　20——钢筋端部弯曲部分长度；

　　　　　2——钢筋两端弯曲长度。

数量＝（1000＋240－25×2）/150＋1＝8.93，取9。

【注释】　1000——雨篷板宽度；

　　　　　240——雨篷梁的宽度；

　　　　　25——保护层厚度；

　　　　　2——两端两个保护层厚度；

　　　　　150——钢筋间距。

b）纵向钢筋：

HRB400级 ϕ8 钢筋：下料长度＝1000＋240－25×2＋220＋20＝1430mm

【注释】　1000——雨篷板宽度；

240——雨篷梁的宽度；

25——保护层厚度；

2——两端两个保护层厚度；

220——钢筋在雨篷梁部分弯曲长度；

20——钢筋在雨篷外挑边缘弯曲长度。

数量＝(2100－25×2)/150＋1＝14.67，取 15。

【注释】　2100——雨篷板宽度；

25——保护层厚度；

2——两端两个保护层厚度；

150——钢筋间距。

总质量＝(2.090×9×0.395＋1.43×15×0.395)/1000＝0.016t

【注释】　0.395 见表 5-4。

(d) B4 1600×1000

a）横向钢筋

HRB400 级 ϕ8 钢筋：下料长度＝1600－25×2＋20×2＝1590mm

【注释】　1600——雨篷板的长度；

25——保护层厚度；

2——左右两个保护层；

20——钢筋端部弯曲部分长度；

2——钢筋两端弯曲长度。

数量＝(1000＋240－25×2)/150＋1＝8.93，取 9。

【注释】　1000——雨篷板宽度；

240——雨篷梁的宽度；

25——保护层厚度；

2——两端两个保护层厚度；

150——钢筋间距。

b）纵向钢筋：

HRB400 级 ϕ8 钢筋：下料长度＝1000＋240－25×2＋120×2＝1430mm

【注释】　1000——雨篷板的长度；

25——保护层厚度；

2——左右两个保护层；

120——钢筋端部弯曲部分长度；

2——钢筋两端弯曲长度。

数量＝(1600－25×2)/150＋1＝11.33，取 12。

【注释】　1600——雨篷板宽度；

25——保护层厚度；

2——两端两个保护层厚度；

150——钢筋间距。

总质量＝(1.590×9×0.395＋1.43×12×0.395)/1000＝0.012t

c. 三级钢筋板的总质量＝4.622＋5.177＋1.146＋1.252＋0.714＋0.735＋1.168＋
1.252＋0.034＋0.027＋0.016＋0.012＝16.155t

6）钢筋总质量

三级钢筋总质量＝8.890＋1.847＋11.01＋12.59＋16.155＝50.492t

一级钢筋重质量＝0.007＋0.865＋7.418＋3.327＝11.617t

（6）门窗工程

M－1：4×2.4×1＝9.6m²

【注释】 4——门的宽度；

2.4——门的高度；

1——门的数量。

M－2：3.0×2.4×2＝14.4m²

M－3：0.9×2.1×5＝9.45m²

M－4：1.0×2.1×5＝10.5m²

M－5：1.5×2.4×5＝18m²

M－6：3×2.4×1＝7.2m²

总的工程量＝9.6＋14.4＋9.45＋10.5＋18＋7.2＝69.15m²

C－1：3×1.8×8＝43.2m²

【注释】 3——窗的宽度；

1.8——窗的高度；

8——窗的数量。

C－2：2.7×1.8×4＝19.44m²

C－3：3×1.8×8＝43.2m²

C－4：0.9×0.9×2＝1.62m²

C－5：7.5×1.8×4＝54m²

总的工程量＝43.2＋19.44＋43.2＋1.62＋54＝161.46m²

（7）屋面卷材防水

屋面采用高聚物改性沥青卷材满铺。

1）③、⑧轴线与①、Ｊ轴线之间的面积：

S_1＝[(37＋0.01＋0.01)×(37－5－3－5＋0.01)]＋[(37＋0.01＋0.01)＋(37－5－3－
5＋0.01＋0.12)×2]×0.5＝931.49m²

【注释】 37——③、⑧轴线之间的距离；

0.01——①轴线到外墙内边缘的距离；

37－5－3－5——①、Ｊ轴线之间的距离；

0.12——①轴线到墙内边缘的距离；

(37＋0.01＋0.01)＋(37－5－3－5＋0.01＋0.12)×

2——③、⑧轴线与①、Ｊ轴线区域内的三面外墙的内边缘的长度；

0.5——屋面防水沿女儿墙上沿的高度。

2）①、⑧轴线与Ⓐ、①轴线之间的面积：

S_2 ＝[(37＋0.01)×(5＋3＋5＋0.01)＋(5＋0.01)×(5＋3＋5＋0.01－0.12)]＋[(42＋
0.01＋0.01)＋(5＋3＋5－0.12＋0.01)×2＋(5＋0.01－0.12)]×0.5

＝582.42m²

【注释】　42——①、⑧轴线之间的距离；

0.01——轴线到墙外边缘的距离；

5＋3＋5——Ⓐ、Ⓓ轴线之间的距离；

0.12——Ⓓ轴线到墙外边缘的距离；

(37＋0.01)×(5＋3＋5＋

0.01)——轴线Ⓐ～Ⓓ、③～⑧围成的面积；

(42＋0.01＋0.01)＋(5＋3＋5－0.12＋0.01)×2＋(5＋0.01－

0.12)——①、⑧轴线与Ⓐ、Ⓓ轴线区域内四面外墙的长度；

0.5——屋面防水沿女儿墙上沿的高度。

总的防水面积为＝931.49＋582.42＝1513.91m²

（8）地面卷材防水

③、④轴线与Ⓖ、Ⓙ轴线处卫生间防水工程量

(6＋0.01－0.12－0.24)×(5＋0.01－0.12)＝27.63m²

【注释】　6——Ⓖ、Ⓙ轴线很之间的距离；

0.01——Ⓙ轴线到外墙外边缘的距离；

0.12——Ⓖ轴线到墙内边缘的距离；

0.24——Ⓗ轴线上墙的厚度；

5——③、④轴线之间的距离；

0.01——③轴线到墙内边缘的距离；

0.12——④轴线到墙内边缘的距离。

（9）排水管

1）雨水管工程量＝12×(4.5＋0.45)＝59.4m

【注释】　12——排水管的数量；

4.5——层高；

0.45——室内外高差。

2）弯头的个数＝12个。

（10）保温隔热墙

沿外墙外边缘抹30mm厚复合硅酸盐包围材料。

工程量＝(42＋0.25×2＋37＋0.25×2)×2×(4.5＋0.45)＝792m²

【注释】　42——建筑的长度；

0.25——轴线到柱边缘的距离；

37——外墙宽度；

4.5——层高。

外墙门窗洞口面积：S＝96.66m²（参见5.3节1.部分中（1）款4）条）

总的工程量＝792－96.66＝695.34m²

（11）清单工程量计算表见表 5-5。

清单工程量计算表   表 5-5

序号	项目编码	项目名称	项目特征描述	计量单位	工程量
1	010101001001	平整场地	Ⅱ类土，以挖作填	m²	1473.11
2	010101004001	挖基坑土方	Ⅱ类土，人工挖土，挖深 1.6m，垫层宽 2.2m，厚 100mm，J－1	m³	126.22
3	010101004002	挖基坑土方	Ⅱ类土，人工挖土，挖深 1.6m，垫层宽 2.6m，厚 100mm，J－2	m³	82.43
4	010101004003	挖基坑土方	Ⅱ类土，人工挖土，挖深 1.6m，垫层宽 3.2m，厚 100mm，J－3	m³	514.79
5	010103001001	基坑回填方	普通土，夯填，以挖作填，基础回填土	m³	522.29
6	010103001002	房心回填方	普通土，夯填，以挖作填，房心回填土	m³	629.03
7	010402001001	砌块墙	外墙，240mm 厚砌块，M5 混合砂浆砌筑，混水不勾缝	m³	215.00
8	010402001002	砌块墙	内墙，240mm 厚砌块，M5 混合砂浆砌筑，混水不勾缝	m³	117.75
9	010401012001	零星砌砖（砖烟道）	600mm×600mm，高 2m，M5 混合砂浆砌筑，不勾缝，机砖	m³	0.57
10	010501003001	独立基础	C30 混凝土	m³	152.05
11	010501001001	垫层	C10 混凝土垫层，厚 100mm	m³	43.25
12	010502001001	矩形柱	C30 混凝土矩形柱，500mm×500mm，自基础顶面到楼顶地面，混凝土现场拌制	m³	70.20
13	010502002001	构造柱	C20 混凝土构造柱，240mm×360mm，自楼层顶面到女儿墙顶面，混凝土现场拌制	m³	3.37
14	010503001001	基础梁	梁底标高－0.400，梁截面 300mm×400mm，C30 混凝土良好和易性和强度	m³	33.41
15	010505001001	有梁板	板厚 120mm，C20 混凝土强度等级，良好和易性和强度，板底标高 4.380m	m³	264.46
16	010503005001	过梁	门窗过梁，高 300mm，宽 240mm	m³	8.85
17	010505008001	雨篷	C20 混凝土，良好和易性和强度	m³	2.15
18	010507005001	压顶	C20 现浇混凝土女儿墙压顶，高 0.24m，宽 0.24m	m³	13.74
19	010507004001	台阶	C10 混凝土台阶，良好和易性和强度，底层夯实，三七灰土垫层	m²	19.32
20	010507001001	散水、坡道	坡道，宽 1.5m，三七灰土垫层，C20 混凝土	m²	30
21	010507001002	散水、坡道	散水，宽 900mm，三七灰土垫层，C15 混凝土	m²	148.05
22	010515001001	现浇钢筋混凝土钢筋	φ10 以内钢筋	t	11.617
23	010515001002	现浇钢筋混凝土钢筋	φ10 以外钢筋	t	50.492
24	010803001001	金属卷帘门	4000mm×2400mm，铝合金，带纱，刷调和漆两遍	m²	9.6
25	010803001002	金属卷帘门	3000mm×2400mm，铝合金，带纱，刷调和漆两遍	m²	14.4
26	010801001001	胶合板门	900mm×2100mm，带纱，刷调和漆两遍	m²	9.45
27	010801001002	胶合板门	1000mm×2100mm，带纱，刷调和漆两遍	m²	2.1
28	010801001003	胶合板门	1500mm×2400mm，带纱，刷调和漆两遍	m²	7.2
29	010801001004	胶合板门	3000mm×2400mm，带纱，刷调和漆两遍	m²	7.2
30	010807001001	金属推拉窗	3000mm×1800mm，装 5mm 厚双层平板玻璃	m²	43.2
31	010807001002	金属推拉窗	2700mm×1800mm，装 5mm 厚双层平板玻璃	m²	19.44

序号	项目编码	项目名称	项目特征描述	计量单位	工程量
32	010807001003	金属推拉窗	3000mm×1800mm,装 5mm 厚双层平板玻璃	m²	32.4
33	010807001004	金属推拉窗	900mm×900mm,装 5mm 厚双层平板玻璃	m²	1.62
34	010807001005	金属推拉窗	7500mm×1800mm,装 5mm 厚双层平板玻璃	m²	54
35	010902001001	屋面卷材防水	1∶3 水泥砂浆找平,采用高聚物改性沥青卷材	m²	1513.91
36	010902004001	屋面排水管	直径 100mm 铸铁水落管,铸铁管弯头出水口、塑料雨水斗	m	59.4
37	010902004002	屋面排水管	铸铁弯头出水口、塑料雨水斗	个	12
38	011001003001	保温隔热墙	外抹 3mm 厚复合硅酸盐保温材料	m²	695.34

2. 定额工程量

(1) 常用基数

1) 建筑面积

a. ③、⑧轴线与Ⓓ、Ⓙ轴线之间的面积:

$$S_1 = (37+0.25+0.25) \times (37-5-3-5+0.25-0.12) = 904.88\text{m}^2$$

【注释】　37——③、⑧轴线之间的距离;

　　　　　0.25——轴线到外墙外边缘的距离;

　　　　　37——外墙宽度;

　　　　　5——Ⓐ、Ⓑ轴线之间的距离;

　　　　　3——Ⓑ、Ⓒ轴线之间的距离;

第二个 5——Ⓒ、Ⓓ轴线之间的距离;

　　　　　0.25——Ⓙ轴线到外墙外边缘的距离;

　　　　　0.12——Ⓓ轴线到墙内边缘的距离。

b. ①、⑧轴线与Ⓐ、Ⓓ轴线之间的面积:

$$S_2 = (42+0.25+0.25) \times (5+3+5+0.12+0.25) = 568.23\text{m}^2$$

【注释】42——建筑的长度;

　　　　　0.25——轴线到外墙外边缘的距离;

　　　　　5——Ⓐ、Ⓑ轴线之间的距离;

　　　　　3——Ⓑ、Ⓒ轴线之间的距离;

第二个 5——Ⓒ、Ⓓ轴线之间的距离;

　　　　　0.25——Ⓙ轴线到外墙外边缘的距离;

　　　　　0.12——Ⓓ轴线到墙内边缘的距离。

故该工程的建筑面积

$$S = 904.88 + 568.23 = 1473.11\text{m}^2$$

2) 外墙外边线长

$$L = (42+0.25 \times 2+37+0.25 \times 2) \times 2 = 160\text{m}$$

【注释】 42——建筑的长度；

0.25——轴线到柱边缘的距离；

37——外墙宽度。

3）内墙线净长

③、④轴线与⑥、Ⓙ轴线之间卫生间内墙：

$L_1 = (6-0.25 \times 2) + (5-0.12-0.10) + (5-0.25 \times 2) = 14.78m$

【注释】 6——⑥、Ⓙ轴线之间的距离；

0.25——轴线到柱边缘的距离；

5——③、④轴线之间的距离；

0.12——④轴线到墙内边缘的距离；

0.1——③轴线到卫生间内隔墙之间的距离。

①、⑧轴线与Ⓐ、Ⓓ轴线之间内横墙：

$L_2 = 42 - 5 - 0.25 \times 2 - 4 \times 0.5 = 34.5m$

【注释】 42——建筑的长度；

0.25——轴线到柱边缘的距离；

0.5——柱子的宽度；

4——柱子的个数。

$L_3 = 42 - 0.25 \times 2 - 5 \times 0.5 = 39m$

【注释】 42——建筑的长度；

0.25——轴线到柱边缘的距离；

0.5——柱子的宽度；

5——柱子的个数。

$L_4 = (5+5-0.25 \times 2-0.5) + (2+0.12-0.25) + (4-0.25) = 14.62m$

【注释】 5+5——①、④轴线之间的距离；

0.25——轴线到柱边缘的距离；

2——⑮、⑥轴线之间的距离；

4——⑰、⑧轴线之间的距离。

①、⑧轴线与Ⓐ、Ⓓ轴线之间内纵墙：

$L_5 = (5-0.25 \times 2) \times 3 + (5-0.12+0.01) \times 2 + 5 + 0.01 = 28.29m$

【注释】 5——①、⑧轴线与Ⓐ、Ⓓ轴线之间内纵墙长度；

0.25——轴线到柱边缘的距离；

3——有 3 段相同的纵墙；

(5-0.12+0.01) 中：

5——⑮轴线上墙的长度；

0.12——轴向Ⓑ到墙外边缘的距离；

0.01——轴向Ⓐ到外墙内边缘的距离。

内墙净长 $L = 14.78 + 34.5 + 39 + 14.62 + 28.29 = 131.2m$

（2）土石方工程

1）场地平整

工程量＝首层建筑面积＝1473.11m²

注：计算如上常用基数。

2）挖土方

J—1 工程量＝126.22m³

J—2 工程量＝82.43m³

J—3 工程量＝5147.9m³

【注释】　由于柱下基础最大尺寸为3×3为9m²，小于20m²，故按基坑来挖。考虑到地质条件比较好，基坑比较浅，故不考虑放坡。

3）基坑回填方

基坑回填方工程量＝522.29m³

【注释】　定额工程量计算方法同清单工程量计算。

4）房心回填方

房心回填方工程量＝629.03m³

【注释】　定额工程量计算方法同清单工程量计算。

（3）砌筑工程

1）实心240砖外墙

总的工程量＝215.00m²

【注释】　定额工程量计算方法同清单工程量计算。

2）实心240砖砌内墙

内墙总的工程量＝117.75m²

【注释】　定额工程量计算方法同清单工程量计算。

3）砖烟道

工程量＝0.57m³

【注释】　定额工程量计算方法同清单工程量计算。

（4）混凝土工程

1）独立基础

总的工程量＝152.05m³

【注释】　定额工程量计算方法同清单工程量计算。

2）基础梁

总的工程量＝33.41m³

【注释】　定额工程量计算方法同清单工程量计算。

3）C30现浇混凝土矩形柱

采用C30混凝土

柱的工程量＝70.2m³

【注释】　定额工程量计算方法同清单工程量计算。

4）女儿墙构造柱

工程量＝3.37m³

【注释】　定额工程量计算方法同清单工程量计算。

5）过梁

均采用 C30 混凝土

门过梁（240×200 两侧各增加 300mm），总门过梁＝1.68m³

总雨篷过梁＝1.48m³

总窗过梁＝5.69m³

总过梁＝1.68＋1.48＋5.69＝8.85m³

【注释】 定额工程量计算方法同清单工程量计算。

6）C20 现浇钢筋混凝土女儿墙压顶

工程量＝13.74m³

【注释】 定额工程量计算方法同清单工程量计算。

7）现浇混凝土板（有梁板）

工程量＝264.46m³

【注释】 定额工程量计算方法同清单工程量计算。

8）雨篷板

采用 C20 混凝土

总的雨篷板工程量＝2.15m³

【注释】 定额工程量计算方法同清单工程量计算。

9）台阶

工程量＝19.32m²

【注释】 定额工程量计算方法同清单工程量计算。

10）坡道

工程量＝30.00m²

【注释】 定额工程量计算方法同清单工程量计算。

11）散水

宽 900mm，C15 混凝土。

散水的工程量＝148.05m²

【注释】 定额工程量计算方法同清单工程量计算。

（5）楼地面工程

底面垫层（100 厚 3∶7 灰土）：

总的工程量＝147.31m³

（6）钢筋工程

HRB400 级钢筋总质量＝50.492t

HRB300 级钢筋重质量＝11.617t

【注释】 定额工程量计算方法同清单工程量计算。

（7）门窗工程

1）门工程

M—1 工程量＝9.6m²

M—2 工程量＝14.4m²

M—3 工程量＝9.45m²

M—4 工程量＝2.1m²

M－5 工程量＝7.2m²

M－6 工程量＝7.2m²

【注释】　定额工程量计算方法同清单工程量计算。

2）窗工程

C－1 工程量＝43.2m²

C－2 工程量＝19.44m²

C－3 工程量＝32.4m²

C－4 工程量＝1.62m²

C－5 工程量＝54m²

【注释】　定额工程量计算方法同清单工程量计算。

（8）屋面卷材防水

总的防水面积为＝1513.91m³

【注释】　定额工程量计算方法同清单工程量计算。

地面卷材防水 S＝27.63m³

【注释】　定额工程量计算方法同清单工程量计算。

（9）排水管

1）雨水管工程量＝12×(4.5＋0.45)＝59.4m

【注释】　12——排水管的数量；

　　　4.5——层高；

　　　0.45——室内外高差。

2）弯头的个数＝12 个

（10）保温隔热墙

总的工程量＝695.34m²

【注释】　定额工程量计算方法同清单工程量计算。

（11）模板工程

模板计算规则同混凝土计算。

1）C10 混凝土垫层模板工程量

垫层工程量：

J－1 的混凝土垫层工程量＝(2＋0.1×2)×(2＋0.1×2)×0.1×14＝6.78m³

【注释】　2——基础宽度；

　　　0.1——垫层每边沿基础向外突出的长度；

括号外的 0.1——垫层厚度；

　　　14——基础个数。

J－2 的混凝土垫层工程量＝(2.4＋0.1×2)×(2.4＋0.1×2)×0.1×7＝4.73m³

【注释】　(2.4＋0.1×2)中：

　　　2.4——基础宽度；

　　　0.1——垫层每边沿基础向外突出的长度；

　　　0.1——垫层厚度；

　　　7——基础个数。

J-3的混凝土垫层工程量=$(3+0.1×2)×(3+0.1×2)×0.1×31=31.74m^3$

【注释】 (3+0.1×2) 中：

   3——基础宽度；

   0.1——垫层每边沿基础向外突出的长度；

   0.1——垫层厚度；

   31——基础个数。

总的工程量=$6.78+4.73+31.74=43.25m^3$

2）基础模板工程量：

J-1：$(2×2×0.3+1.25×1.25×0.3)×14=23.36m^3$

【注释】 2——基础底面的长和宽；

   0.3——底面第一阶的高度；

   1.25——基础第二阶的长和宽；

最后一个0.3——第二阶基础的高度。

J-2：$(2.4×2.4×0.3+1.45×1.45×0.3)×7=16.51m^3$

【注释】 2.4——基础底面的长和宽；

   0.3——底面第一阶的高度；

   1.45——基础第二阶的长和宽；

最后一个0.3——第二阶基础的高度。

J-3：$(3×3×0.3+1.75×1.75×0.3)×31=112.18m^3$

【注释】 3——基础底面的长和宽；

   0.3——底面第一阶的高度；

   1.75——基础第二阶的长和宽；

最后一个0.3——第二阶基础的高度。

总的工程量=$23.36+16.51+112.18=152.05m^3$

3）C30现浇混凝土矩形柱模板工程量

柱的工程量=$0.5×0.5×(0.9+4.5)×52=70.2m^3$

【注释】 0.5——柱子的长和宽；

   0.9——地面以下柱子的高度；

   4.5——层高；

   52——柱子的个数。

4）基础梁模板工程量

基础梁采用C20混凝土，基础梁尺寸均为300×400。

a. 外墙基础梁

$[(42+0.1×2+37+0.1×2)×2-(0.5×22+0.35×2×4)]×0.3×0.4=17.4m^3$

【注释】 42——外墙的长度；

   37——外墙的宽度；

   0.1——外墙中轴线到基础梁的中心线之间的距离；

(0.5×22+0.35×2×4) 中：

   0.5——柱子的宽度；

22——外墙中间柱子的个数；

0.35——外墙基础梁的中心线到柱边的距离；

2——外墙角柱的和基础梁相连的两个面；

4——外墙角柱的数量。

b. 内墙基础梁

③、④轴线与⑥、①轴线之间卫生间内墙：

$L_1=(6-0.25×2)+(5-0.05-0.15)+(5-0.25×2)=14.8m$

【注释】　6——⑥、①轴线之间距离；

0.25——轴线到柱子边缘的距离；

5——③、④轴线之间的距离；

0.05——③轴线到梁内边缘的距离；

0.15——④轴线到外墙内边缘的距离。

①、⑧轴线与Ⓐ、①轴线之间内横墙：

$L_2=42-5-0.25×2-4×0.5=34.5m$

【注释】　42——①、⑧轴线之间的距离；

5——①、③轴线之间的距离；

0.25——轴线到柱子边缘的距离；

4——③、⑧轴线之间柱子的个数；

0.5——柱子的宽度。

$L_3=42-0.25×2-5×0.5=39m$

【注释】　42——①、⑧轴线之间的距离；

0.25——轴线到柱子边缘的距离；

5——Ⓒ轴线之间柱子的个数；

0.5——柱子的宽度。

$L_4=(5+5-0.25×2-0.5)+(2-0.15-0.25)+(4-0.15-0.25)=14.20m$

【注释】　5+5——①、④轴线之间的距离；

0.25——轴线到柱子边缘的距离；

0.5——柱子的宽度；

(2-0.15-0.25)中：

2——⑮、⑥轴线之间的距离；

0.15——⑮轴线到墙内边缘的距离；

0.25——⑥轴线到柱子边缘的距离；

4——⑰、⑧轴线之间的距离。

①、⑧轴线与Ⓐ、①轴线之间内纵墙：

$L_5=(5-0.25×2)×3+(5-0.15-0.05)×2+(5+3-0.05-0.15)=30.9m$

【注释】　5——Ⓐ、Ⓑ轴线之间的距离；

0.25——轴线到柱子边缘的距离；

3——相同梁的数量；

(5-0.15-0.05) 为②轴线与Ⓐ、Ⓑ轴线之间的一段墙：

　　5——Ⓐ、Ⓑ轴线之间的距离；

　　0.15——Ⓑ轴线到内墙边缘的距离；

　　0.05——Ⓐ轴线到墙边缘的距离；

（5＋3－0.05－0.15）为⑮轴线与Ⓐ、Ⓒ轴线之间的一段墙：

　　5＋3——Ⓐ、Ⓒ轴线之间的距离；

　　0.05——Ⓐ轴线到内墙边缘的距离；

　　0.15——Ⓒ轴线到墙边缘的距离。

内墙净长 $L＝14.8＋34.5＋39＋14.20＋30.9＝133.4\text{m}$

基础梁工程量$＝133.4×0.3×0.4＝16.01\text{m}^3$

总工程量：$17.4＋16.01＝33.41\text{m}^3$

5）有梁板模板工程量

a. KL1 的 C30 钢筋混凝土工程量：

③、⑧轴线与Ⓔ、Ⓙ轴线之间：

$(37－0.5×4－0.25×2)×0.3×(0.6－0.12)×4＝19.87\text{m}^3$

【注释】　37——③、⑧轴线之间的距离；

　　　0.5——柱子的宽度；

　　　　4——③、⑧轴线之间柱子的数量；

　　　0.25——轴线到柱子边缘的距离；

　　　0.3——梁的宽度；

　　　0.6——梁的高度；

　　　0.12——板厚；

　　　4——Ⓔ、Ⓕ、Ⓖ、Ⓗ相同的跨数。

①、⑧轴线与Ⓐ、Ⓓ轴线之间：

$(42－0.5×5－0.25×2)×0.3×(0.6－0.12)×4＝22.46\text{m}^3$

【注释】　42——①、⑧轴线之间的距离；

　　　0.5——柱子的宽度；

　　　　5——①、⑧轴线之间柱子的数量；

　　　0.25——轴线到柱子边缘的距离；

　　　0.3——梁的宽度；

　　　0.6——梁的高度；

　　　0.12——板厚；

　　　　4——Ⓐ、Ⓑ、Ⓒ、Ⓓ相同的跨数。

故 KL2 的 C30 钢筋混凝土模板

工程量：$V＝19.87＋22.46$

　　　　$＝42.33\text{m}^3$

KL2 的 C30 钢筋混凝土工程量：

①、⑧轴线与Ⓐ、Ⓓ轴线之间：

$(5－0.25×2)×2×0.3×(0.4－0.12)×7＋(5－0.15－0.05)×2×0.3×(0.4－0.12)×10＝13.36\text{m}^3$

【注释】　5——Ⓐ、Ⓑ轴线之间的距离；

　　　　　0.25——轴线到柱子边缘的距离；

　括号外面的2——与Ⓐ、Ⓑ之间梁相同的Ⓒ、Ⓓ之间的梁；

　　　　　0.3——梁的宽度；

　　　　　0.4——梁的高度；

　　　　　0.12——板厚；

　　　　　7——梁两端与柱子相连的梁的个数；

　　　　　10——梁与主梁相连的个数。

　Ⓒ、Ⓗ轴线与Ⓓ、Ⓙ轴线之间：

$(37-5-3-5-0.5\times3-0.25\times2)\times0.3\times(0.4-0.12)\times6+(37-5-3-5-0.3\times3-0.15\times2)\times0.3\times(0.4-0.12)\times9=28.32m^3$

【注释】　37——Ⓓ、Ⓙ轴线之间的距离；

　　　　　0.5——柱子的宽度；

　　　　　3——Ⓓ、Ⓙ轴线之间柱子的个数；

　　　　　0.25——轴线到柱子边缘的距离；

　　　　　0.3——梁的宽度；

　　　　　0.4——梁的高度；

　　　　　0.12——板厚；

　　　　　6——梁两端与柱子相连的梁的个数；

　　　　　10——梁与主梁相连的个数。

故 KL2 的 C30 钢筋混凝土模板工程量：$V=13.36+28.32=41.68m^3$

KL3 的 C30 钢筋混凝土模板工程量：

Ⓑ、Ⓒ轴线之间：

$V=(3-0.25\times2)\times0.3\times(0.4-0.12)\times7+(3-0.15\times2)\times0.3\times(0.4-0.12)\times10=3.74m^3$

C30 现浇钢筋混凝土模板的工程量$=42.33+41.68+3.74=87.75m^3$

b. C30 现浇钢筋混凝土模板的工程量

Ⓒ、Ⓗ轴线与Ⓓ、Ⓙ轴线之间的面积：

$S_1=(37+0.25+0.25)\times(37-5-3-5+0.25)\times0.12=109.13m^3$

【注释】　37——Ⓒ、Ⓗ轴线之间的距离；

　　　　　0.25——轴线到外墙外边缘的距离；

　　　　　（37−5−3−5+0.25）中：

　　　　　37——Ⓐ、Ⓙ轴线之间的距离；

　37−5−3−5——Ⓓ、Ⓙ轴线之间的距离；

　　　　　0.25——Ⓙ轴线到墙外边缘的距离；

　　　　　0.12——板厚。

　①、⑧轴线与Ⓐ、Ⓓ轴线之间的面积：

$S_2=(42+0.25+0.25)\times(5+3+5+0.25)\times0.12=67.58m^3$

【注释】　42——①、⑧轴线之间的距离；

0.25——轴线到外墙外边缘的距离；

5＋3＋5——Ⓐ、Ⓓ轴线之间的距离；

0.25——Ⓐ轴线到墙外边缘的距离；

0.12——板厚。

板的工程量 $S＝109.13＋67.58＝176.71m^2$

故 C30 现浇钢筋混凝土楼板（有梁板）的工程量＝176.71＋87.75＝264.46m³

6）雨篷板的模板工程量

YPB1：4500×1000

$4.5×1.0＝4.5m^2$

【注释】 4.5——雨篷长；

1.0——雨篷宽。

YPB2：3600×1000

$3.6×1.0＝3.6m^2$

YPB3：2100×1000

$2.1×1.0＝2.1m^2$

YPB4：1600×1000

$1.6×1.0＝1.6m^2$

总的工程量＝4.5＋3.6＋2.1＋1.6＝11.8m²

7）女儿墙构造柱模板工程量

女儿墙中构造柱宽同墙厚 240mm，长 360mm，高为 1500mm，采用 C20 混凝土。

构造柱的工程量＝0.24×0.36×1.5×26＝3.37m³

【注释】 0.24——构造柱的宽度；

0.36——构造柱的长度；

1.5——构造柱的高度；

26——构造柱的个数。

箍筋加密区是对于抗震结构来说的。根据抗震等级的不同，箍筋加密区设置的规定也不同。一般来说，对于钢筋混凝土框架的梁的端部和每层柱子的两端都要进行加密。梁端的加密区长度一般取 1.5 倍的梁高。这里主梁、次梁、连系梁加密区均为 900mm，柱子加密区长度一般取 1/6 每层柱子的高度。但最底层（一层）柱子的根部应取 1/3 的高度，这里取 1.5m。

8）过梁模板工程量

均采用 C30 混凝土。

门过梁（240×200 两侧各增加 300mm）：

M-1：$(4＋0.3×2)×0.24×0.2＝0.22m^3$

【注释】 4——门的宽度；

0.3——过梁沿门宽度方向每边延伸的长度；

2——两边都延伸；

0.24——过梁的宽度；

0.2——过梁的高度。

M—2：$(3+0.3×2)×0.24×0.2×2=0.35m^3$

【注释】　最后一个 2——相同门的个数。

M—3：$(0.9+0.3×2)×0.24×0.2×5=0.36m^3$

M—4：$(1+0.3×2)×0.24×0.2×5=0.38m^3$

M—5：$(1.5+0.3×2)×0.24×0.2×2=0.2m^3$

M—6：$(3+0.3×2)×0.24×0.2=0.17m^3$

总门过梁工程量$=0.22+0.35+0.36+0.38+0.2+0.17=1.68m^3$

窗过梁：

C—1：$(3+0.3×2)×0.24×0.2×8=1.38m^3$

【注释】　3——窗的宽度；

　　　　0.3——窗过梁沿窗宽每边延伸的长度；

　　　　2——两边都延伸；

　　　0.24——过梁的宽度；

　　　0.2——过梁的高度；

　　　　8——相同窗的数量。

C—2：$(2.7+0.3×2)×0.24×0.2×4=0.63m^3$

C—3：$(3+0.3×2)×0.24×0.2×7=1.21m^3$

C—4：$(0.9+0.3×2)×0.24×0.2×2=0.14m^3$

C—5：$(7.5+0.3×2)×0.24×0.3×4=2.33m^3$

总窗过梁工程量$=1.38+0.63+1.21+0.14+2.33=5.69m^3$

雨篷梁：

M—1：$(4+0.3×2+0.25×2)×0.24×0.3=0.37m^3$

【注释】　4——门的宽度；

　　　0.3——雨篷沿门宽每边延伸的长度；

　　　　2——两边都延伸；

　　　0.25——雨篷梁沿雨篷长度每边延伸的长度；

　　　0.24——过梁的宽度；

　　　0.3——过梁的高度；

　　　　4——相同窗的数量。

M—2：$(3+0.3×2+0.25×5)×0.24×0.3×2=0.70m^3$

M—4：$(1+0.3×2+0.25×5)×0.24×0.3=0.21m^3$

M—5：$(1.5+0.3×2+0.25×5)×0.24×0.3×2=0.48m^3$

总的雨篷梁工程量$=0.37+0.7+0.21+0.48=1.76m^3$

总的过梁$=1.68+5.69+1.76=9.13m^3$

9）C20 现浇钢筋混凝土女儿墙压顶

工程量$=13.74m^3$

【注释】　工程量计算同清单工程量。

（12）脚手架工程量

1）砌筑脚手架工程量

参见《河南省建设工程工程量清单综合单价》。

外墙高度为 $0.45+4.5+1.5=6.45m$ 小于 15m，按单排脚手架计算。

外脚手架工程量 $=160×6.45=1032.00m^2$

【注释】　160——外墙外边线长，计算如上；

0.45——室内外高差；

4.5——层高；

1.5——女儿墙高度。

因设计室内地坪到顶板下表面的距离 $=4.5-0.12=4.38m$ 大于 3.6m，按单排脚手架计算。

内脚手架工程量 $=133.4×(4.5-0.12)=584.29m^2$

【注释】　133.4——内墙长度，计算如上；

4.5——内墙高度；

0.12——板厚。

2）柱子脚手架工程量

套用相应外脚手架定额：

$(0.5×4+3.6)×4.5×52=1310.4m^2$

【注释】　0.5——方形柱子的变长；

3.6——柱子周长增加的长度；

4.5——层高；

52——柱子的数量。

3）梁脚手架工程量

a. 主梁脚手架工程量

Ⓔ、Ⓕ、Ⓖ、Ⓙ轴线的工程量 $=(37-0.25×2-0.5×4)×4×(0.6-0.12)=66.24m^2$

【注释】　37——③、⑧轴线之间的距离；

0.25——梁两端到柱子边缘的距离；

0.5——梁中间柱子的宽度；

4——梁中间柱子的数量；

括号外面的 4——有Ⓔ Ⓕ Ⓖ Ⓙ轴线上的 4 种梁；

0.6——梁高；

0.12——板厚。

Ⓐ、Ⓑ、Ⓒ、Ⓓ轴线的工程量 $=(42-0.25×2-0.5×5)×4×(0.6-0.12)=74.88m^2$

【注释】　42——①、⑧轴线之间的距离；

0.25——①、⑧轴线到柱子内边缘的距离；

0.5——柱子的宽度；

5——①、⑧轴线之间柱子的数量；

括号外的 4——Ⓐ Ⓑ Ⓒ Ⓓ轴线上的四种梁；

0.6——梁高；

0.12——板厚。

b. 连系梁脚手架工程量

①轴线的工程量＝（5＋5＋3－0.25×2－0.5×2）×（0.4－0.12）＝3.22m²

【注释】 5＋5＋3——Ⓐ、Ⓓ轴线之间的距离；

0.25——Ⓐ、Ⓓ轴线到柱子边缘的距离；

0.5——柱子宽度；

2——Ⓐ、Ⓓ轴线之间柱子的数量；

0.4——梁高；

0.12——板厚。

③、④、⑤、⑥、⑦、⑧轴线的工程量＝（37－0.25×2－0.5×6）×6×（0.4－0.12）＝56.28m²

【注释】 37——梁的长度；

0.25——两端轴线到柱子边缘的距离；

0.5——柱子宽度；

6——梁中间柱子的数量；

6——有6跨相同的梁；

0.4——梁高；

0.12——板厚。

c. 次梁的工程量

①、③轴线之间次梁的工程量＝（5＋3＋5－0.05×2－0.3×2）×（0.4－0.12）＝3.44m²

【注释】 5＋5＋3——Ⓐ、Ⓓ轴线之间的距离；

0.05——Ⓐ、Ⓓ轴线到主梁边缘的距离；

0.3——主梁宽度；

2——Ⓐ、Ⓓ轴线之间主梁的数量；

0.4——梁高；

0.12——板厚。

其余次梁的工程量＝（37－0.05×2－0.3×6）×9×（0.4－0.12）＝88.45m²

【注释】 37——梁的长度；

0.05——两端轴线到主梁边缘的距离；

0.3——主梁宽度；

6——梁中间主梁的数量；

9——有9跨相同的梁；

0.4——梁高；

0.12——板厚。

梁总的脚手架工程量＝66.24＋74.88＋3.22＋56.28＋3.44＋88.45＝292.51m²

（13）施工图预算表

见表5-6。

某中学食堂工程施工图预算表 表5-6

序号	定额编码	分项工程名称	计量单位	工程量	综合单价（元）	其中（元）			合价（元）
						人工费	材料费	机械费	
1	1-1	Ⅱ类土，以挖作填	100m²	14.73	348.3	348.3	—	—	5130.46

续表

序号	定额编码	分项工程名称	计量单位	工程量	综合单价(元)	其中(元)			合价(元)
						人工费	材料费	机械费	
2	1-3	Ⅱ类土,人工挖土,挖深 1.6m 垫层宽 2.2m,厚 100mm,J-1	100m³	1.26	946.6	946.6	—	—	1192.72
3	1-3	Ⅱ类土,人工挖土,挖深 1.6m 垫层宽 2.6m,厚 100mm,J-2	100m³	0.82	946.6	946.6	—	—	776.21
4	1-3	Ⅱ类土,人工挖土,挖深 1.6m 垫层宽 3.2m,厚 100mm,J-3	100m³	5.15	946.6	946.6	—	—	4874.99
5	1-127	普通土,夯填,以挖作填,基础回填土	100m³	5.22	2268.38	2201.47	17.48	49.43	11840.94
6	1-127	普通土,夯填,以挖作填,房心回填土	100m³	6.29	2268.38	2201.47	17.48	49.43	14268.11
7	3-58	外墙,240mm 厚砌块,M5 混合砂浆砌筑,混水不勾缝	10m³	21.5	1964.39	412.8	1546.64	4.95	42234.39
8	3-58	内墙,240mm 厚砌块,M5 混合砂浆砌筑,混水不勾缝	10m³	11.78	1964.39	412.8	1546.64	4.95	23140.51
9	3-43	砖烟道,600mm×600mm,高 2m,M5 混合砂浆砌筑,不勾缝,机砖	10m³	0.057	3634.69	1140.79	2420.98	72.92	207.18
10	4-5 换	C30 混凝土,独立基础	10m³	15.21	2063.37	363.35	1691.75	8.27	31383.86
11	4-13	C10 混凝土基础垫层,厚度 100mm	10m³	4.33	2127.93	516.43	1603.12	8.38	9213.94
12	4-16 换	C30 混凝土矩形柱,500mm×500mm,自基础顶面到楼顶地面,混凝土现场拌制	10m³	7.02	2894.951	665.64	2215.881	13.43	20322.56
13	4-16	C20 混凝土构造柱,240mm×360mm,自楼层顶面到女儿墙顶面,混凝土现场拌制	10m³	0.34	2458.39	666.54	1778.42	13.43	835.85
14	4-21 换	梁底标高 − 0.400,梁截面 300mm×400mm,C30 混凝土良好和易性和强度	10m³	3.34	2614.17	377.54	2223.2	13.43	8731.33
15	4-34	板厚 120mm,C20 混凝土强度等级,良好和易性和强度,板底标高 4.380m	m³	26.45	2229.05	352.17	1863.45	13.43	58958.37
16	4-26	过梁 C20 混凝土	m³	8.85	2686.93	842.37	1831.13	13.43	23779.33
17	4-42	雨篷,C20 混凝土,良好和易性和强度	m³	2.15	2909.4	915.04	1967.81	26.55	6255.21
18	4-50	C20 现浇混凝土女儿墙压顶,高 0.24m,宽 0.24m	10m³	1.37	2781.13	821.3	1938.35	21.48	3810.15
19	4-59	C10 混凝土台阶,良好和易性和强度,底层夯实,三七灰土垫层	m³	19.32	395.11	116.53	275.04	3.54	76233.53
20	2-54 换	散水,宽 900mm,三七灰土垫层,C15 混凝土	m³	148.05	2452.34	423.55	2007.31	21.48	363068.937

续表

序号	定额编码	分项工程名称	计量单位	工程量	综合单价(元)	其中(元)			合价(元)
						人工费	材料费	机械费	
21	2-59	坡道,宽 1.5m,三七灰土垫层,C20 混凝土	10m³	3	395.11	116.53	275.04	3.54	1185.33
22	4-168	φ10 以内钢筋	t	11.617	3862.34	443.76	3392.33	26.25	44868.80
23	4-171	φ10 以外钢筋	t	50.492	4082.37	291.11	3741.17	50.09	206127.03
24	4-22	金属卷帘门,4000mm×2400mm,铝合金,带纱,刷调和漆两遍	10m²	0.96	31714.43	3722.94	27879.84	111.65	30445.85
25	4-22	金属卷帘门,3000mm×2400mm,铝合金,带纱,刷调和漆两遍	10m²	1.44	31714.43	3722.94	27879.84	111.65	45668.78
26	4-1	胶合板门,900mm×2100mm,带纱,刷调和漆两遍	100m²	0.09	16678.5	1409.97	15171.76	96.77	1501.07
27	4-1	胶合板门,1000mm×2100mm,带纱,刷调和漆两遍	100m²	0.021	16678.5	1409.97	15171.76	96.77	350.25
28	4-1	胶合板门 1500mm×2400mm,带纱,刷调和漆两遍	100m²	0.072	16678.5	1409.97	15171.76	96.77	1200.85
29	4-1	胶合板门 3000mm×2400mm,带纱,刷调和漆两遍	100m²	0.07	16678.5	1409.97	15171.76	96.77	1167.50
30	2-53	金属推拉窗 3000mm×1800mm,装 5mm 厚双层平板玻璃	100m²	0.43	19501.44	967.5	18470.99	62.95	8385.62
31	4-53	金属推拉窗 2700mm×1800mm,装 5mm 厚双层平板玻璃	100m²	0.19	19501.44	967.5	18470.99	62.95	3705.27
32	4-53	金属推拉窗 3000mm×1800mm,装 5mm 厚双层平板玻璃	100m²	0.32	19501.44	967.5	18470.99	62.95	6240.46
33	4-53	金属推拉窗 900mm×900mm,装 5mm 厚双层平板玻璃	100m²	0.02	19501.44	967.5	18470.99	62.95	390.03
34	4-53	金属推拉窗 7500mm×1800mm,装 5mm 厚双层平板玻璃	100m²	0.54	19501.44	967.5	18470.99	62.95	10530.78
35	7-36	屋面卷材防水 1:3 水泥砂浆找平,采用高聚物改性沥青卷材	100m²	15.14	4296.36	234.78	4061.58	—	65046.89
36	7-96	屋面排水管直径 100 铸铁水落管,铸铁管弯头出水口,塑料雨水斗	10m	5.94	563.97	150.93	413.04	—	3349.98
37	7-98	铸铁弯头出水口、塑料雨水斗	10 个	1.2	582.57	186.19	396.38	—	699.08
38	8-195	保温隔热外墙外抹 3mm 厚复合硅酸盐保温材料	100m²	6.95	8861.39	817.43	8043.96	—	61586.66
合计									1040552.951

5.4　某中学食堂建筑工程量清单综合单价分析

　　综合单价是完成一个规定清单项目所需的人工费、材料和工程设备费、施工机具使用费和企业管理费、利润以及一定范围内的风险费用。综合单价分析表集中反映了构成每一个清单项目综合单价的各个价格要素的价格及主要的工、料、机消耗量。

具体见表5-7～表5-45。

分部分项工程量清单与计价表   表 5-7

序号	项目编码	项目名称	项目特征描述	计量单位	工程量	综合单价	合价	其中：暂估价
1	010101001001	平整场地	Ⅱ类土，以挖作填	m²	1473.11	4.64	6835.23	
2	010101004001	挖基础土方	Ⅱ类土，人工挖土，挖深 1.6m 垫层宽 2.2m，厚 100mm，J-1	m³	1026.22	11.93	1503.18	
3	010101004002	挖基础土方	Ⅱ类土，人工挖土，挖深 1.6m 垫层宽 2.6m，厚 100mm，J-2	m³	82.43	11.93	983.39	
4	010101004003	挖基础土方	Ⅱ类土，人工挖土，挖深 1.6m 垫层宽 3.2m，厚 100mm，J-3	m³	514.19	11.93	6141.44	
5	010103001001	土方回填	普通土，夯填，以挖作填，夯填，基础回填土	m³	522.29	30.01	15673.92	
6	010103001002	土方回填	普通土，夯填，以挖作填，夯填，房心回填土外墙，240mm 厚砌块	m³	629.03	30.01	18877.19	
7	010402001001	砌块墙	外墙，240mm 厚砌块，M5 混合砂浆砌筑，混水不勾缝	m³	215.00	211.15	45397.25	
8	010402001002	砌块墙	内墙，240mm 厚砌块，M5 混合砂浆砌筑，混水不勾缝	m³	117.75	211.15	24862.91	
9	010401012001	砖烟道	600mm×600mm，高 2m，M5 混合砂浆砌筑，不勾缝，机砖	m³	0.57	405.09	230.90	
10	010501003001	独立基础	C30 混凝土	m³	152.05	231.69	35228.465	
11	010501001001	垫层	C10 混凝土垫层，厚度 100mm	m³	43.25	248.22	10735.52	
12	010502001001	矩形柱	C30 混凝土矩形柱，500mm×500mm，自基础顶面到楼顶地面，混凝土现场拌制	m³	70.2	356.92	25055.78	
13	010502002001	矩形柱	C20 混凝土构造柱，240mm×360mm，自楼层顶面到女儿墙顶面，混凝土现场拌制	m³	3.37	313.17	1055.38	
14	010503001001	基础梁	梁底标高 − 0.400，梁截面 300mm×400mm，C30 混凝土良好和易性和强度	m³	33.41	299.7	10012.98	
15	010505001001	有梁板	板厚 120mm，C20 混凝土强度等级，良好和易性和强度，板底标高 4.380m	m³	264.46	258.7	68415.80	
16	010503005001	过梁	门窗过梁，高 300mm，宽 240mm	m³	8.85	302.78	2679.60	
17	010505008001	雨篷	C20 混凝土，良好和易性和强度	m³	2.15	354.78	762.78	
18	010507005001	其他构件	C20 现浇混凝土女儿墙压顶，高 0.24m，宽 0.24m	m³	13.74	335.41	4608.53	
19	010507004001	台阶	C10 混凝土台阶，良好和易性和强度，底层夯实，三七灰土垫层	m³	19.32	47.64	920.40	
20	010507001001	散水、坡道	坡道，宽 1.5m，三七灰土垫层，C20 混凝土	m³	30	292.15	8764.5	

续表

序号	项目编码	项目名称	项目特征描述	计量单位	工程量	金额（元）		
						综合单价	合价	其中：暂估价
21	010507001002	散水、坡道	散水，宽900mm，三七灰土垫层，C15 混凝土	m³	148.05	274.78	40681.18	
22	010515001001	现浇钢筋混凝土钢筋	φ10 以内钢筋	t	11.617	4172.87	48476.23	
23	010515001002	现浇钢筋混凝土钢筋	φ10 以外钢筋	t	50.492	4361.38	220214.80	
24	010803001001	金属卷帘门	4000mm×2400mm，铝合金，带纱刷调和漆两遍	m²	9.6	339.2	3256.32	
25	010803001002	金属卷帘门	3000mm×2400mm，铝合金，带纱刷调和漆两遍	m²	14.4	339.2	4884.48	
26	010801001001	胶合板门	900mm×2100mm，带纱刷调和漆两遍	m²	9.45	175.05	1654.22	
27	010801001002	胶合板门	1000mm×2100mm，带纱刷调和漆两遍	m²	2.1	175.05	367.605	
28	010801001003	胶合板门	1500mm×2400mm，带纱刷调和漆两遍	m²	7.2	175.05	1260.36	
29	010801001004	胶合板门	3000mm×2400mm，带纱刷调和漆两遍	m²	7.2	175.05	1260.36	
30	010807001001	金属推拉窗	3000mm×1800mm，装5mm厚双层平板玻璃	m²	43.2	200.68	8669.38	
31	010807001002	金属推拉窗	2700mm×1800mm，装5mm厚双层平板玻璃	m²	19.44	200.68	3901.22	
32	010807001003	金属推拉窗	3000mm×1800mm，装5mm厚双层平板玻璃	m²	32.4	200.68	6502.032	
33	010807001004	金属推拉窗	900mm×900mm，装5mm厚双层平板玻璃	m²	1.62	200.68	325.1016	
34	010807001005	金属推拉窗	7500mm×1800mm，装5mm厚双层平板玻璃	m²	54	200.68	10836.72	
35	010902001001	屋面卷材防水	1∶3水泥砂浆找平，采用高聚物改性沥青卷材	m²	1513.91	44.47	67323.58	
36	010902004001	屋面排水管	直径100铸铁小落管，铸铁管弯头出水口，塑料雨水斗	m	59.4	66.09	3925.75	
37	010902004002	屋面排水管	铸铁弯头出水口、塑料雨水斗	套	12	70.21	842.52	
38	011001003001	保温隔热墙	外抹3mm厚复合硅酸盐保温材料	m²	695.34	93.35	64909.99	
总计							778036.46	

综合单价分析表

表 5-8

工程名称：某中学食堂工程　　　　　　　　标段：

| 项目编码 | 010101001001 | 项目名称 | | 平整场地 | | | 计量单位 | m² | 工程量 | 1473.11 |

清单综合单价组成明细

定额编号	定额名称	定额单位	数量	单价				合价			
				人工费	材料费	机械费	管理费和利润	人工费	材料费	机械费	管理费和利润
1-1	平整场地	100m²	0.01	348.3	—	—	115.83	3.48	—	—	1.16
人工单价		小计						3.48			1.16
43元/工日		未计价材料						—			
清单项目综合单价								4.64			

	主要材料名称、规格、型号			单位	数量	单价（元）	合价（元）	暂估单价（元）	暂估合价（元）
材料费明细									
	其他材料费					—		—	
	材料费小计					—		—	

综合单价分析表

表 5-9

工程名称：某中学食堂工程　　　　　　　　标段：

| 项目编码 | 010101004001 | 项目名称 | | 挖基础土方 | | | 计量单位 | m² | 工程量 | 126.22 |

清单综合单价组成明细

定额编号	定额名称	定额单位	数量	单价				合价			
				人工费	材料费	机械费	管理费和利润	人工费	材料费	机械费	管理费和利润
1-3	人工挖土方	100m³	0.01	946.6	—	—	246.56	9.47	—	—	2.47
人工单价		小计						9.47			2.47
43元/工日		未计价材料						—			
清单项目综合单价								11.93			

	主要材料名称、规格、型号			单位	数量	单价（元）	合价（元）	暂估单价（元）	暂估合价（元）
材料费明细									
	其他材料费					—		—	
	材料费小计					—		—	

综合单价分析表

表 5-10

第 3 页 共 38 页

工程名称：某中学食堂工程　　　　　　　　标段：

项目编码	010101004002	项目名称		挖基础土方		计量单位	m³	工程量	82.43

清单综合单价组成明细

定额编号	定额名称	定额单位	数量	单价				合价			
				人工费	材料费	机械费	管理费和利润	人工费	材料费	机械费	管理费和利润
1-3	人工挖土方	100m³	0.01	946.6	—	—	246.56	9.47	—	—	2.47
人工单价			小计					9.47			2.47
43元/工日			未计价材料					—			
清单项目综合单价								11.93			

材料费明细	主要材料名称、规格、型号				单位	数量	单价（元）	合价（元）	暂估单价（元）	暂估合价（元）
	其他材料费						—		—	
	材料费小计						—		—	

综合单价分析表

表 5-11

第 4 页 共 38 页

工程名称：某中学食堂工程　　　　　　　　标段：

项目编码	010101004003	项目名称		挖基础土方		计量单位	m³	工程量	514.79

清单综合单价组成明细

定额编号	定额名称	定额单位	数量	单价				合价			
				人工费	材料费	机械费	管理费和利润	人工费	材料费	机械费	管理费和利润
1-3	人工挖土方	100m³	0.01	946.6	—	—	246.56	9.47	—	—	2.47
人工单价			小计					9.47			2.47
43元/工日			未计价材料					—			
清单项目综合单价								11.93			

材料费明细	主要材料名称、规格、型号				单位	数量	单价（元）	合价（元）	暂估单价（元）	暂估合价（元）
	其他材料费						—		—	
	材料费小计						—		—	

综合单价分析表

表 5-12

工程名称：某中学食堂工程　　　　　　标段：　　　　　　　　　　

项目编码	010103001001	项目名称		土方回填		计量单位	m³	工程量	522.29

清单综合单价组成明细

定额编号	定额名称	定额单位	数量	单价				合价			
				人工费	材料费	机械费	管理费和利润	人工费	材料费	机械费	管理费和利润
1-127	回填土	100m³	0.01	2201.47	17.48	49.43	732.12	22.01	0.17	0.49	7.32
人工单价			小计					22.01	0.17	0.49	7.32
43 元/工日			未计价材料					—			
清单项目综合单价								30.01			

	主要材料名称、规格、型号		单位	数量	单价（元）	合价（元）	暂估单价（元）	暂估合价（元）
材料费明细								
	其他材料费				1.00	0.17		
	材料费小计				—	0.17		

综合单价分析表

表 5-13

工程名称：某中学食堂工程　　　　　　标段：　　　　　　　　　　

项目编码	010103001002	项目名称		土方回填		计量单位	m³	工程量	629.03

清单综合单价组成明细

定额编号	定额名称	定额单位	数量	单价				合价			
				人工费	材料费	机械费	管理费和利润	人工费	材料费	机械费	管理费和利润
1-127	回填土	100m²	0.01	2201.47	17.48	49.43	732.12	22.01	0.17	0.49	7.32
人工单价			小计					22.01	0.17	0.49	7.32
43 元/工日			未计价材料					—			
清单项目综合单价								30.01			

	主要材料名称、规格、型号		单位	数量	单价（元）	合价（元）	暂估单价（元）	暂估合价（元）
材料费明细								
	其他材料费				1.00	0.17	—	
	材料费小计				—	0.17		

综合单价分析表

表5-14

工程名称：某中学食堂工程　　　　　　　　　　标段：　　　　　　　

项目编码	010402001001	项目名称	砌块墙	计量单位	m³	工程量	215.00

清单综合单价组成明细

定额编号	定额名称	定额单位	数量	单价				合价			
				人工费	材料费	机械费	管理费和利润	人工费	材料费	机械费	管理费和利润
3-58	加砌混凝土块墙	10m³	0.1	412.8	1546.64	4.95	147.14	41.28	154.66	0.50	14.71
人工单价		小计						41.28	154.66	0.50	14.71
43元/工日		未计价材料						—			
清单项目综合单价								211.15			

	主要材料名称、规格、型号	单位	数量	单价（元）	合价（元）	暂估单价（元）	暂估合价（元）
材料费明细	M5混合砂浆砌筑砂浆	m³	0.63	153.39	9.66		
	混凝土块加气	m³	9.63	145.00	139.64		
	水	m³	1.00	4.05	0.41		
	蒸养灰砂砖	千块	0.26	260.00	6.76		
	其他材料费			—		—	
	材料费小计			—	154.66	—	

综合单价分析表

表5-15

工程名称：某中学食堂工程　　　　　　　　　　标段：　　　　　　　

项目编码	010402001002	项目名称	砌块墙	计量单位	m³	工程量	117.75

清单综合单价组成明细

定额编号	定额名称	定额单位	数量	单价				合价			
				人工费	材料费	机械费	管理费和利润	人工费	材料费	机械费	管理费和利润
3-58	加砌混凝土块墙	10m³	0.1	412.8	1546.64	4.95	147.14	41.28	154.66	0.50	14.71
人工单价		小计						41.28	154.66	0.50	14.71
43元/工日		未计价材料						—			
清单项目综合单价								211.15			

	主要材料名称、规格、型号	单位	数量	单价（元）	合价（元）	暂估单价（元）	暂估合价（元）
材料费明细	M5混合砂浆砌筑砂浆	m³	0.63	153.39	9.66		
	混凝土块加气	m³	9.63	145.00	139.64		
	水	m³	1.00	4.05	0.41		
	蒸养灰砂砖	千块	0.26	260.00	6.76		
	其他材料费			—		—	
	材料费小计			—	154.66	—	

综合单价分析表

工程名称：某中学食堂工程　　　　　　标段：

表 5-16

第 9 页　共 38 页

| 项目编码 | 010401012001 | 项目名称 | | 砖烟道 | | 计量单位 | m³ | 工程量 | 0.57 |

清单综合单价组成明细

定额编号	定额名称	定额单位	数量	单价				合价			
				人工费	材料费	机械费	管理费和利润	人工费	材料费	机械费	管理费和利润
3-43	砖烟道	10m³	0.1	1140.79	2420.98	72.92	416.18	114.08	242.10	7.29	41.62
	人工单价			小计				114.08	242.10	7.29	41.62
	43元/工日			未计价材料				—			
	清单项目综合单价							405.09			

	主要材料名称、规格、型号	单位	数量	单价（元）	合价（元）	暂估单价（元）	暂估合价（元）
材料费明细	混合砂浆 M5 砌筑砂浆	m³	2.71	153.39	41.57		
	机砖 240×115×53	千块	6.09	280.00	170.52		
	水	m³	1.20	4.05	0.49		
	模板料	m³	0.23	1215.00	28.31		
	圆钉 70mm	kg	2.50	5.30	1.33		
	螺栓	kg	2.30	4.80	1.10		
	其他材料费			—		—	
	材料费小计			—	242.10	—	

综合单价分析表

工程名称：某中学食堂工程　　　　　　标段：

表 5-17

第 10 页　共 38 页

| 项目编码 | 010501003001 | 项目名称 | | 独立基础 | | 计量单位 | m³ | 工程量 | 152.05 |

清单综合单价组成明细

定额编号	定额名称	定额单位	数量	单价				合价			
				人工费	材料费	机械费	管理费和利润	人工费	材料费	机械费	管理费和利润
4-5	混凝土	10m³	0.1	363.35	1691.75	8.27	253.50	36.34	169.18	0.83	25.35
	人工单价			小计				36.34	169.18	0.83	25.35
	43元/工日			未计价材料				—			
	清单项目综合单价							231.69			

	主要材料名称、规格、型号	单位	数量	单价（元）	合价（元）	暂估单价（元）	暂估合价（元）
材料费明细	现浇混凝土粒径小于等于40(32.5水泥)，C15	m³	10.15	160.79	163.20		
	草袋	m²	4.20	3.50	1.47		
	水	m³	11.12	4.05	4.50		
	其他材料费			—		—	
	材料费小计			—	169.18	—	

综合单价分析表　　　　　　　　　　　　　　　　　　　　　表 5-18

工程名称：某中学食堂工程　　　　　　　标段：　　　　　　　

项目编码	010501001001	项目名称		垫层		计量单位	m³	工程量	43.25

清单综合单价组成明细

定额编号	定额名称	定额单位	数量	单价				合价			
				人工费	材料费	机械费	管理费和利润	人工费	材料费	机械费	管理费和利润
4-13	基础垫层混凝土	10m³	0.1	516.43	1603.12	8.38	360.30	51.64	160.31	0.84	36.03
人工单价			小计					51.64	160.31	0.84	36.03
43 元/工日			未计价材料					—			
清单项目综合单价								248.82			

	主要材料名称、规格、型号		单位	数量	单价（元）	合价（元）	暂估单价（元）	暂估合价（元）
材料费明细	现浇碎石混凝土粒径小于等于 40(32.5 水泥),C10		m³	10.10	156.72	158.29		
	水		m³	5.00	4.05	2.03		
	其他材料费					—		
	材料费小计				—	160.31	—	

综合单价分析表　　　　　　　　　　　　　　　　　　　　　表 5-19

工程名称：某中学食堂工程　　　　　　　标段：　　　　　　　

项目编码	010502001001	项目名称		矩形柱		计量单位	m³	工程量	70.20

清单综合单价组成明细

定额编号	定额名称	定额单位	数量	单价				合价			
				人工费	材料费	机械费	管理费和利润	人工费	材料费	机械费	管理费和利润
4-16 换	矩形柱	10m³	0.1	665.64	2215.881	13.43	674.22	66.56	221.59	1.34	67.42
人工单价			小计					66.56	221.59	1.34	67.42
43 元/工日			未计价材料					—			
清单项目综合单价								356.92			

	主要材料名称、规格、型号		单位	数量	单价（元）	合价（元）	暂估单价（元）	暂估合价（元）
材料费明细	现浇碎石混凝土粒径小于等于 40(32.5 水泥),C30		m³	10.15	214.07	217.28		
	水		m³	10.41	4.05	4.22		
	草袋		m²	0.26	3.50	0.09		
	其他材料费					—		
	材料费小计				—	221.59	—	

综合单价分析表

表 5-20

工程名称：某中学食堂工程　　　　　　标段：

| 项目编码 | 010502002001 | 项目名称 | 矩形柱 | 计量单位 | m³ | 工程量 | 3.37 |

清单综合单价组成明细

定额编号	定额名称	定额单位	数量	单价				合价			
				人工费	材料费	机械费	管理费和利润	人工费	材料费	机械费	管理费和利润
4-16	矩形柱	10m³	0.1	665.64	1778.42	13.43	674.22	66.56	177.84	1.34	67.42
人工单价			小计					66.56	177.84	1.34	67.42
43 元/工日			未计价材料					—			
清单项目综合单价								313.17			

	主要材料名称、规格、型号	单位	数量	单价（元）	合价（元）	暂估单价（元）	暂估合价（元）
材料费明细	现浇碎石混凝土粒径小于等于 40(32.5 水泥)，C20	m³	10.15	170.97	173.54		
	水	m³	10.41	4.05	4.22		
	草袋	m²	0.26	3.50	0.09		
	其他材料费			—		—	
	材料费小计			—	177.84	—	

综合单价分析表

表 5-21

工程名称：某中学食堂工程　　　　　　标段：

| 项目编码 | 010503001001 | 项目名称 | 基础梁 | 计量单位 | m³ | 工程量 | 33.41 |

清单综合单价组成明细

定额编号	定额名称	定额单位	数量	单价				合价			
				人工费	材料费	机械费	管理费和利润	人工费	材料费	机械费	管理费和利润
4-21 换	基础梁	10m³	0.1	377.54	2223.2	13.43	382.81	37.75	222.32	1.34	38.28
人工单价			小计					37.75	222.32	1.34	38.28
43 元/工日			未计价材料					—			
清单项目综合单价								299.70			

	主要材料名称、规格、型号	单位	数量	单价（元）	合价（元）	暂估单价（元）	暂估合价（元）
材料费明细	现浇碎石混凝土粒径小于等于 40(32.5 水泥)，C30	m³	10.15	214.07	217.28		
	水	m³	8.00	4.05	3.24		
	草袋	m²	5.14	3.50	1.80		
	其他材料费			—		—	
	材料费小计			—	222.32	—	

综合单价分析表

表 5-22

工程名称：某中学食堂工程　　　　　标段：

项目编码	010505001001	项目名称	有梁板	计量单位	m³	工程量	264.46

清单综合单价组成明细

定额编号	定额名称	定额单位	数量	单价				合价			
				人工费	材料费	机械费	管理费和利润	人工费	材料费	机械费	管理费和利润
4-34	有梁板	10m³	0.1	352.17	1863.45	13.43	357.90	35.22	186.35	1.34	35.79
人工单价			小计					35.22	186.35	1.34	35.79
43元/工日			未计价材料					—			
清单项目综合单价								258.70			

材料费明细	主要材料名称、规格、型号	单位	数量	单价(元)	合价(元)	暂估单价(元)	暂估合价(元)
	现浇碎石混凝土粒径小于等于40(32.5水泥),C20	m³	10.15	170.97	173.54		
	水	m³	16.42	4.05	6.65		
	草袋	m²	17.60	3.50	6.16		
	其他材料费			—	—		
	材料费小计			—	186.35		

综合单价分析表

表 5-23

工程名称：某中学食堂工程　　　　　标段：

项目编码	010505008001	项目名称	雨篷	计量单位	m³	工程量	2.15

清单综合单价组成明细

定额编号	定额名称	定额单位	数量	单价				合价			
				人工费	材料费	机械费	管理费和利润	人工费	材料费	机械费	管理费和利润
4-42	雨篷	10m³	0.1	915.04	1967.81	26.55	638.40	91.50	196.78	2.66	63.84
人工单价			小计					91.50	196.78	2.66	63.84
43元/工日			未计价材料					—			
清单项目综合单价								354.78			

材料费明细	主要材料名称、规格、型号	单位	数量	单价(元)	合价(元)	暂估单价(元)	暂估合价(元)
	现浇碎石混凝土粒径小于等于20(32.5水泥),C20	m³	10.15	178.25	180.92		
	水	m³	20.50	4.05	8.30		
	草袋	m²	21.58	3.50	7.55		
	其他材料费			—	—		
	材料费小计			—	196.78		

综合单价分析表

表 5-24

第 17 页 共 38 页

工程名称：某中学食堂工程　　　　　标段：

项目编码	010507005001	项目名称		压顶		计量单位	m³	工程量	13.74

清单综合单价组成明细

定额编号	定额名称	定额单位	数量	单价				合价			
				人工费	材料费	机械费	管理费和利润	人工费	材料费	机械费	管理费和利润
4-50	压顶	10m³	0.1	821.3	1938.35	21.48	573.00	82.13	193.84	2.15	57.30
人工单价			小计					82.13	193.84	2.15	57.30
43元/工日			未计价材料					—			
清单项目综合单价								335.41			

	主要材料名称、规格、型号	单位	数量	单价(元)	合价(元)	暂估单价(元)	暂估合价(元)
材料费明细	现浇碎石混凝土粒径小于等于20(32.5水泥),C20	m³	10.15	170.97	173.54		
	水	m³	26.36	4.05	10.68		
	草袋	m²	27.50	3.50	9.63		
	其他材料费			—			
	材料费小计			—	193.84		

综合单价分析表

表 5-25

第 18 页 共 38 页

工程名称：某中学食堂工程　　　　　标段：

项目编码	010507001001	项目名称		散水、坡道		计量单位	m³	工程量	30.00

清单综合单价组成明细

定额编号	定额名称	定额单位	数量	单价				合价			
				人工费	材料费	机械费	管理费和利润	人工费	材料费	机械费	管理费和利润
4-54	零星构件	10m³	0.1	423.55	2184.53	21.48	295.50	42.36	218.45	2.15	29.55
人工单价			小计					42.36	218.45	2.15	29.55
43元/工日			未计价材料					—			
清单项目综合单价								292.51			

	主要材料名称、规格、型号	单位	数量	单价(元)	合价(元)	暂估单价(元)	暂估合价(元)
材料费明细	现浇碎石混凝土粒径小于等于20(32.5水泥),C20	m³	10.15	178.25	180.92		
	水	m³	44.77	4.05	18.13		
	草袋	m²	55.42	3.50	19.40		
	其他材料费			—			
	材料费小计			—	218.45		

综合单价分析表

表 5-26

工程名称：某中学食堂工程　　　　　　　标段：

项目编码	010507001002	项目名称	散水、坡道	计量单位	m³	工程量	148.05

清单综合单价组成明细

定额编号	定额名称	定额单位	数量	单价				合价			
				人工费	材料费	机械费	管理费和利润	人工费	材料费	机械费	管理费和利润
2-54 换	零星构件	10m³	0.1	423.55	2007.31	21.48	295.50	42.36	200.73	2.15	29.55
人工单价			小计					42.36	200.73	2.15	29.55
43 元/工日			未计价材料					—			
清单项目综合单价								274.78			

	主要材料名称、规格、型号	单位	数量	单价（元）	合价（元）	暂估单价（元）	暂估合价（元）
材料费明细	现浇碎石混凝土粒径小于等于 40(32.5 水泥)，C15	m³	10.15	160.79	163.20		
	水	m³	44.77	4.05	18.13		
	草袋	m²	55.42	3.50	19.40		
	其他材料费			—			
	材料费小计			—	200.73		

综合单价分析表

表 5-27

工程名称：某中学食堂工程　　　　　　　标段：

项目编码	010507004001	项目名称	台阶	计量单位	m²	工程量	19.32

清单综合单价组成明细

定额编号	定额名称	定额单位	数量	单价				合价			
				人工费	材料费	机械费	管理费和利润	人工费	材料费	机械费	管理费和利润
4-59	台阶	10m²	0.1	116.53	275.04	3.54	81.30	11.65	27.50	0.35	8.13
人工单价			小计					11.65	27.50	0.35	8.13
43 元/工日			未计价材料					—			
清单项目综合单价								47.64			

	主要材料名称、规格、型号	单位	数量	单价（元）	合价（元）	暂估单价（元）	暂估合价（元）
材料费明细	现浇碎石混凝土粒径小于等于 40(32.5 水泥)，C20	m³	1.67	156.72	26.09		
	水	m³	1.58	4.05	0.64		
	草袋	m²	2.20	3.50	0.77		
	其他材料费			—			
	材料费小计			—	27.50		

综合单价分析表

表 5-28

工程名称：某中学食堂工程　　　　标段：　　　　　

| 项目编码 | 010515001001 | 项目名称 | | 现浇钢筋混凝土钢筋 | | 计量单位 | t | 工程量 | 11.617 |

清单综合单价组成明细

定额编号	定额名称	定额单位	数量	单价				合价			
				人工费	材料费	机械费	管理费和利润	人工费	材料费	机械费	管理费和利润
4-168	Ⅰ级钢筋	t	1	443.76	3392.33	26.25	310.53	443.76	3392.33	26.25	310.53
人工单价		小计						443.76	3392.33	26.25	310.53
43元/工日		未计价材料						—			
清单项目综合单价								4172.87			

	主要材料名称、规格、型号	单位	数量	单价(元)	合价(元)	暂估单价(元)	暂估合价(元)
材料费明细	钢筋直径10以内Ⅰ级	t	1.03	3250.00	3347.50		
	镀锌铁丝22号	kg	7.29	6.00	43.74		
	其他材料费			1.00	1.09	—	
	材料费小计			—	3392.33	—	

综合单价分析表

表 5-29

工程名称：某中学食堂工程　　　　标段：　　　　　

| 项目编码 | 010515001002 | 项目名称 | | 现浇钢筋混凝土钢筋 | | 计量单位 | t | 工程量 | 50.492 |

清单综合单价组成明细

定额编号	定额名称	定额单位	数量	单价				合价			
				人工费	材料费	机械费	管理费和利润	人工费	材料费	机械费	管理费和利润
4-171	Ⅰ级钢筋	t	1	291.11	3741.17	50.09	279.01	291.11	3741.17	50.09	279.01
人工单价		小计						291.11	3741.17	50.09	279.01
43元/工日		未计价材料						—			
清单项目综合单价								4361.38			

	主要材料名称、规格、型号	单位	数量	单价(元)	合价(元)	暂估单价(元)	暂估合价(元)
材料费明细	钢筋三级	t	1.03	3600.00	3708.00		
	镀锌铁丝22号	kg	2.68	6.00	16.08		
	电焊条(综合)	kg	4.00	4.00	16.00		
	其他材料费			1.00	1.09	—	
	材料费小计			—	3741.17		

综合单价分析表

表 5-30

工程名称：某中学食堂工程 标段：

项目编码	010803001001	项目名称			金属卷帘门		计量单位	m²	工程量	9.6

清单综合单价组成明细

定额编号	定额名称	定额单位	数量	单价				合价			
				人工费	材料费	机械费	管理费和利润	人工费	材料费	机械费	管理费和利润
4-22	成品卷砸门安装	100m²	0.01	3722.94	27879.84	111.65	2205.75	37.23	278.80	1.12	22.06
人工单价			小计					37.23	278.80	1.12	22.06
43 元/工日			未计价材料					—			
清单项目综合单价								339.20			

材料费明细	主要材料名称、规格、型号		单位	数量	单价（元）	合价（元）	暂估单价（元）	暂估合价（元）
	铝合金卷帘门		m²	136.00	200.00	272.00		
	连接固定件		kg	28.80	4.50	1.30		
	金属胀锚螺栓		套	530.00	1.00	5.30		
	电焊条(综合)		kg	5.06	4.00	0.20		
	其他材料费				—		—	
	材料费小计				—	278.80	—	

综合单价分析表

表 5-31

工程名称：某中学食堂工程 标段：

项目编码	010803001002	项目名称			金属卷帘门		计量单位	m²	工程量	14.4

清单综合单价组成明细

定额编号	定额名称	定额单位	数量	单价				合价			
				人工费	材料费	机械费	管理费和利润	人工费	材料费	机械费	管理费和利润
4-22	成品卷砸门安装	100m²	0.01	3722.94	27879.84	111.65	2205.75	37.23	278.80	1.12	22.06
人工单价			小计					37.23	278.80	1.12	22.06
43 元/工日			未计价材料					—			
清单项目综合单价								339.20			

材料费明细	主要材料名称、规格、型号		单位	数量	单价（元）	合价（元）	暂估单价（元）	暂估合价（元）
	铝合金卷帘门		m²	136.00	200.00	272.00		
	连接固定件		kg	28.80	4.50	1.30		
	金属胀锚螺栓		套	530.00	1.00	5.30		
	电焊条(综合)		kg	5.06	4.00	0.20		
	其他材料费				—		—	
	材料费小计				—	278.80	—	

综合单价分析表   表 5-32

工程名称：某中学食堂工程   标段：   第 25 页　共 38 页

| 项目编码 | 010801001001 | 项目名称 | | 胶合板门 | | 计量单位 | m² | 工程量 | 9.45 |

清单综合单价组成明细

定额编号	定额名称	定额单位	数量	单价				合价			
				人工费	材料费	机械费	管理费和利润	人工费	材料费	机械费	管理费和利润
4-1	普通木门	100m²	0.01	1409.97	15171.76	96.77	826.31	14.10	151.72	0.97	8.26
人工单价		小计						14.10	151.72	0.97	8.26
43元/工日		未计价材料						—			
清单项目综合单价								175.05			

	主要材料名称、规格、型号				单位	数量	单价(元)	合价(元)	暂估单价(元)	暂估合价(元)
材料费明细	板方木材综合规格				m³	2.08	1550.00	32.26		
	木材干燥费				m³	2.08	59.38	1.24		
	木门扇　成品				m²	86.60	125.00	108.25		
	麻刀石灰浆				m³	0.24	119.42	0.28		
	板方木材综合规格				m³	0.30	1550.00	4.59		
	小五金费				元	301.84	1.00	3.02		
	其他材料费						1.00	2.09		
	材料费小计						—	151.72	—	

综合单价分析表   表 5-33

工程名称：某中学食堂工程   标段：   第 26 页　共 38 页

| 项目编码 | 010801001002 | 项目名称 | | 胶合板门 | | 计量单位 | m² | 工程量 | 2.1 |

清单综合单价组成明细

定额编号	定额名称	定额单位	数量	单价				合价			
				人工费	材料费	机械费	管理费和利润	人工费	材料费	机械费	管理费和利润
4-1	普通木门	100m²	0.01	1409.97	15171.76	96.77	826.31	14.10	151.72	0.97	8.26
人工单价		小计						14.10	151.72	0.97	8.26
43元/工日		未计价材料						—			
清单项目综合单价								175.05			

	主要材料名称、规格、型号				单位	数量	单价(元)	合价(元)	暂估单价(元)	暂估合价(元)
材料费明细	板方木材综合规格				m³	2.08	1550.00	32.26		
	木材干燥费				m³	2.08	59.38	1.24		
	木门扇　成品				m²	86.60	125.00	108.25		
	麻刀石灰浆				m³	0.24	119.42	0.28		
	板方木材综合规格				m³	0.30	1550.00	4.59		
	小五金费				元	301.84	1.00	3.02		
	其他材料费						1.00	2.09	—	
	材料费小计						—	151.72		

综合单价分析表

表 5-34

工程名称：某中学食堂工程　　　　　标段：

项目编码	010801001003	项目名称		胶合板门		计量单位	m^2	工程量	7.2

清单综合单价组成明细

定额编号	定额名称	定额单位	数量	单价				合价			
				人工费	材料费	机械费	管理费和利润	人工费	材料费	机械费	管理费和利润
4-1	普通木门	100m^2	0.01	1409.97	15171.76	96.77	826.31	14.10	151.72	0.97	8.26
人工单价			小计					14.10	151.72	0.97	8.26
43元/工日			未计价材料					—			
清单项目综合单价								175.05			

	主要材料名称、规格、型号	单位	数量	单价（元）	合价（元）	暂估单价（元）	暂估合价（元）
材料费明细	板方木材综合规格	m^3	2.08	1550.00	32.26		
	木材干燥费	m^3	2.08	59.38	1.24		
	木门扇　成品	m^2	86.60	125.00	108.25		
	麻刀石灰浆	m^3	0.24	119.42	0.28		
	板方木材综合规格	m^3	0.30	1550.00	4.59		
	小五金费	元	301.84	1.00	3.02		
	其他材料费			1.00	2.09	—	
	材料费小计			—	151.72	—	

综合单价分析表

表 5-35

工程名称：某中学食堂工程　　　　　标段：

项目编码	010801001004	项目名称		胶合板门		计量单位	m^2	工程量	7.20

清单综合单价组成明细

定额编号	定额名称	定额单位	数量	单价				合价			
				人工费	材料费	机械费	管理费和利润	人工费	材料费	机械费	管理费和利润
4-1	普通木门	100m^2	0.01	1409.97	15171.76	96.77	826.31	14.10	151.72	0.97	8.26
人工单价			小计					14.10	151.72	0.97	8.26
43元/工日			未计价材料					—			
清单项目综合单价								175.05			

	主要材料名称、规格、型号	单位	数量	单价（元）	合价（元）	暂估单价（元）	暂估合价（元）
材料费明细	板方木材综合规格	m^3	2.08	1550.00	32.26		
	木材干燥费	m^3	2.08	59.38	1.24		
	木门扇成品	m^2	86.60	125.00	108.25		
	麻刀石灰浆	m^3	0.24	119.42	0.28		
	板方木材综合规格	m^3	0.30	1550.00	4.59		
	小五金费	元	301.84	1.00	3.02		
	其他材料费			1.00	2.09	—	
	材料费小计			—	151.72	—	

综合单价分析表

表 5-36

工程名称：某中学食堂工程　　　　　　标段：

| 项目编码 | 010807001001 | 项目名称 | | 金属推拉窗 | | | 计量单位 | m^2 | 工程量 | 43.20 |

清单综合单价组成明细

定额编号	定额名称	定额单位	数量	单价				合价			
				人工费	材料费	机械费	管理费和利润	人工费	材料费	机械费	管理费和利润
4-53	推拉窗	100m^2	0.01	967.5	18470.99	62.95	567.00	9.68	184.71	0.63	5.67
人工单价			小计					9.68	184.71	0.63	5.67
43 元/工日			未计价材料					—			
清单项目综合单价								200.68			

材料费明细	主要材料名称、规格、型号	单位	数量	单价（元）	合价（元）	暂估单价（元）	暂估合价（元）
	铝合金推拉窗（含玻璃、配件）	m^2	94.64	190.00	179.82		
	密封油膏	kg	36.67	2.00	0.73		
	软填料	kg	39.75	9.80	3.90		
	其他材料费			1.00	0.27	—	
	材料费小计			—	184.71	—	

综合单价分析表

表 5-37

工程名称：某中学食堂工程　　　　　　标段：

| 项目编码 | 010807001002 | 项目名称 | | 金属推拉窗 | | | 计量单位 | m^2 | 工程量 | 19.44 |

清单综合单价组成明细

定额编号	定额名称	定额单位	数量	单价				合价			
				人工费	材料费	机械费	管理费和利润	人工费	材料费	机械费	管理费和利润
4-53	推拉窗	100m^2	0.01	967.5	18470.99	62.95	567.00	9.68	184.71	0.63	5.67
人工单价			小计					9.68	184.71	0.63	5.67
43 元/工日			未计价材料					—			
清单项目综合单价								200.68			

材料费明细	主要材料名称、规格、型号	单位	数量	单价（元）	合价（元）	暂估单价（元）	暂估合价（元）
	铝合金推拉窗（含玻璃、配件）	m^2	94.64	190.00	179.82		
	密封油膏	kg	36.67	2.00	0.73		
	软填料	kg	39.75	9.80	3.90		
	其他材料费			1.00	0.27	—	
	材料费小计			—	184.71	—	

综合单价分析表　　　　　　　　　　　　　**表 5-38**

工程名称：某中学食堂工程　　　　　　标段：　　　　　　第 31 页　共 38 页

项目编码	010807001003	项目名称		金属推拉窗		计量单位	m²	工程量	32.4

清单综合单价组成明细

定额编号	定额名称	定额单位	数量	单价				合价			
				人工费	材料费	机械费	管理费和利润	人工费	材料费	机械费	管理费和利润
4-53	推拉窗	100m²	0.01	967.5	18470.99	62.95	567.00	9.68	184.71	0.63	5.67
人工单价			小计					9.68	184.71	0.63	5.67
43 元/工日			未计价材料					—			
清单项目综合单价								200.68			

材料费明细	主要材料名称、规格、型号	单位	数量	单价（元）	合价（元）	暂估单价（元）	暂估合价（元）
	铝合金推拉窗（含玻璃、配件）	m²	94.64	190.00	179.82		
	密封油膏	kg	36.67	2.00	0.73		
	软填料	kg	39.75	9.80	3.90		
	其他材料费			1.00	0.27	—	
	材料费小计			—	184.71	—	

综合单价分析表　　　　　　　　　　　　　**表 5-39**

工程名称：某中学食堂工程　　　　　　标段：　　　　　　第 32 页　共 38 页

项目编码	010807001004	项目名称		金属推拉窗		计量单位	m²	工程量	1.62

清单综合单价组成明细

定额编号	定额名称	定额单位	数量	单价				合价			
				人工费	材料费	机械费	管理费和利润	人工费	材料费	机械费	管理费和利润
4-53	推拉窗	100m²	0.01	967.5	18470.99	62.95	567.00	9.68	184.71	0.63	5.67
人工单价			小计					9.68	184.71	0.63	5.67
43 元/工日			未计价材料					—			
清单项目综合单价								200.68			

材料费明细	主要材料名称、规格、型号	单位	数量	单价（元）	合价（元）	暂估单价（元）	暂估合价（元）
	铝合金推拉窗（含玻璃、配件）	m²	94.64	190.00	179.82		
	密封油膏	kg	36.67	2.00	0.73		
	软填料	kg	39.75	9.80	3.90		
	其他材料费			1.00	0.27	—	
	材料费小计			—	184.71	—	

综合单价分析表

表 5-40

工程名称：某中学食堂工程　　　　　　　　标段：

项目编码	010807001005	项目名称		金属推拉窗		计量单位		m²	工程量		54

清单综合单价组成明细

定额编号	定额名称	定额单位	数量	单价				合价			
				人工费	材料费	机械费	管理费和利润	人工费	材料费	机械费	管理费和利润
4-53	推拉窗	100m²	0.01	967.5	18470.99	62.95	567.00	9.68	184.71	0.63	5.67
人工单价		小计						9.68	184.71	0.63	5.67
43元/工日		未计价材料									
清单项目综合单价								200.68			

材料费明细	主要材料名称、规格、型号	单位	数量	单价（元）	合价（元）	暂估单价（元）	暂估合价（元）
	铝合金推拉窗（含玻璃、配件）	m²	94.64	190.00	179.82		
	密封油膏	kg	36.67	2.00	0.73		
	软填料	kg	39.75	9.80	3.90		
	其他材料费			1.00	0.27	—	
	材料费小计			—	184.71		

综合单价分析表

表 5-41

工程名称：某中学食堂工程　　　　　　　　标段：

项目编码	010902001001	项目名称		屋面卷材防水		计量单位		m²	工程量		1513.91

清单综合单价组成明细

定额编号	定额名称	定额单位	数量	单价				合价			
				人工费	材料费	机械费	管理费和利润	人工费	材料费	机械费	管理费和利润
7-36	屋面高聚物改性沥青	100m²	0.01	234.78	4061.58	—	150.70	2.35	40.62	—	1.51
人工单价		小计						2.35	40.62	—	1.51
43元/工日		未计价材料						—			
清单项目综合单价								44.47			

材料费明细	主要材料名称、规格、型号	单位	数量	单价（元）	合价（元）	暂估单价（元）	暂估合价（元）
	高聚物改性沥青卷材 3mm	m²	111.50	26.00	28.99		
	高聚物改性沥青卷材 2mm	m²	11.00	20.00	2.20		
	改性沥青基层处理剂	kg	30.00	5.00	1.50		
	改性沥青基层粘结剂	kg	55.75	10.00	5.58		
	石油液化气	kg	24.00	9.00	2.16		
	其他材料费			1.00	0.19	—	
	材料费小计			—	40.62		

综合单价分析表

表 5-42

工程名称：某中学食堂工程　　　　　标段：　　　　　第 35 页　共 38 页

| 项目编码 | 010902004001 | 项目名称 | | 屋面排水管 | | 计量单位 | m | 工程量 | 59.40 |

清单综合单价组成明细

定额编号	定额名称	定额单位	数量	单价				合价			
				人工费	材料费	机械费	管理费和利润	人工费	材料费	机械费	管理费和利润
7-96	铸铁水落管	10m	0.1	150.93	413.04	—	96.88	15.09	41.30	—	9.69
人工单价			小计					15.09	41.30	—	9.69
43元/工日			未计价材料					—			
清单项目综合单价								66.09			

材料费明细	主要材料名称、规格、型号	单位	数量	单价（元）	合价（元）	暂估单价（元）	暂估合价（元）
	铸铁污水管一级100	m	10.70	35.00	37.45		
	水泥32.5	t	0.01	280.00	0.36		
	铁件	kg	5.67	5.20	2.95		
	石油沥青30号	kg	0.44	3.45	0.15		
	麻丝	kg	0.12	6.00	0.07		
	其他材料费			1.00	0.32		
	材料费小计			—	41.30		

综合单价分析表

表 5-43

工程名称：某中学食堂工程　　　　　标段：　　　　　第 36 页　共 38 页

| 项目编码 | 010902004002 | 项目名称 | | 屋面排水管 | | 计量单位 | 套 | 工程量 | 12 |

清单综合单价组成明细

定额编号	定额名称	定额单位	数量	单价				合价			
				人工费	材料费	机械费	管理费和利润	人工费	材料费	机械费	管理费和利润
7-98	铸铁	10个	0.1	186.19	396.38	—	119.51	18.62	39.64	—	11.95
人工单价			小计					18.62	39.64	—	11.95
43元/工日			未计价材料					—			
清单项目综合单价								70.21			

材料费明细	主要材料名称、规格、型号	单位	数量	单价（元）	合价（元）	暂估单价（元）	暂估合价（元）
	铸铁弯头336×200	个	10.10	27.00	27.27		
	铸铁算子板460×280×10	个	10.10	11.00	11.11		
	铁件	kg	2.42	5.20	1.26		
	其他材料费			—			
	材料费小计			—	39.64		

综合单价分析表

表 5-44

工程名称：某中学食堂工程　　　　　　标段：　　　　　　　

项目编码	011001003001	项目名称		保温隔热墙		计量单位	m²	工程量	695.34

清单综合单价组成明细

定额编号	定额名称	定额单位	数量	单价				合价			
				人工费	材料费	机械费	管理费和利润	人工费	材料费	机械费	管理费和利润
8-195	附墙铺贴	100m²	0.01	817.43	8043.96	—	473.35	8.17	80.44	—	4.73
人工单价			小计					8.17	80.44	—	4.73
43 元/工日			未计价材料					—			
清单项目综合单价								93.35			

材料费明细	主要材料名称、规格、型号	单位	数量	单价（元）	合价（元）	暂估单价（元）	暂估合价（元）
	软木板 100×500×50	m³	5.25	1200.00	63.00		
	石油沥青 30 号	kg	472.18	3.45	16.29		
	圆钉 70mm		0.1	0.10	5.30	0.01	
	木柴	kg	217.20	0.50	1.09		
	其他材料费			1.00	0.06	—	
	材料费小计			—	80.44		

综合单价分析表

表 5-45

工程名称：某中学食堂工程　　　　　　标段：　　　　　　　

项目编码	010503005001	项目名称		过梁		计量单位	m³	工程量	8.85

清单综合单价组成明细

定额编号	定额名称	定额单位	数量	单价				合价			
				人工费	材料费	机械费	管理费和利润	人工费	材料费	机械费	管理费和利润
4-26	过梁	10m³	0.1	842.37	1831.13	13.43	340.86	84.24	183.11	1.34	34.09
人工单价			小计					84.24	183.11	1.34	34.09
43 元/工日			未计价材料					—			
清单项目综合单价								302.78			

材料费明细	主要材料名称、规格、型号	单位	数量	单价（元）	合价（元）	暂估单价（元）	暂估合价（元）
	现浇碎石混凝土粒径小于等于 40(32.5 水泥)，C20	m³	10.15	170.97	173.54		
	水	m³	12.84	4.05	5.20		
	草袋	m²	12.51	3.50	4.38		
	其他材料费			—			
	材料费小计			—	183.11		

5.5　某中学食堂建筑工程招标工程量清单编制

招标工程量清单是招标人依据国家标准、招标文件、设计文件以及施工现场实际情况编制的，随招标文件发布供投标人投标报价的工程量清单，主要有总说明、分部分项工程和单价措施项目清单与计价表、总价措施项目清单与计价表、其他项目计价表、规费、税金项目计价表等。

1. 招标工程量清单封面

某中学食堂工程

招标工程量清单

招标人：<u>招标单位专用章</u>
　　　　　（单位盖章）

造价咨询人：<u>造价工程师或造价员专用章</u>
　　　　　　　　（单位盖章）

年　　　月　　　日

2. 招标工程量清单扉页

某中学食堂工程

招标工程量清单

招标人：<u>某中学</u>　　　　　　　　　　造价咨询人：<u>×××</u>
　　　　（单位盖章）　　　　　　　　　　　　　　　（单位资质专用章）

法定代表人　<u>×××</u>　　　　　　　　　法定代表人　<u>×××</u>
或其授权人：（签字或盖章）　　　　　　或其授权人：（签字或盖章）

编制人：<u>×××</u>　　　　　　　　　　　复核人：<u>×××</u>
　　　　（造价人员签字盖专用章）　　　　　　　　（造价工程师签字盖专用章）

编制时间：××××年××月××日　　　　复核时间：××××年××月××日

3. 总说明

总 说 明

工程名称：

> 1. 工程概况：
> 　　本工程为某中学食堂，结构类型为框架结构，最大柱距为 8m，耐火等级为一级，地震设防烈度为八度，总建筑面积为 1473.11m²。室内设计绝对标高为±0.000，建筑地上一层，室内外高差 0.45m，设计耐久年限为 50 年。所有的墙均采用 240mm 空心砖墙，砌筑砂浆均采用 M7.5 水泥砂浆。

分部分项工程量清单与计价表　　　　　表 5-46

序号	项目编码	项目名称	项目特征描述	计量单位	工程量	综合单价	合价	其中：暂估价
1	010101001001	平整场地	Ⅱ类土，以挖作填	m²	1473.11	4.64	6835.23	
2	010101002001	挖基础土方	Ⅱ类土，人工挖土，挖深 1.6m 垫层宽 2.2m，厚 100mm，J-1	m³	126.22	11.93	1503.18	
3	010101002002	挖基础土方	Ⅱ类土，人工挖土，挖深 1.6m 垫层宽 2.6m，厚 100mm，J-2	m³	82.43	11.93	983.39	
4	010101002003	挖基础土方	Ⅱ类土，人工挖土，挖深 1.6m 垫层宽 3.2m，厚 100mm，J-3	m³	514.79	11.93	6141.44	
5	010103001001	土方回填	普通土，夯填，以挖作填，夯填，基础回填土	m³	522.29	30.01	15673.92	
6	010103001002	土方回填	普通土，夯填，以挖作填，夯填，房心回填土	m³	629.03	30.01	18877.19	
7	010402001001	砌块墙	外墙，240mm 厚砌块，M5 混合砂浆砌筑，混水不勾缝	m³	215.00	211.15	45397.25	
8	010402001002	砌块墙	内墙，240mm 厚砌块，M5 混合砂浆砌筑，混水不勾缝	m³	117.75	211.15	24862.91	
9	010401005001	砖烟道	600mm×600mm，高 2m，M5 混合砂浆砌筑，不勾缝，机砖	m³	0.57	405.09	230.9013	
10	010502001001	独立基础	C30 混凝土	m³	152.05	231.69	35228.465	
11	010401006001	垫层	C10 混凝土垫层，厚度 100mm	m³	43.25	248.22	10735.515	
12	010402001001	矩形柱	C30 混凝土矩形柱，500mm×500mm，自基础顶面到楼顶地面，混凝土现场拌制	m³	70.2	356.92	25055.784	
13	010402001002	矩形柱	C20 混凝土构造柱，240mm×360mm，自楼层顶面到女儿墙顶面，混凝土现场拌制	m³	3.37	313.17	1055.383	
14	010503001001	基础梁	梁底标高－0.400，梁截面 300mm×400mm，C30 混凝土良好和易性和强度	m³	33.41	299.7	10012.977	

序号	项目编码	项目名称	项目特征描述	计量单位	工程量	金额(元)		
						综合单价	合价	其中:暂估价
15	010505001001	有梁板	板厚 120mm,C20 混凝土强度等级,良好和易性和强度,板底标高 4.380m	m³	264.46	258.7	68415.802	
16	010503005001	过梁	门窗过梁,高 300mm,宽 240mm		8.85	302.78	2679.603	
17	010505008001	雨篷	C20 混凝土,良好和易性和强度	m³	2.15	354.78	762.777	
18	010507007001	其他构件	C20 现浇混凝土女儿墙压顶,高 0.24m,宽 0.24m	m³	13.74	335.41	4608.533	
19	010507004001	台阶	C10 混凝土台阶,良好和易性和强度,底层夯实,三七灰土垫层	m³	19.32	47.64	920.405	
20	010507001001	散水、坡道	坡道,宽 1.5m,三七灰土垫层,C20 混凝土	m³	30	292.15	8764.5	
21	010507001002	散水、坡道	散水,宽 900mm,三七灰土垫层,C15 混凝土	m³	48.05	274.78	40681.179	
22	010515001001	现浇钢筋混凝土钢筋	10 以内钢筋	t	11.617	4172.87	48476.23	
23	010515001002	现浇钢筋混凝土钢筋	10 以外钢筋	t	50.492	4361.38	220214.80	
24	010803001001	金属卷帘门	4000mm×2400mm,铝合金,带纱刷调和漆两遍	m²	9.6	339.2	3256.32	
25	010803001002	金属卷帘门	3000mm×2400mm,铝合金,带纱刷调和漆两遍	m²	14.4	339.2	4884.48	
26	010801001001	胶合板门	900mm×2100mm,带纱刷调和漆两遍	m²	9.45	175.05	1654.223	
27	010801001002	胶合板门	1000mm×2100mm,带纱刷调和漆两遍	m²	2.1	175.05	367.605	
28	010801001003	胶合板门	1500mm×2400mm,带纱刷调和漆两遍	m²	7.2	175.05	1260.36	
29	010801001004	胶合板门	3000mm×2400mm,带纱刷调和漆两遍	m²	7.2	175.05	1260.36	
30	010807001001	金属推拉窗	3000mm×1800mm,装 5mm 厚双层平板玻璃	m²	43.2	200.68	8669.376	
31	010807001002	金属推拉窗	2700mm×1800mm,装 5mm 厚双层平板玻璃	m²	19.44	200.68	3901.219	
32	010807001003	金属推拉窗	3000mm×1800mm,装 5mm 厚双层平板玻璃	m²	32.4	200.68	6502.032	
33	010807001004	金属推拉窗	900mm×900mm,装 5mm 厚双层平板玻璃	m²	1.62	200.68	325.1016	
34	010807001005	金属推拉窗	7500mm×1800mm,装 5mm 厚双层平板玻璃	m²	54	200.68	10836.72	

序号	项目编码	项目名称	项目特征描述	计量单位	工程量	金额（元）		
						综合单价	合价	其中：暂估价
35	010902001001	屋面卷材防水	1：3 水泥砂浆找平，采用高聚物改性沥青卷材	m²	1513.91	44.47	67323.578	
36	010902004001	屋面排水管	直径 100 铸铁水落管，铸铁管弯头出水口，塑料雨水斗	m	59.4	66.09	3925.746	
37	010902004002	屋面排水管	铸铁弯头出水口，塑料雨水斗	套	12	70.21	842.52	
38	011001003001	保温隔热墙	外抹 3mm 厚复合硅酸盐保温材料	m²	695.34	93.35	64909.989	
		总计					778036.46	

总价措施项目清单与计价表　　　　　　　　　　　　　　　　　表 5-47

工程名称：　　　　　　　　　　　　　标段：　　　　　　　　　　　　　第 页 共 页

序号	项目编码	项目名称	计算基础	费率（%）	金额（元）	调整费率（%）	调整后金额（元）	备注
1		安全文明施工费						
2		夜间施工增加费						
3		二次搬运费						
4		冬雨期施工增加费						
5		已完工程及设备保护费						
		合计						

编制人（造价人员）：　　　　　　　　　　　　复核人（造价工程师）：

注：1. "计算基础"中安全文明施工费可为"定额基价"、"定额人工费"或"定额人工费＋定额机械费"，其他项目可为"定额人工费"或"定额人工费＋定额机械费"。

　　2. 按施工方案计算的措施费，若无"计算基础"和"费率"的数值，也可只填"金额"数值，但应在备注栏说明施工方案出处或计算方法。

其他项目清单与计价汇总表　　　　　　　　　　　　　　　　　表 5-48

工程名称：　　　　　　　　　　　　　标段：　　　　　　　　　　　　　第 页 共 页

序号	项目名称	金额（元）	结算金额（元）	备注
1	暂列金额	77803.65		一般按分部分项的 10%
2	暂估价			
2.1	材料（工程设备）暂估价/结算价	—		
2.2	专业工程暂估价/结算价			
3	计日工			
4	总承包服务费			
5	索赔与现场签证	—		
	合计		—	

注：材料（工程设备）暂估单价进入清单项目综合单价，此处不汇总。

暂列金额明细表　　　　　　　　　　　　　　　　　　表 5-49

工程名称：　　　　　　　　标段：　　　　　　　　第 页 共 页

序号	项目名称	金额(元)	结算金额(元)	备注
1	暂列金额	77803.65		一般按分部分项的 10%
2				
3				
4				
5				
6				
7				
8				
9				
10				
11				
	合计		—	

注：此表由招标人填写，如不能详列，也可只列暂定金额总额，投标人应将上述暂列金额计入投标总价中。

材料（工程设备）暂估单价及调整表　　　　　　　表 5-50

工程名称：　　　　　　　　标段：　　　　　　　　第 页 共 页

序号	材料（工程设备）名称、规格、型号	计量单位	数量		暂估(元)		确认(元)		差额±(元)		备注
			暂估	确认	单价	合价	单价	合价	单价	合价	
	合计										

注：此表由招标人填写"暂估单价"，并在备注栏说明暂估价的材料、工程设备拟用在那些清单项目上，投标人
　　应将上述材料、工程设备暂估单价计入工程量清单综合单价报价中。

专业工程暂估价及结算价表　　　　　　　　　　　表 5-51

工程名称：　　　　　　　　标段：　　　　　　　　第 页 共 页

序号	工程名称	工程内容	暂估金额(元)	结算金额(元)	差额±(元)	备注
1	某中学食堂		10000			
	合计					

注：此表"暂估金额"由招标人填写，投标人应将"暂估金额"计入投标总价中。结算时按合同约定结算金额填写。

计日工表

表 5-52

工程名称：　　　　　　　　　　标段：　　　　　　　　　　　　　第　页　共　页

编号	项目名称	单位	暂定数量	实际数量（元）	综合单价（元）	合价（元）	
						暂定	实际
一	人工						
1	普工	工日	100		60	6000	
2	技工	工日	60		100	6000	
3							
4							
	人 工 小 计						
二	材料						
1							
2							
3							
4							
5							
6							
	材 料 小 计						
三	施工机械						
1							
2							
3							
4							
	施 工 机 械 小 计						
	四、企业管理费和利润						
	总　　　计						

注：此表项目名称、暂定数量由招标人填写，编制招标控制价时，单价由招标人按有关计价规定确定；投标时，单价由投标人自主报价，按暂定数量计算合价计入投标总价中。结算时，按发承包双方确认的实际数量计算合价。

总承包服务费计价表

表 5-53

工程名称：　　　　　　　　　　标段：　　　　　　　　　　　　　第　页　共　页

序号	项目名称	项目价值（元）	服务内容	计算基础	费率（%）	金额（元）
1	发包人发包专业工程					
2	发包人提供材料					
	合　　　计	—		—		—

注：此表项目名称、服务内容由招标人填写，编制招标控制价时，费率及金额由招标人按有关计价规定确定；投标时，费率及金额由投标人自主报价，计入投标总价中。

规费、税金项目计价表

表 5-54

工程名称：　　　　　　　　　　标段：　　　　　　　　　　　　第　页　共　页

序号	项目名称	计算基础	计算基数	计算费率(%)	金额(元)
1	规费	定额人工费			
1.1	社会保险费	定额人工费			
(1)	养老保险费	定额人工费			
(2)	失业保险费	定额人工费			
(3)	医疗保险费	定额人工费			
(4)	工伤保险费	定额人工费			
(5)	生育保险费	定额人工费			
1.2	住房公积金	定额人工费			
1.3	工程排污费	按工程所在地环境保护部门收取标准,按实计入			
2	税金	分部分项工程费＋措施项目费＋其他项目费＋规费－按规定不计税的工程设备金额			
合　计					

编制人（造价人员）：　　　　　　　　　　复核人（造价工程师）：

发包人提供材料和工程设备一览表

表 5-55

工程名称：　　　　　　　　　　标段：　　　　　　　　　　　　第　页　共　页

序号	材料（工程设备）名称、规格、型号	单位	数量	单价(元)	交货方式	送达地点	备注

注：此表由招标人填写，供投标人在投标报价、确定总承包服务费时参考。

5.6　某三层框架结构工程清单项目工程量计算

1. 计算依据

本工程的清单工程量计算严格按照《房屋建筑与装饰工程工程量计算规范》GB 50854—2013、《建筑工程建筑面积计算规范》GB/T 50350—2013 等规范文件进行编制。本工程定额工程量计算参考《北京市建设工程预算定额》第一册《建筑工程》。

2.（土建）实体项目

（1）建筑面积

1）清单工程量

010101001001，首层建筑面积，土壤为Ⅰ、Ⅱ类土。

首层：$(42+0.25)\times(14.1+0.25)+1.5\times(3-0.25+0.3)\times\frac{1}{2}$（阳台）$+10\times2.4\times\frac{1}{2}$

（雨篷）$=606.29+2.29+12=620.58m^2$

2）定额工程量

① 首层：$(42+0.25)\times(14.1+0.25)+1.5\times(3-0.25+0.3)\times\frac{1}{2}$（阳台）$+10\times$

$2.4\times\frac{1}{2}$（雨篷）$=606.29+2.29+12=620.58m^2$

建筑面积：$620.58+606.29\times2=1833.16m^2$

计算建筑面积是以勒脚以上外墙结构外边线长计算，勒脚是墙根部分，应扣除，雨篷均以其宽度超过2.10m或不超过2.10m衡量，超过2.10m者应按雨篷的结构板水平投影面积的$\frac{1}{2}$计算，有柱雨篷与无柱雨篷计算应一致。由于本图雨篷结构外边线至外墙长

$(3-0.25+0.3)m=3.05m>2.1m$。因此将雨篷面积的$\frac{1}{2}$并入建筑面积。

② 外墙外边线长：$(6\times7+0.25)\times2$（水平方向）$+14.10\times2$（竖直方向）$=84.5+$
28.20$=112.7m$

③ 外墙中心线长：$6\times7\times2+14.1\times2=84+28.2=112.2m$

④ 内墙净长线长：$(6-0.25)\times11$（水平）$+(3-0.25)\times2+6\times14$（竖直）$+(3.9-$
$0.25+6-0.25)$（厕所）$=63.25+5.5+84+9.4=162.15m$

（2）土方工程

1）清单工程量

① 挖一般土方

a. 挖基础土方

010101003001，挖柱基J-1：Ⅰ、Ⅱ类土，平均深$h=1.9-0.45=1.45m$

$V=(2.5+2.5+0.2)^2\times1.45\times6=235.25m^3$

010101003002，挖柱基J-2：Ⅰ、Ⅱ类土，平均深$h=1.9-0.45=1.45m$

$V=(1.9+1.9+0.2)^2\times1.45\times3=16\times1.45\times3=69.60m^3$

b. 010101003003，挖柱基J-3：Ⅰ、Ⅱ类土，平均深$h=1.9-0.45=1.45m$

$V=(1.9+1.9+0.2)^2\times1.45\times14=16\times1.45\times14=324.80m^3$

c. 010101003004，挖柱基J-4：Ⅰ、Ⅱ类土，平均深$h=1.7-0.45=1.25m$

$V=(2.15\times2+0.2)\times(1.7+1.9+0.2)\times1.25\times1=21.38m^3$

d. 010101003005，挖柱基J-5：Ⅰ、Ⅱ类土，平均深$h=1.7-0.45=1.25m$

$V=(1.85+1.25+0.2)\times(1.65+2.1+1.65+0.2)\times1.25\times1$

$=3.3\times5.6\times1.25\times1$

$=23.1m^3$

② 挖沟槽土方

a. 010101003006，挖沟槽1-1截面。

Ⅰ、Ⅱ类土，平均深 $h=1.7-0.45=1.25\text{m}$

槽长 $L=(14.1-1.9-2.15×2-1.9)(②轴线)+(42-1.9×2×6-2×2)(①轴线)$

$\qquad =6+15.2=21.2\text{m}$

$$V=0.9×1.25×21.2=23.85\text{m}^3$$

b. 010101003007，挖沟槽 2-2 截面，Ⅰ、Ⅱ类土，平均深 $h=1.25\text{m}$

槽长 $L=\left(6-0.22+\dfrac{0.9}{2}\right)①③轴+\left(6-0.22+\dfrac{0.9}{2}\right)①⑦轴+\left(3.9-0.22-\dfrac{0.9}{2}\right)①⑧轴+$

$\qquad (6-2.5-2)①/C轴+(42-0.22×2-5×6)⑧轴$

$\qquad =6.23+6.23+3.23+1.5+11.56$

$\qquad =28.75\text{m}$

$$V=28.75×0.9×1.25=32.34\text{m}^3$$

c. 010101003008，挖沟槽 3-3 截面，Ⅰ、Ⅱ类土，平均深 $h=1.7-0.45=1.25\text{m}$

槽长 $L=(6-0.22-0.45)×6(①与①/C轴间)+(6-1.9-0.45)×6(Ⓐ⑧轴间)$

$\qquad =53.88\text{m}$

$$V=53.88×0.9×1.25=60.62\text{m}^3$$

d. 010101003009，挖沟槽 4-4 截面，Ⅰ、Ⅱ类土，平均深 $h=1.25\text{m}$

槽长 $L=[(3.9-2-0.45)①/C到Ⓒ间+(6-2-0.45)Ⓐ⑧间]⑨轴线+(42-1.9-2-$

$\qquad 1.9×2×6)Ⓐ轴线+(42-1.9-2.5×2×6-2)Ⓒ轴$

$\qquad =1.45+3.55+15.3+8.1$

$\qquad =28.40\text{m}$

$$V=28.40×1.25×0.9=31.95\text{m}^3$$

③ 土方回填，010103，以挖做填，夯填，余土外运

a. 基础回填土 $V=$挖土量－垫层－独立柱基－砖基－条基平台＋±0.000 以上砖基础－基础梁工程量－圈梁－±0.000 以下构柱－±0.000 以下框架柱

$V_{挖土量}=(235.25+68.64+324.80+21.38+23.1)独立柱基挖土+(23.85+32.34+$

$\qquad 60.62+31.95)槽形基挖土$

$\qquad =821.93\text{m}^3$

$V_{垫层}=(16.22+4.8+22.4+1.71+1.85)独立柱基垫层+(1.908+2.588+4.849+$

$\qquad 2.558)条基下垫层$

$\qquad =46.98+11.903$

$\qquad =58.88\text{m}^3$

$V_{独立柱基础}=79.03+19.85+92.53+7.68+5.66=204.75\text{m}^3$

$V_{砖基础}=58.047\text{m}^3=\begin{cases}室外地坪以上体积：V=2.487+3.12+3.32+4.44=13.367\text{m}^3\\室外地坪以下体积：V=7.11+15.39+9.49+12.69=44.68\text{m}^3\end{cases}$

$V_{砖基础平台}=5.84+5.649+11.69+8.08=31.26\text{m}^3$

综上所述基础回填土的工程量：

$V=821.93-58.883-206.80-44.68-31.26-2.16-13.39-2.328-6.481$

$\qquad =455.95\text{m}^3$

b. 清单房心回填土工程量：$h=$ 回填厚度 $0.45-0.12=0.33m$

回填主墙间面积：$S=(6-0.24)\times(6-0.24)\times11+(2.1-0.24)\times(6-0.24)\times7+$
$(3-0.24)\times(6-0.24)\times4③与④及⑦与⑧间+(3.9-0.24)\times$
$(3-0.24)\times2①C①D间+(2.1-0.24)\times(6-0.24)©到①C间$
$=364.954+74.995+63.590+20.203+10.714$
$=534.46m^2$

工程量：$V=S\cdot h=534.46\times0.33=176.37m^3$

c. 余土外运清单工程量：$V=821.93-454.998-176.37=190.56m^3$

2）定额工程量

场地平整定额工程量：$(606.288+3.675)\times1.4=609.962\times1.4=853.95m^2$

① 挖一般土方

a. 挖基础土方工程量 J-1，Ⅰ、Ⅱ类土
$$S=5.2\times5.2=27.04m^2>27m^2$$

按土方定额子目
$$h=1.9-0.45=1.45m<1.5m$$

无需放坡
$$V=(5.2+0.3\times2)\times[5.2+(0.3\times2)工作面]\times1.45\times6(个)$$
$$=5.8\times5.8\times1.45\times6$$
$$=292.67m^3$$

b. 挖柱基 J-2，Ⅰ、Ⅱ类土：
$$S=4.2\times4.2=17.64m^2<27m^2$$

按基坑定额子目
$$h=1.9-0.45=1.45m<1.5m$$

无需放坡
$$V=(4.2+0.6)\times(4.2+0.6)\times1.45\times3(个)$$
$$=4.8\times4.8\times1.45\times3$$
$$=100.22m^3$$

c. 挖柱基 J-3（Ⅰ、Ⅱ类土）：

$h=1.45m<1.5m$，不放坡
$$h=1.9-0.45=1.45m$$
$$V=(1.9+1.9+0.2+0.6)^2\times1.45\times14(个)$$
$$=4.6\times4.6\times1.45\times14$$
$$=429.55m^3$$

d. 挖柱基 J-4（Ⅰ、Ⅱ类土），柱底面积：
$$S=(2.15\times2+0.2)\times(1.7+1.9+0.2)=4.5\times3.8=17.1m^2<27m^2$$

按基坑定额子目

$h=1.25m<1.5m$ 不放坡
$$V=(2.15\times2+0.2+0.6)\times(1.7+1.9+0.2+0.6)\times1.25\times1$$
$$=5.1\times4.4\times1.25\times1=28.05m^3$$

e. 挖柱基 J-5，Ⅰ、Ⅱ类土，平均深度 $h=1.7-0.45=1.25\text{m}$

$S=3.3\times5.6=18.48\text{m}^2<27\text{m}^2$，按挖基坑定额子目。

$h=1.25\text{m}<1.5\text{m}$，不放坡

$$V=(3.3+0.6)\times(5.6+0.6)\times1.25\times1=3.9\times6.2\times1.25=30.23\text{m}^3$$

② 挖沟槽土方

a. 挖沟槽 1-1 截面，Ⅰ、Ⅱ类土，平均深 $h=1.7-0.45=1.25\text{m}$

槽长 $L=(14.1-1.9-2.15\times2-1.9)(②轴线)+(42-1.9\times2\times6-2\times2)(①轴线)$

$\qquad =6+15.2=21.2\text{m}$

$$V=(0.9+0.6)\times1.25\times21.2=39.75\text{m}^3$$

b. 挖沟槽 2-2 截面，Ⅰ、Ⅱ类土，平均深 $h=1.25\text{m}$

槽长 $L=(6-0.22-0.3+0.45+0.3)(①/③轴)+(6-0.22-0.3+0.45+0.3)$

$\qquad (①/⑦轴)+\left(3.9-0.22-\dfrac{0.9}{2}-0.6\right)(①/⑧轴)+(6-2.5-2)(①/C轴)+(42-$

$\qquad 0.22\times2-5\times6-0.6)$

$\qquad =6.23+6.23+2.63+1.5+10.96$

$\qquad =27.55\text{m}$

$$V=27.55\times(0.9+0.6)\times1.25=27.55\times1.5\times1.25=51.66\text{m}^3$$

c. 挖沟槽 3-3 截面，Ⅰ、Ⅱ类土，平均深 $h=1.7-0.45=1.25\text{m}$

槽长 $L=(6-0.22-0.45-0.6)\times6(①与①/C轴间)+(6-1.9-0.45-0.3)\times6(Ⓐ Ⓑ$

$\qquad 轴间)$

$\qquad =28.38+20.1=48.48\text{m}$

$$V=48.48\times(0.9+0.6)\times1.25=90.90\text{m}^3$$

d. 挖沟槽 4-4 截面，Ⅰ、Ⅱ类土，平均深 $h=1.25\text{m}$

槽长 $L=[(3.9-2-0.45-0.3)(①/C到C)+(6-2-0.45-0.3)Ⓐ\sim Ⓑ轴]+(42-$

$\qquad 1.9-2-1.9\times2\times6)Ⓐ轴+8.1$

$\qquad =1.15+3.25+15.3+8.1$

$\qquad =27.80\text{m}$

$$V=27.80\times(0.9+0.6)\times1.25=52.13\text{m}^3$$

③ 土方回填，010103，以挖做填，夯填，余土外运

a. 回填土工程量 $V=(292.67+100.22+429.55+28.05+30.23)$（桩基础挖土方

$\qquad\qquad\qquad 量)+(21.2+27.55+90.90+52.13)$（条基挖槽土方量）

$\qquad\qquad =880.72+191.78$

$\qquad\qquad =1072.5\text{m}^3$

则基础回填土定额工程量：$V=1072.5-58.883-204.75-58.047-31.26-2.16-$

$\qquad\qquad\qquad 15.39-2.328-6.481$

$\qquad\qquad\qquad =693.20\text{m}^3$

b. 房心回填土工程量：$h=$回填厚度 $0.45-0.12=0.33\text{m}$

回填主墙间面积：

$$S = (6-0.24) \times (6-0.24) \times 11 + (2.1-0.24) \times (6-0.24) \times 7 + (3-0.24) \times (6-$$
$$0.24) \times 4(③与④且⑦与⑧间) + (3.9-0.24) \times (3-0.24) \times 2(①/ⒸⒹ间) + (2.1-$$
$$0.24) \times (6-0.24)(Ⓒ到①/Ⓒ间)$$
$$= 364.954 + 74.995 + 63.590 + 20.203 + 10.714$$
$$= 534.46 \text{m}^2$$

$$V = S \cdot h = 534.46 \times 0.33 = 176.37 \text{m}^3$$

c. 余土外运：$V = 1072.5 - 705.568 - 176.37 = 190.56 \text{m}^3$

（3）混凝土及钢筋混凝土工程

1）清单工程量

① 现浇混凝土基础

a. 独立柱基，010501003001

（a）独立柱基 J—1，C30 混凝土底 5000mm×5000mm，顶 600mm×600mm。

$$V = \left[5 \times 5 \times 0.3 + (5 \times 5 + 5 \times 5 \times 0.6 \times 0.6 + 0.6 \times 0.6) \times \frac{1}{3} \times 0.6 \right] \times 6$$
$$= [7.5 + (25 + 3 + 0.36) \times 0.2] \times 6$$
$$= 79.03 \text{m}^3$$

四棱台近似体积公式 $V = \dfrac{H}{3} \left[A \cdot B + \sqrt{(A \cdot B)(a \cdot b)} + a \cdot b \right]$

（b）独立柱基 J-2，C30 混凝土，010501003002

$$V = \left[3.8 \times 3.8 \times 0.3 + (\sqrt{3.8 \times 3.8 \times 0.6 \times 0.6} + 0.6 \times 0.6 + 3.8 \times 3.8) \times \frac{0.4}{3} \right] \times 3$$
$$= \left[4.332 + (2.28 + 0.36 + 14.44) \times \frac{1}{3} \times 0.4 \right] \times 3$$
$$= 19.83 \text{m}^3$$

（c）独立柱基 J-3，C30 混凝土，010501003003

$$V = \left\{ 3.8 \times 3.8 \times 0.3 + \left[3.8 \times 3.8 + \sqrt{3.8 \times 3.8 \times 0.6 \times 0.6} + 0.6 \times 0.6 \right] \times \frac{0.4}{3} \right\} \times 14$$
$$= [4.332 + (14.44 + 2.28 + 0.36) \times 0.4 \div 3] \times 14$$
$$= 92.53 \text{m}^3$$

（d）独立柱 J-4，C30 混凝土，010501003004

$$V = (1.7+1.9) \times (2.15+2.15) \times 0.3 + [(1.7+1.9) \times (2.15+2.15) + 0.6 \times 0.6 + $$
$$\sqrt{(1.7+1.9) \times (2.15+2.15) \times 0.6 \times 0.6}] \times \frac{1}{3} \times 0.5$$
$$= 4.644 + (15.48 + 0.36 + 2.361) \times 0.5 \div 3$$
$$= 7.68 \text{m}^3$$

（e）独立柱 J-5，C30 混凝土，010501003005

$$V_1 = (1.85 + 1.25) \times (1.65 \times 2 + 2.1) \times 0.3 + [0.5 \times (0.4 \times 2 + 1.7) + $$
$$\sqrt{3.1 \times 5.4 \times 0.5 \times 2.5} + 3.1 \times 5.4] \times \frac{1}{3} \times 0.3$$
$$= 5.022 + (1.25 + 4.574 + 16.74) \times 0.1$$

$$=7.28\text{m}^3$$

基础梁伸入独立柱基深 0.6m。

$$V_2=0.5\times0.6\times5.4=1.62\text{m}^3$$

$$V_{J-5}=V_1-V_2=7.28-1.62=5.66\text{m}^3$$

b. 010501001，C10 混凝土垫层

(a) 010501001001，J-1，$V_1=5.2\times5.2\times6\times0.1=16.22\text{m}^3$

(b) 010501001002，J-2，$V_2=4\times4\times3\times0.1=4.8\text{m}^3$

(c) 010501001003，J-3，$V_3=4\times4\times14\times0.1=22.4\text{m}^3$

(d) 010501001004，J-4，$V_4=3.8\times4.5\times0.1=1.71\text{m}^3$

(e) 010501001005，J-5，$V_5=3.3\times5.6\times0.1=1.85\text{m}^3$

c. 条形基础承台，010501002，C30 混凝土

(a) 1-1 截面条形基础混凝土承台工程量

长 $L=(14.1-1.9-2.15\times2-1.9)$（②轴线）$+(42-1.9\times2\times6-2-2)$（①轴线）$-$
　　0.24×3（构造柱）

　　$=6+15.2-0.72=20.48\text{m}$

$$V=(0.7\times0.3+0.3\times0.25)\times20.48=5.84\text{m}^3$$

(b) 2-2 截面：

$L=(6-0.12+0.35)$（①/3轴）$+(6-0.12+0.35)$（①/7轴）$+(3.9-0.12-0.35)$（①/8轴）
　　$+(6-2.5-2)$（①/C轴）$+(42-0.12\times2-5\times6)$（⑧轴）$-9\times0.25$（GZ）

　　$=6.23+6.23+3.43+1.5+11.76-2.25$

　　$=29.15-2.25$

　　$=26.90\text{m}$

$$V=0.3\times0.7\times26.90=5.65\text{m}^3$$

(c) 3-3 截面：

$\quad L=(6-0.12-0.35)\times6$（①与①/C间）$+(6-1.9-0.35)\times6$（ⒶⒷ间）

$\qquad=55.68\text{m}$

$$V=0.3\times0.7\times55.68=11.69\text{m}^3$$

(d) 4-4 截面：

$L=[(3.9-2-0.35)$（①/C到ⓒ轴）$+(6-2-0.35)$（AB 间⑨轴线）$]+(42-1.9-2-$
　　$1.9\times2\times6)$（Ⓐ轴线）$+8.1-0.25$（构造柱）

　　$=1.55+3.65+15.3+8.1-0.25$

　　$=28.35\text{m}$

$$V=(0.7\times0.3+0.3\times0.25)\times28.35=8.08\text{m}^3$$

d. 一层板面标高 3.57m，010501002002

(a) 一层板面标高 3.57m，KL3 尺寸 300×700，则 KL3 内墙高 $h_{KL3}=3.57-0.7=2.87\text{m}$

KL3 下内墙净长 $=(6-0.5)\times5$（ⓒⒹ间）$+(6-0.25-0.125)\times5$（ⒶⒷ间）

$\qquad\qquad=27.5+28.125$

$\qquad\qquad=55.625\text{m}$

（b）KL4 尺寸 300×700，则 KL4 下内墙高 h_{KL4}＝3.57－0.7＝2.87m

KL4 下内墙净长＝（6－0.5）+（6－0.25－0.125）

$$＝5.5+5.625$$
$$＝11.125m$$

（c）KL7 尺寸为 250×600，则 KL7 下内墙高 h_{KL7}＝3.57－0.6＝2.97m

KL7 下内墙净长＝42－0.25×6（构造柱）

$$＝40.50m$$

（d）KL8 尺寸 300×600，则 KL8 内墙高 h_{KL8}＝3.57－0.6＝2.97m

KL8 下内墙净长＝42－0.2（偏轴）－0.25－0.5×6

$$＝38.55m$$

注：LL1 下是大厅不用算。

（e）LL2 尺寸 250×550，则 LL2 下内墙高 h_{LL1}＝3.57－0.55＝3.02m

LL2（1）下内墙净长＝[6－0.25×2（构造柱）]（①/③轴）+（6－0.25×2）（①/⑦轴）

$$＝5.5+5.5$$
$$＝11.0m$$

（f）LL3 尺寸 250×400，则 LL3 下内墙高 h_{LL3}＝3.57－0.4＝3.17m

LL3 下内墙净长＝[3.9－2×0.25（构造柱）]（①/⑧轴）

$$＝3.4m$$

（g）LL4 尺寸为 250×600，则 LL4 下内墙高 h_{LL4}＝3.57－0.6＝2.97m

LL4 下内墙净长＝（3－0.25×2）（⑧到①/⑧间）+（3－0.25）（①/⑧⑨间）

$$＝2.5+2.75$$
$$＝5.25m$$

一层内墙加气混凝土砌块工程量

$$V_1＝55.625×2.87×0.25＝39.91m^3$$
$$V_2＝11.125×2.87×0.25＝7.98m^3$$

V_3＝[40.50×2.97－1×2.1×6扇（M－4）－（6－0.25）（⑤⑥轴间）×2.97]×0.25－0.228

$$＝（120.285－12.6－17.077）×0.25－0.228（过梁）$$
$$＝90.608×0.25－0.228$$
$$＝22.424m^3$$

V_4＝{2.97×38.55－1×2.1×7扇（M－4）－1.5×2.1×1扇（M－3）－（3－0.25－0.125）×2×2.97①/③④与⑦①/⑦间}×0.25－（0.075+0.219）

$$＝81.051×0.25－0.294$$
$$＝19.969m^3$$

$$V_5＝3.02×11.0×0.25＝8.305m^3$$
$$V_6＝3.17×3.4×0.25＝2.695m^3$$

V_7＝[5.25×2.97－0.8×2.1×2扇（M－5）]×0.25－0.066（过梁）

$$＝（15.593－3.36）×0.25－0.066$$

$=2.992m^3$

e. 二层板面标高 7.17m，010501002002

（a）KL11 尺寸 300×700，则 KL11 下内墙高 $h_{KL11}=3.57-0.7=2.87m$

KL11 内墙净长＝（6－0.5）×5（ⓒⓓ间）＋（6－0.25－0.125）×5（ⒶⒷ间）

$=55.625m$

（b）KL12 尺寸 300×700，则 KL12 下内墙高 $h_{KL12}=3.57-0.7=2.87m$

KL12 内墙净长＝（6－0.5）（ⓒⓓ间）＋（6－0.25－0.125）（ⒶⒷ间）

$=11.125m$

（c）KL7 尺寸 250×600，则 KL7 下内墙高 $h_{KL7}=3.57-0.6=2.97m$

KL7 下内墙净长＝42－0.25×6（构柱）＝40.50m

（d）KL8 尺寸 300×600，则 KL8 下内墙高 $h_{KL8}=3.57-0.6=2.97m$

KL8 下内墙净长＝42－0.2－0.25－0.5×6＝38.55m

（e）LL2(1) 尺寸 250×550，则 LL1 下内墙高 $h_{LL2(1)}=3.57-0.55=3.02m$

LL2(1) 下内墙净长＝6－0.25×2（构柱）（①/③轴）＋6－0.25×2（①/⑦轴）

$=11.0m$

（f）LL3 尺寸 250×400，则 LL3 下内墙净高 $h_{LL3}=3.57-0.4=3.17m$

LL3下内墙净长＝（3.9－2×0.25）（构柱）（①/⑧轴）＝3.4m

（g）LL4 尺寸 250×600，则 LL4 下内墙高 $h_{LL4}=3.57-0.6=2.97m$

LL4 下内墙净长＝（3－0.25×2）⑧到①/⑧间＋（3－0.25）①/⑧到⑨间

$=2.5+2.75=5.25m$

二层加气混凝土块工程量：

$V_1=55.625×0.25×2.87=39.911m^3$

$V_2=11.125×0.25×2.87=7.982m^3$

$V_3=[40.5×2.97-1×2.1×7扇（M-4）]×0.25-0.266（过梁）$

$=（120.285-14.7）×0.25-0.266（过梁）$

$=26.13m^3$

$V_4=[38.55×2.97-（3-0.25-0.125）×2×2.97（①/③到④和⑦到①/⑦间）-1×2.1×6$

扇（M-4）－1.5×2.1×1扇（M-3）]×0.25－（0.075＋0.188）（过梁）

$=（114.494-15.593-12.6-3.15）×0.25-0.263$

$=20.525m^3$

$V_5=3.02×11.0×0.25=8.305m^3$

$V_6=3.17×3.4×0.25=2.695m^3$

$V_7=[5.25×2.97-0.8×2.1×2扇（M-5）]×0.25-0.066（过梁）$

$=（15.593-3.36）×0.25-0.066$

$=2.992m^3$

f. 三层板顶标高 10.8m

（a）KL17 尺寸 300×700，则 KL17 下内墙高 $h_{KL17}=3.6-0.7=2.9m$

KL17下内墙净长线＝（6－0.5）×2（④、⑦轴）＝11.0m

（b）KL18 尺寸 300×700，则 KL18 下内墙高 $h_{\text{KL18}} = 3.6 - 0.7 = 2.9\text{m}$

KL18 下内墙净长线 $= 6 - 0.5 = 5.5\text{m}$

（c）WKL7 尺寸 250×600，则 WKL7 下内墙高 $h_{\text{WKL7}} = 3.6 - 0.6 = 3.0\text{m}$

WKL7 下内墙净长线 $= 42 - 6 \times 0.25 (\text{构柱}) = 40.5\text{m}$

（d）WKL21 尺寸 300×600，则 WKL21 下内墙高 $h_{\text{WKL21}} = 3.6 - 0.6 = 3.0\text{m}$

WKL21 下内墙净长线 $= 42 - 0.2 - 0.25 - 0.5 \times 6 = 38.55\text{m}$

（e）LL2(2) 尺寸 250×500，则 LL2(2) 下内墙高 $h_{\text{LL2(2)}} = 3.6 - 0.5 = 3.10\text{m}$

LL2(2) 下内墙净长 $= (6 - 0.25 \times 2)(\text{构柱})(①/③轴) + (6 - 0.25 \times 2)①/⑦轴$

$= 11.0\text{m}$

（f）LL7(1) 尺寸 250×400，则 LL7(1) 下内墙高 $h_{\text{LL7(1)}} = 3.6 - 0.4 = 3.20\text{m}$

LL7(1) 下内墙净长 $= 3.9 - 2 \times 0.25 （\text{构柱}）①/⑧轴 = 3.4\text{m}$

（g）LL8(1) 尺寸 250×600，则 LL8(1) 下内墙高 $h_{\text{LL8(1)}} = 3.6 - 0.6 = 3.0\text{m}$

LL8(1) 下内墙净长 $= (3 - 0.25 \times 2)(⑧①/⑧间) + (3 - 0.25)(①/⑧到⑧之间)$

$= 5.25\text{m}$

三层加气混凝土块工程量

$V_1 = 11.0 \times 2.9 \times 0.25 = 7.975\text{m}^3$

$V_2 = 5.5 \times 2.9 \times 0.25 = 3.988\text{m}^3$

$V_3 = [40.5 \times 3 - 1.5 \times 2.1 \times 2 \text{扇}(\text{M}-6) - 1 \times 2.1 \times 3 \text{扇}(\text{M}-7)] \times 0.25 - (0.15 +$

$0.114)(\text{过梁})$

$= 27.225 - 0.264$

$= 26.961\text{m}^3$

$V_4 = [38.55 \times 3 - (3 - 0.25 - 0.125) \times 2 \times 3①/③④与⑦①/⑦间 - 1 \times 2.1 \times 6 \text{扇}(\text{M}-7) -$

$1.5 \times 2.1 \times 1 \text{扇}(\text{M}-6) - 1.5 \times 2.1 \times 1 \text{扇}(\text{M}-3)] \times 0.25 - (0.075 + 0.075 +$

$0.188)(\text{过梁})$

$= 20.25 - 0.338$

$= 19.912\text{m}^3$

$V_5 = 11.0 \times 3.1 \times 0.25 = 8.525\text{m}^3$

$V_6 = 3.2 \times 3.4 \times 0.25 = 2.72\text{m}^3$

$V_7 = [5.25 \times 3 - 0.8 \times 2.1 \times 2 \text{扇}(\text{M}-5)] \times 0.25 - 0.066(\text{过梁})$

$= 3.098 - 0.066$

$= 3.032\text{m}^3$

综上所述：

墙高 2.87m 的内墙工程量：

$V_1 = (39.91 + 7.98)(\text{一层}) + (39.91 + 7.98)(\text{二层}) + 0(\text{三层}) = 95.78\text{m}^3$

墙高 2.97m 内墙工程量：

$V_2 = (22.424 + 19.969 + 2.992)(\text{一层}) + (26.13 + 20.525 + 2.992)(\text{二层}) + 0(\text{三层})$

$= 45.385 + 49.647$

$= 95.032\text{m}^3$

墙高 3.02 内墙工程量
$$V_3 = 8.305(一层) + 8.305(二层) + 0(三层) = 16.61m^3$$

墙高 3.17m 内墙工程量
$$V_4 = 2.695(一层) + 2.695(二层) = 5.39m^3$$

墙高 2.9m 内墙工程量
$$V_5 = 7.975 + 3.988 = 11.963m^3$$

墙高 3.0m 内墙工程量
$$V_6 = 26.961 + 19.912 + 3.032 = 49.905m^3$$

墙高 3.1m 内墙工程量 $V_7 = 8.525m^3$

墙高 3.2m 内墙工程量 $V_8 = 2.72m^3$

② 柱混凝土工程量

a. 010502001，矩形柱

010502001001，6 根柱 1，柱高：$3.6 \times 3 + 0.9 = 11.7m$，截面 500×500，C30 混凝土，± 0.000 以下 $h_1 = 0.9m$，± 0.000 以上 $h_2 = 10.8m$。

± 0.000 以上 $V'_1 = 0.5 \times 0.5 \times 10.8 \times 6 = 16.2m^3$

± 0.000 以下 $V''_1 = 0.5 \times 0.5 \times 6 \times 0.9 = 1.35m^3$

清单工程量 $V_1 = V'_1 + V''_1 = 16.2 + 1.35 = 17.55m^3$

b. 010502001002，3 根柱 2，柱高：$1.1 + 3.6 \times 3 = 11.9m$，其中 ± 0.000 以下 1.1m，± 0.000 以上 10.8m，截面 500×500，C30 混凝土。

± 0.000 以上 $V'_2 = 0.5 \times 0.5 \times 10.8 \times 3 = 8.1m^3$

± 0.000 以下 $V''_2 = 0.5 \times 0.5 \times 1.1 \times 3 = 0.825m^3$

清单工程量 $V_2 = V'_2 + V''_2 = 8.1 + 0.825 = 8.925m^3$

c. 010502001003，14 根柱 3，高：$1.1 + 3.6 \times 3 = 11.9m$，其中 ± 0.000 以上 10.8m，± 0.000 以下 1.1m，截面 500×500，C30 混凝土。

± 0.000 以下 $V''_3 = 0.5 \times 0.5 \times 1.1 \times 14 = 3.85m^3$

± 0.000 以上 $V'_3 = 0.5 \times 0.5 \times 10.8 \times 14 = 37.8m^3$

清单工程量 $V_3 = V'_3 + V''_3 = 37.8 + 3.85 = 41.65m^3$

d. 010502001004，柱 4，C30 混凝土，500×500

高：$0.8 + 3.6 \times 3 = 11.6m$，其中 ± 0.000 以上 10.8m，以下 0.8m。

± 0.000 以上 $V'_4 = 10.8 \times 0.5 \times 0.5 = 2.7m^3$

± 0.000 以下 $V''_4 = 0.8 \times 0.5 \times 0.5 = 0.2m^3$

清单工程量 $V_4 = V'_4 + V''_4 = 2.7 + 0.2 = 2.90m^3$

e. 010502001005，2 根柱 5，高：$3.6 \times 3 + 0.8 = 11.6m$，其中 ± 0.000 以下 0.8m，± 0.000 以上 10.8m，C30 混凝土，400×400。

± 0.000 以上 $V'_5 = 10.8 \times 0.4 \times 0.4 \times 2 = 3.456m^3$

± 0.000 以下 $V''_5 = 0.8 \times 0.4 \times 0.4 \times 2 = 0.256m^3$

清单工程量 $V_5 = V'_5 + V''_5 = 3.456 + 0.256 = 3.712m^3$

综合所述：± 0.000 以下柱体积 $V_下 = V''_1 + V''_2 + V''_3 + V''_4 + V''_5$
$$= 1.35 + 0.825 + 3.85 + 0.2 + 0.256$$

$$=6.481\text{m}^3$$

±0.000 以上柱的体积 $V_\text{上}=V_1'+V_2'+V_3'+V_4'+V_5'$

$$=16.2+8.1+37.8+2.7+3.456$$

$$=68.256\text{m}^3$$

f. ±0.000 以上女儿墙以下构造柱：$h=3.6\times3=10.8\text{m}$

三面马牙槎 10 个，$V=\left(0.25+\dfrac{0.06}{2}\times2\right)\times\left(0.25+\dfrac{0.06}{2}\right)\times10.8\times10$

$$=0.31\times0.28\times10.8\times10$$

$$=9.37\text{m}^3$$

四面马牙槎 6 个，$V=\left(0.25+\dfrac{0.06}{2}\times2\right)\times\left(0.25+\dfrac{0.06}{2}\times2\right)\times10.8\times6$

$$=0.31\times0.31\times10.8\times6$$

$$=6.227\text{m}^3$$

综上所述：构造柱工程量：

主墙：$V_{\text{三面马牙槎}}=1.405$（基础）$+9.37$（墙体）$=10.775\text{m}^3$

$\qquad V_{\text{四面马牙槎}}=7.15\text{m}^3$

g. ±0.000 以下 C30 混凝土构造柱的工程量，010502003

构造柱统计：三面马牙槎 10 个，四面马牙槎 6 个。

基础内构造柱：1-1 截面上 4 个三面马牙槎，构造柱工程量：

$$V=\left(0.25+\dfrac{0.06}{2}\times2\right)\times\left(0.25+\dfrac{0.06}{2}\right)\times1.6\times4=0.556\text{m}^3$$

2-2 截面上 3 个三面马牙槎，6 个四面马牙槎，构造柱工程量：

$$V=\left[\left(0.25+0.06\times\dfrac{1}{2}\times2\right)\times\left(0.25+\dfrac{0.06}{2}\right)\times5+\left(0.25+\dfrac{0.06}{2}\times2\right)^2\times6\right]\times1.6$$

$$=0.694+0.923$$

$$=1.618\text{m}^3$$

4-4 截面一个三面马牙槎构造柱：

$$V=\left(0.25+0.06\times\dfrac{1}{2}\times2\right)\times\left(0.25+\dfrac{0.06}{2}\right)\times1.6=0.139\text{m}^3$$

基础内构造柱体积：

$V=0.556+1.618+0.139=2.313\text{m}^3\begin{cases}\text{三面：}0.556+0.694+0.139=1.389\text{m}^3\\\text{四面：}0.923\text{m}^3\end{cases}$

③ 梁混凝土工程量

a. 混凝土地圈梁，010503004，C30 混凝土，梁底标高-0.300，梁截面 240×240。

圈梁长 $L=$ 外墙中心线$+$内墙净长线$-$构造柱宽$-$柱宽

$$=112.2+173.4-16\times0.25-24\times0.6$$

$$=112.2+173.4-4-14.4$$

$$=267.2\text{m}$$

$$V=0.24\times0.24\times267.2=15.39\text{m}^3$$

b. 混凝土基础梁工程量，010503001，C30 混凝土，截面 500×800，梁底标高

—1.600m。

$$V=0.5\times0.8\times5.4=0.4\times5.4=2.16\text{m}^3$$

c. 钢筋混凝土矩形梁工程量，C30 混凝土。

一层钢筋混凝土现浇梁：

(a) KL1 (1)，250×400，梁底标高：3.57−0.4=3.17m

$$梁长\ L=2.1-0.2-0.25=1.65\text{m}$$

$$清单工程量\ V=0.25\times0.4\times1.65=0.165\text{m}^3$$

(b) KL2 (2)，尺寸 300×700，梁底标高：3.57−0.7=2.87m

$$梁长\ L=[14.1-0.5\times2(框架柱宽)-0.25(构造柱宽)]\times1(跨)=12.85\text{m}$$

$$工程量\ V=0.3\times0.7\times12.85=2.699\text{m}^3$$

(c) KL3 (2)，截面 300×700，梁底标高：3.57−0.7=2.87m

$$梁长\ L=[14.1-0.5\times2(框架柱宽)-0.25(构柱宽)]\times5(跨)=12.85\times5=64.25\text{m}$$

$$工程量\ V=0.3\times0.7\times64.25=13.493\text{m}^3$$

(d) KL4 (2)，截面尺寸 300×700，梁底标高：3.57−0.7=2.87m

$$梁长=[14.1-0.5\times2(框架柱宽)-0.25\times2(构柱)]\times1(跨)=12.6\text{m}$$

$$工程量\ V=0.3\times0.7\times12.6=2.646\text{m}^3$$

(e) KL5 (2)，截面 300×700，梁底标高：3.57−0.7=2.87m

$$梁长=[14.1-0.5\times2(框柱宽)-0.25\times2(构柱宽)]\times1(跨)=12.6\text{m}$$

$$工程量\ V=0.3\times0.7\times12.6=2.646\text{m}^3$$

(f) KL6 (7)，尺寸 300×600，梁底标高：3.57−0.6=2.97m

梁长=42−0.25−7×0.5(框柱)(Ⓐ轴线)+[42−7×0.5(框柱)−0.25×3(构柱)(Ⓓ
　　轴线)]

$$=38.25+37.75=76\text{m}$$

$$工程量\ V=0.3\times0.6\times76=13.68\text{m}^3$$

(g) KL7 (8)，尺寸 250×600，梁底标高：3.57−0.6=2.97m

$$梁长\ L=42-0.25\times6构柱=40.5\text{m}$$

$$工程量\ V=0.25\times0.6\times40.5=6.075\text{m}^3$$

(h) KL8 (8)，截面 300×600，梁底标高：3.57−0.6=2.97m

$$梁长\ L=42-0.5\times7-0.25框柱=38.25\text{m}$$

$$工程量\ V=0.3\times0.6\times38.25=6.885\text{m}^3$$

(i) LL1 (1)，尺寸 250×500，梁底标高：3.57−0.5=3.07m

$$梁长\ L=\left(6-\frac{0.25}{2}\right)\times7(跨Ⓐ⑧轴间)+6\times4(ⒸⒹ间)=65.125\text{m}$$

$$工程量\ V=0.25\times0.5\times65.125\text{m}^3=8.141\text{m}^3$$

(j) LL2 (1)，尺寸 250×550，梁底标高：3.57−0.55=3.02m

$$梁长\ L=(6-0.25)\times2=11.5\text{m}$$

$$工程量\ V=0.25\times0.55\times11.5=1.581\text{m}^3$$

(k) LL3 (1)，尺寸 250×400，梁底标高：3.57−0.4=3.17m

$$梁长=3.9-0.25(构柱)=3.65\text{m}$$

工程量 $V=0.25\times0.4\times3.65=0.365m^3$

(l) LL4（1），尺寸 250×600，梁底标高：$3.57-0.6=3.97m$

梁长 $=(3-0.25)$（⑧与⑩间）$+(3-0.125)$（⑩与⑨间）$=5.625m$

工程量 $V=0.25\times0.6\times5.625=0.844m^3$

钢筋混凝土梁定额计算规则：（a）梁与柱连接时，梁长算至柱侧面。（b）主梁与次梁连接时，次梁长算至主梁侧面。工作内容已包括混凝土制作、运输、浇筑、振捣、养护。

二层混凝土现浇梁，C30混凝土：

(a) KL9（1），尺寸 250×400，梁底标高：$7.17-0.4=6.77m$

梁长 $L=2.1-0.2-0.25=1.65m$

工程量 $V=0.25\times0.4\times1.65=0.165m^3$

(b) KL10（2），尺寸 300×700，梁底标高：$7.17-0.7=6.47m$

梁长 $L=[14.1-0.5\times2$（框架柱）-0.25（构柱）$]\times1$（跨）$=12.85m$

工程量 $V=0.3\times0.7\times12.85=2.699m^3$

(c) KL11（2），尺寸 300×700，梁底标高：$7.17-0.7=6.47m$

梁长 $L=[14.1-0.5\times2$（框柱）-0.25（构柱）$]\times5$（跨）$=64.25m$

工程量 $V=0.3\times0.7\times64.25=13.493m^3$

(d) KL12（2），300×700，梁底标高：$7.17-0.7=6.47m$

梁长 $L=[14.1-0.5\times2$（框柱）-0.25×2（构柱）$]\times1$跨$=12.6m$

工程量 $V=0.3\times0.7\times12.6=2.646m^3$

(e) KL13（2），尺寸 300×700，梁底标高：$7.17-0.7=6.47m$

梁长 $L=[14.1-0.5\times2$（框柱）-0.25×2（构柱）$]\times1$跨$=12.6m$

工程量 $V=0.3\times0.7\times12.6=2.646m^3$

(f) KL6（7），300×600，梁底标高：$7.17-0.6=6.57m$

梁长 $L=42-0.25-7\times0.5$（框柱）$=38.25m$

$V=38.25\times0.3\times0.6=6.885m^3$

(g) KL14（7），300×600，梁底标高：$7.17-0.6=6.57m$

$L=42-0.25-7\times0.5$（框柱）-0.25×3（构柱）$=37.5m$

$V=0.3\times0.6\times37.5=6.75m^3$

(h) KL7（8），250×600，梁底标高：$7.17-0.6=6.57m$

梁长 $L=40.5m$（同一层）

工程量 $V=0.25\times0.6\times40.5=6.075m^3$

(i) KL8（8），300×600，梁底标高：$7.17-0.6=6.57m$

梁长 $L=38.25m$（同一层）

工程量 $V=0.3\times0.6\times38.25=6.885m^3$

(j) LL1（1），250×500，梁底标高：$7.17-0.5=6.67m$

$L=63.25m$

$V=7.906m^3$

(k) LL2（1），250×550，梁底标高：$7.17-0.5=6.67m$

$L=12m$ $V=1.65m^3$

(l) LL3 (1)，250×400，梁底标高：7.17−0.4＝6.77m

$$L＝3.65m \quad V＝0.365m^3$$

(m) LL4 (1)，250×600，梁底标高：7.17−0.6＝6.57m

$$L＝5.625m \quad V＝0.844m^3$$

综上所述：二层混凝土现浇梁中（二层工程量）：

尺寸 300×700，标高 6.47m，工程量 $V_7＝2.699＋13.493＋2.646＋2.646＝21.484m^3$

尺寸 250×400，标高 6.77m，工程量 $V_8＝0.165＋0.365＝0.53m^3$

尺寸 300×600，标高 6.57m，工程量 $V_9＝6.885＋6.75＋6.885＝20.52m^3$

尺寸 250×600，标高 6.57m，工程量 $V_{10}＝6.075＋0.844＝6.919m^3$

尺寸 250×500，标高 6.67m，工程量 $V_{11}＝7.906m^3$

尺寸 250×550，标高 6.67m，工程量 $V_{12}＝1.65m^3$

$$V_{二层}＝21.484＋0.53＋20.52＋6.919＋7.906＋1.65＝59.009m^3$$

三层钢筋混凝土现浇梁，C30 混凝土：

(a) WKL15 (1)，250×400，梁底标高：10.8−0.4＝10.4m

$$L＝1.65m \quad V＝0.165m^3$$

(b) WKL16 (2)，300×700，梁底标高：10.8−0.7＝10.1m

$$L＝12.85m \quad V＝2.699m^3$$

(c) WKL17 (2)，300×700，梁底标高：10.8−0.7＝10.1m

$$L＝64.25m \quad V＝13.493m^3$$

(d) WKL18 (2)，300×700，梁底标高：10.8−0.7＝10.1m

$$L＝12.6m \quad V＝2.646m^3$$

(e) WKL19 (2)，300×700，梁底标高：10.8−0.7＝10.1m

$$L＝12.6m \quad V＝2.646m^3$$

(f) WKL20 (7)，300×600，梁底标高：10.8−0.6＝10.2m

$$L＝38.25m \quad V＝6.885m^3$$

(g) WKL22 (7)，300×600，梁底标高：10.8−0.6＝10.2m

$$L＝37.5m \quad V＝6.75m^3$$

(h) WKL7 (8)，250×600，梁底标高：10.8−0.6＝10.2m

$$L＝40.5m \quad V＝6.075m^3$$

(i) WKL21 (8)，300×600，梁底标高：10.8−0.6＝10.2m

$$L＝38.5m \quad V＝6.93m^3$$

(j) LL6 (1)，250×500，梁底标高：10.8−0.5＝10.3m

$$L＝(6−0.125)×2跨Ⓐ Ⓑ间＋6×4 Ⓒ Ⓓ间＝35.75m$$

$$V＝0.25×0.5×35.75＝4.469m^3$$

(k) LL2 (1)，250×550，梁底标高：10.8−0.55＝10.25m

$$L＝12m \quad V＝1.65m^3$$

(l) LL5 (1)，250×500，梁底标高：10.8−0.5＝10.3m

$$L＝(6−0.125)×5＝29.375m \quad V＝0.25×0.5×29.375＝3.672m^3$$

(m) LL7 (1)，250×400，梁底标高：10.8−0.4＝10.4m

$$L=3.65m \quad V=0.365m^3$$

（n）LL8（1），250×600，梁底标高：10.8−0.6＝10.2m

$$L=5.625m \quad V=0.844m^3$$

综上所述，三层混凝土现浇梁中

尺寸 300×700，标高 10.1m，V_{13}＝2.699＋13.493＋2.646＋2.646＝21.484m^3

尺寸 250×400，标高 10.4m，V_{14}＝0.165＋0.365＝0.53m^3

尺寸 300×600，标高 10.2m，V_{15}＝6.885＋6.75＋6.93＝20.5965m^3

尺寸 250×600，标高 10.2m，V_{16}＝6.075＋0.844＝6.919m^3

尺寸 250×500，标高 10.3m，V_{17}＝4.469＋3.672＝8.141m^3

尺寸 250×550，标高 10.25m，V_{18}＝1.65m^3

矩形梁的工程量 V＝21.484＋0.53＋20.565＋6.919＋8.141＋1.65＝59.289m^3

d. 钢筋混凝土过梁：

注：两面有柱时或单侧有柱时，靠柱端过梁不外延，浇筑柱时直接留预埋件。

现浇混凝土过梁，010503005，C30 混凝土，M-1 上有框梁代替。

（a）一层过梁

ⓐ 内墙上，M-4 上方，7 个，净跨 1m，TGLA25101，250×100，标高 2.1m。

$$L=1250mm$$
$$V=0.25×0.1×1.25×7=0.219m^3$$

ⓑ 外墙上，C-1 上方，2 个，净跨 6m，250×250，标高 3.0m。

$$L=6m$$
$$V=0.25×0.25×6×2=0.75m^3$$

ⓒ 外墙上，C-5 上方，2 个，净跨 2.7m，250×200，标高 3.0m。

$$L=2.95m$$
$$V=0.25×0.2×2.95×2=0.295m^3$$

ⓓ 外墙上，M-2 上方，1 个，净跨 1.5m，250×150，标高 2.7m。

$$L=1.75m$$
$$V=0.25×0.15×1.75=0.066m^3$$

（b）二层现浇过梁

ⓐ 内墙：M-4 上方，6 跨，净跨 1m，250×100，标高：3.6＋2.1＝5.7m。

$$L=1250mm$$
$$V=0.25×0.1×1.25×6=0.188m^3$$

ⓑ 外墙：C-1 上方，5 跨，净跨 6m，250×250，标高 6.6m。

$$L=6m$$
$$V=0.25×0.25×6×5=1.875m^3$$

M-2 上方，1 跨，净跨 1.5m，250×150，标高：3.6＋2.7＝6.3m。

$$L=1.5＋0.25=1.75m$$
$$V=0.25×0.15×1.75=0.066m^3$$

ⓒ 玻璃幕墙上方，1 跨，净跨：6＋2.6×2＝11.2m，250×250，标高：3.6＋0.5＝4.1m。

$$L=11.2+0.5=11.7\text{m}$$
$$V=0.25\times0.25\times11.7=0.731\text{m}^3$$

（c）三层现浇过梁

ⓐ 内墙：M-7，上方，6 跨，净跨 1m，250×100，标高：7.2＋2.1＝9.3m。

$$L=1+0.25=1.25\text{m}$$
$$V=0.25\times0.1\times1.25\times6=0.188\text{m}^3$$

ⓑ 外墙：C-1，上方，4 跨，净跨 6m，250×250，标高：7.2＋3＝10.2m。

$$L=6\text{m}$$
$$V=0.25\times0.25\times6\times4=1.5\text{m}^3$$

C-4 上方，1 跨，净跨 1.5m，250×150，标高：7.2＋3＝10.2m。

$$L=1.75\text{m}$$
$$V=0.25\times0.15\times1.75=0.066\text{m}^3$$

M-2 上方，1 跨，净跨 1.5m，250×150，标高：7.2＋2.7＝9.9m。

$$L=1.75\text{m}$$
$$V=0.25\times0.15\times1.75=0.066\text{m}^3$$

C-6 上方，1 跨，净跨 6m，250×250，标高 10.2m。

$$L=6\text{m}$$
$$V=0.25\times0.25\times6=0.375\text{m}^3$$

e. 预制钢筋混凝土过梁，010510003，C30 混凝土

（a）一层过梁：

ⓐ 内墙：M-4 上方，6 个，净跨 1m，TGLA25101，250×100，安装高度 2.1m，单件体积 0.038m³。

$$V=0.038\times6=0.228\text{m}^3$$

ⓑ 内墙：M-3 上方，1 个，净跨 1.5m，TGLA25151，250×150，安装高度 2.1m，单件体积 0.075m³。

$$V=0.075\text{m}^3$$

ⓒ 内墙：M-5 上方，2 个，净跨 0.8m，TGLA25081，250×100，安装高度 2.1m，单件体积 0.033m³。

$$V=0.033\times2=0.066\text{m}^3$$

ⓓ 外墙：C-2 上方，16 跨，净跨 1.5m，TGLA25151，250×150，安装高度 3.00m，单件体积 0.038m³。

$$V=0.038\times16=0.608\text{m}^3$$

ⓔ 外墙：C-3 上方，2 跨，净跨 1.5m，TGLA25151，250×150，安装高度 3.00m，单件体积 0.038m³。

$$V=0.038\times2=0.076\text{m}^3$$

（b）二层过梁：

ⓐ 内墙：M-4 上方，7 跨，净跨 1m，TGLA25101，250×100。

安装高度：3.6＋2.1＝5.7m，单件体积 0.038m³。

$$V=0.038\times7=0.266\text{m}^3$$

ⓑ 内墙：M-3 上方，1 个，净跨 1.5m，TGLA25151，250×150。

安装高度：3.6＋2.1＝5.7m，单件体积 0.075m³。

$$V＝0.075m³$$

ⓒ 内墙：M-5 上方，2 跨，净跨 0.8m，TGLA25081，250×100。

安装高度 5.7m，单件体积 0.033m³。

$$V＝0.033×2＝0.066m³$$

ⓓ 外墙：C-2 上方，16 跨，净跨 1.5m，TGLA25151，250×150。

安装高度 6.600m，单件体积 0.038m³。

$$V＝0.038×16＝0.608m³$$

ⓔ C-3 上方，2 跨，净跨 1.5m，TGLA25151，250×150。

安装高度 6.60m，单件体积 0.038m³。

$$V＝0.038×2＝0.076m³$$

(c) 三层预制过梁：

ⓐ 内墙：M-3 上方，1 跨，$L_净$＝1.5m，TGLA25151，250×150。

安装高度：7.2＋2.1＝9.3m，单件体积 0.075m³。

$$V＝0.075m³$$

ⓑ 内墙：M-5 上方，2 跨，$L_净$＝0.8m，TGLA25081，250×100。

安装高度：9.3m，单件体积 0.033m³。

$$V＝0.033×2＝0.066m³$$

ⓒ 内墙：M-6 上方，3 跨，$L_净$＝1.5m，TGLA25151，250×150。

安装高度：9.3m，单件体积 0.075m³。

$$V＝0.075×3＝0.225m³$$

ⓓ 内墙：M-7 上方，3 跨，$L_净$＝1m，TGLA25101，250×100。

安装高度：9.3m，单件体积 0.038m³。

$$V＝0.038×3＝0.114m³$$

内墙彩钢板隔墙上门洞不设过梁，自重不大。

ⓔ 外墙：C-2 上方，16 跨，净跨 1.5m，TGLA25151，250×150。

安装高度 10.2m，单体体积 0.038m³。

$$V＝0.038×16＝0.608m³$$

ⓕ 外墙 C-3，2 跨，净跨 1.5m，TGLA25151，250×150。

安装高度 10.2m，单体体积 0.038m³。

$$V＝0.076m³$$

综上所述（以下用于计算墙体量时扣用）：

ⓐ 内墙上过梁体积：

$$V_{一层}＝0.219(现浇)＋(0.228＋0.075＋0.066)(预制)$$
$$＝0.219＋0.369＝0.588m³$$

$$V_{二层}＝0.188(现浇)＋(0.266＋0.075＋0.066)(预制)$$
$$＝0.188＋0.407＝0.595m³$$

$$V_{三层}＝0.188(现浇)＋(0.075＋0.066＋0.225＋0.114)(预制)$$

$$=0.188+0.48=0.668m^3$$

ⓑ 外墙混凝土过梁工程量：

$$V_{-层}=(0.75+0.295+0.066)(现浇)+(0.608+0.076)(预制)$$

$$=1.111+0.684=1.795m^3$$

$$V_{三层}=(1.5+0.066+0.066+0.375)(现浇)+(0.608+0.076)(预制)$$

$$=2.007+0.684=2.691m^3$$

$$V_{二层}=(1.875+0.066+0.731)(现浇)+(0.608+0.076)(预制)$$

$$=2.672+0.684=3.356m^3$$

综上所述，C30 现浇混凝土过梁中：

梁底标高 2.1m，尺寸 250×100，$V=0.219m^3$

梁底标高 3.0m，尺寸 250×250，$V=0.75m^3$

梁底标高 3.0m，尺寸 250×200，$V=0.295m^3$

梁底标高 2.7m，尺寸 250×150，$V=0.066m^3$

梁底标高 5.7m，尺寸 250×100，$V=0.188m^3$

梁底标高 6.6m，尺寸 250×250，$V=1.875m^3$

梁底标高 6.3m，尺寸 250×150，$V=0.066m^3$

梁底标高 4.1m，尺寸 250×250，$V=0.731m^3$

梁底标高 9.3m，尺寸 250×100，$V=0.188m^3$

梁底标高 10.2m，尺寸 250×250，$V=0.375+1.5=1.875m^3$

梁底标高 10.2m，尺寸 250×150，$V=0.066m^3$

梁底标高 9.9m，尺寸 250×150，$V=0.066m^3$

C30 预制混凝土过梁：

安装高度 2.1m，尺寸 250×100，$V=0.228+0.066=0.294m^3$

安装高度 2.1m，尺寸 250×150，$V=0.075m^3$

安装高度 3m，尺寸 250×150，$V=0.608+0.076=0.684m^3$

安装高度 5.7m，尺寸 250×100，$V=0.266+0.066=0.332m^3$

安装高度 5.7m，尺寸 250×150，$V=0.075m^3$

安装高度 6.6m，尺寸 250×150，$V=0.608+0.076=0.684m^3$

安装高度 9.3m，尺寸 250×150，$V=0.075+0.225=0.3m^3$

安装高度 9.3m，尺寸 250×100，$V=0.066+0.114=0.18m^3$

安装高度 10.2m，尺寸 250×150，$V=0.608+0.076=0.684m^3$

④ 钢筋混凝土板（现浇）

清单工程量计算有梁板工程量时：有梁板（包括主、次梁与板）按梁、板体积之和计算，即清单有梁板分部分项工程包括定额子目中矩形梁与板两部分子目内容之和。

定额工程量为（板底标高 3.47m）：

$$V_{-层工程量}=21.484+0.53+20.565+6.919+7.906+1.581=58.985m^3$$

柱子：

标高 2.87m，300mm×700mm，$V=2.699+13.493+2.646×2=21.484m^3$

标高 2.97m，300mm×600mm，$V=13.68+6.885=20.565m^3$

标高 3.02m，250mm×550mm，$V=1.581m^3$

标高 3.07m，250mm×500mm，$V=7.906m^3$

标高 3.17m，250mm×400mm，$V=0.365+0.165=0.53m^3$

标高 3.97m，250mm×600mm，$V=6.919m^3$

a. 一层现浇板

$S=[(3-0.25)\times(2.1+0.125)-0.4\times0.2\times2$柱面$]$①②间$+\{[(3-0.125)\times6-0.25\times0.25\times2$柱面$]\times1$②与①⑫$+[(3-0.25)\times6-0.25\times0.25\times2]\times9$①⑫⑧$+[(3-0.25)\times(3.9-0.125)-0.25\times0.25]\times2+[(2.1-0.125)\times(6-0.125)-0.25\times0.25\times2]$⑧⑨$\}$ⒸⒹ轴线间$+\{(6-0.125)\times(2.1-0.25-0.125)\times2$②③与⑧⑨间$+(6-0.25)\times(2.1-0.25-0.125)\times5$③⑧间$\}$ⒷⒸ轴线间$+\{[(3-0.125)\times(6-0.125)-0.25\times0.25\times1]\times2$②⑫与①⑧⑨间$+[(3-0.25)(6-0.125)-0.25\times0.25\times1]\times12\}$（ⒶⒷ轴线间）

$=(6.119-0.16)+[(17.25-0.125)+(16.5-0.125)\times9+(10.381-0.0625)\times2+(11.603-0.125)]+[5.875\times3.45+5.75\times8.625]+[(16.891-0.063)\times2+(2.75\times5.875-0.063)\times12]$

$=5.959+196.615+69.863+226.775$

$=499.212m^2$

$$V=sh=499.212\times0.1=49.921m^3$$

b. 二层现浇板的工程量同一层工程量 $V=49.921m^3$

c. 三层现浇板的工程量＝第一层（二层）现浇板工程量＋楼梯板量

$$=49.921+[(3-0.25)\times6-0.25\times0.25\times2]\times2\times0.1$$
$$=49.921+3.275$$
$$=53.196m^3$$

综合定额中钢筋混凝土矩形梁及钢筋混凝土现浇柱两项定额子目得清单"有梁板"项。

d. 010505001001，一层有梁板板底标高 3.47m，板厚 100mm

$$工程量=V_{一层梁}+V_{一层板}=59.22+49.921=109.141m^3$$

e. 010505001002，二层有梁板板底标高 7.07m，板厚 100mm

$$工程量=V_{二层梁}+V_{二层板}=59.009+49.921=108.93m^3$$

f. 010505001003，三层有梁板板底标高 10.7m，板厚 100mm

$$工程量=V_{三层梁}+V_{三层板}=59.289+53.196=112.485m^3$$

⑤ 010506001，C30 混凝土现浇整体楼梯

按水平投影面积以平方米计算，不扣除宽度小于 500 的楼梯梯井。

$$工程量 S=[(3-0.25)\times6-0.25\times0.125\times2(柱面)]\times2(层)\times2(个)$$
$$=(16.5-0.0625)\times4$$
$$=65.75m^2$$

工程内容包括：混凝土制作、运输、浇筑、振捣、养护。

⑥ 现浇混凝土台阶，010507004，C20 混凝土

a. 010506001001，Ⓑ©轴线台阶

$$V_1 = [(3.0-0.125) \times 2.1 + (2.7-0.125) \times (2.1-0.3 \times 2) + (2.4-0.125) \times (2.1-$$
$$0.3 \times 4)] \times 0.15 - (2.1-0.125) \times (2.1-0.3 \times 6) \times 0.45$$
$$= (6.0375 + 3.8625 + 2.0475) \times 0.15 - 0.2666$$
$$= 1.526 \text{m}^3$$

b. 010506001002，Ⓐ轴线以下

$$V_2 = [(6+0.2 \times 2+2.4 \times 2) \times (3+0.3 \times 2-0.25) + (6+0.2 \times 2+2.4 \times 2-0.3 \times$$
$$2) \times (3+0.3-0.25) + (6+0.2 \times 2+2.4 \times 2-0.3 \times 4) \times (3-0.25)] \times 0.15 -$$
$$(6+0.2 \times 2+2.4 \times 2-0.3 \times 6) \times (3-0.25-0.3) \times 0.45$$
$$= (37.52 + 32.33 + 27.5) \times 0.15 - 10.3635$$
$$= 4.239 \text{m}^3$$

c. 010507001，散水，0.8m 宽 C20 混凝土，原土打夯，地面三七灰土垫层 20mm 厚，水泥砂浆 8mm 厚面层。

$$L = 外墙外边线 - 2.1 - (6+0.2 \times 2+2.4 \times 2) = 112.7 - 2.1 - 11.2 = 99.4 \text{m}$$

清单散水工程量

$$S = 94 \times 0.8 + 0.8 \times 0.8 \times 4 = 82.08 \text{m}^2$$

2) 定额工程量

① 现浇混凝土基础

a. Z 独立柱基

（a）独立柱基 J-1，C30 混凝土，底：5000mm×5000mm，顶：550mm×550mm。

$$V = \left[5 \times 5 \times 0.3 + (5 \times 5 + \sqrt{5 \times 5 \times 0.6 \times 0.6} + 0.6 \times 0.6) \times \frac{1}{3} \times 0.6 \right] \times 6$$
$$= [7.5 + (25+3+0.36) \times 0.2] \times 6$$
$$= 79.03 \text{m}^3$$

四棱台近似体积公式 $V = \dfrac{H}{3} [A \cdot B + \sqrt{(A \cdot B)(a \cdot b)} + a \cdot b]$

（b）独立柱基 J-2，C30 混凝土。

$$V = \left[3.8 \times 3.8 \times 0.3 + (\sqrt{3.8 \times 3.8 \times 0.6 \times 0.6} + 0.6 \times 0.6 + 3.8 \times 3.8) \times \frac{0.4}{3} \right] \times 3$$
$$= \left[4.332 + (2.28+0.36+14.44) \times \frac{1}{3} \times 0.4 \right] \times 3$$
$$= 19.83 \text{m}^3$$

（c）独立柱 J-3，C30 混凝土。

$$V = \left[3.8 \times 3.8 \times 0.3 + (3.8 \times 3.8 + \sqrt{3.8 \times 3.8 \times 0.6 \times 0.6} + 0.6 \times 0.6) \times \frac{0.4}{3} \right] \times 14$$
$$= [4.332 + (14.44+2.28+0.36) \times 0.4 \div 3] \times 14$$
$$= 92.53 \text{m}^3$$

（d）独立柱 J-4，C30 混凝土。

$$V = (1.7+1.9) \times (2.15+2.15) \times 0.3 + [(1.7+1.9) \times (2.15+2.15) + 0.6 \times 0.6 +$$

$$\sqrt{(1.7+1.9)\times(2.15+2.15)\times0.6\times0.6}]\times\frac{1}{3}\times0.5$$

$$=4.644+(15.48+0.36+2.361)\times0.5\div3$$

$$=7.68m^3$$

(e) 独立柱 J-5，C30 混凝土。

$$V_1=(1.85+1.25)\times(1.65\times2+2.1)\times0.3+[0.5\times(0.4\times2+1.7)+\sqrt{3.1\times5.4\times0.5\times2.5}+$$

$$3.1\times5.4]\times\frac{1}{3}\times0.3$$

$$=5.022+(1.25+4.574+16.74)\times0.1$$

$$=7.28m^3$$

基础梁伸入独立柱基深 0.6m

$$V_2=0.5\times0.6\times5.4=1.62m^3$$

$$V_{J-5}=7.28-1.62=5.66m^3$$

b. C10 混凝土垫层

(a) J-1：$V_1=5.2\times5.2\times6\times0.1=16.22m^3$

(b) J-2：$V_2=4\times4\times3\times0.1=4.8m^3$

(c) J-3：$V_3=4\times4\times14\times0.1=22.4m^3$

(d) J-4：$V_4=3.8\times4.5\times0.1=1.71m^3$

(e) J-5：$V_5=3.3\times5.6\times0.1=1.85m^3$

c. 条形基础承台 010501002，C30 混凝土

(a) 1-1 截面条形基础混凝土承台工程量：

长 $L=(14.1-1.9-2.15\times2-1.9)(②轴线)+(42-1.9\times2\times6-2-2)(①轴线)-$

$$0.24\times3(构造柱)$$

$$=6+15.2-0.72$$

$$=20.48m$$

$$V=(0.7\times0.3+0.3\times0.25)\times20.48=5.84m^3$$

(b) 2-2 截面：

长 $L=(6-0.12+0.35)(1/3轴)+(6-0.12+0.35)(1/7轴)+(3.9-0.12-0.35)$

$$(1/8轴)+(6-2.5-2)(1/C轴)+(42-0.12\times2-5\times6)(B轴)-9\times0.25(GZ)$$

$$=6.23+6.23+3.43+1.5+11.76-2.25$$

$$=26.90m$$

$$V=0.3\times0.7\times26.90=5.65m^3$$

(c) 3-3 截面：

长 $L=(6-0.12-0.35)\times6(①与1/C之间)+(6-1.9-0.35)\times6(Ⓐ⑧间)$

$$=55.68m$$

$$V=0.3\times0.7\times55.68=11.69m^3$$

(d) 4-4 截面：

$L=[(3.9-2-0.35)(1/C到C间)+(6-2-0.35)(ⒶⒷ间⑨轴线)]+(42-1.9-2-$

$$1.9 \times 2 \times 6)(\text{Ⓐ轴线})+8.1-0.25(构造柱)$$

$$=1.55+3.65+15.3+8.1-0.25$$

$$=28.35\text{m}$$

$$V=(0.7\times0.3+0.3\times0.25)\times28.35=8.08\text{m}^3$$

d. 墙，C30 混凝土

外墙定额工程量：本工程采用北京定额，关于墙高有如下规定。

外墙：平屋顶带挑檐板者算至板面，坡顶带檐口者算至望板下皮，砖出檐者算于檐口上皮。

内墙：高度由室内设计地面或楼板面算至板底，梁下墙算至梁底；板不压墙的算至板上皮，如墙两侧的板厚不一样时算至薄板上皮；有吊顶天棚而墙高不到板底，设计又未注明，算至天棚底另加 200mm。

则该工程三层外墙高均为 3.6m。

（a）定额外墙工程量：C-4 处与清单工程量计算不同

一层外墙 $V_{外1}=\{3.6\times104.50-5.6\times2\times2$樘$(\text{C}-1)-1.5\times2\times16$樘$(\text{C}-2)-1.5\times$
$$1.1\times2\text{樘}(\text{C}-3)-1.5\times(3.6-1)\times1\text{樘}-2\times2.7\times2\text{樘}(\text{C}-5)-$$
$$11.2\times3.41\text{玻璃幕墙}-1.5\times2.7\times1\text{扇}(\text{M}-2)\}\times0.25-1.795\text{过梁}$$
$$=(376.2-22.4-48-3.3-3.9-10.8-38.19-4.05)\times0.25-1.795$$
$$=59.60\text{m}^3$$

二层外墙 $V_{外2}=[3.6\times104.50-5.6\times2\times5$樘$(\text{C}-1)-1.5\times2\times16(\text{樘})(\text{C}-2)-$
$$1.5\times1.1\times2\text{樘}(\text{C}-3)-1.5\times3.6\times1\text{樘}(\text{C}-4)-1.5\times2.7\times1\text{扇}$$
$$(\text{M}-2)-0.5\times11.2\text{玻璃幕墙}]\times0.25-3.356(\text{过梁})$$
$$=376.2-56-48-3.3-5.4-4.05-5.6)\times0.25-3.356\text{（过梁）}$$
$$=60.107\text{m}^3$$

三层外墙定额工程量：$V_{外3}=\{3.6\times104.5-5.6\times2\times4$樘$(\text{C}-1)-1.5\times2\times16$樘
$$(\text{C}-2)-1.5\times1.1\times3\text{樘}(\text{C}-3)-1.5\times2.8\times1\text{樘}(\text{C}-$$
$$4)-5.6\times2\times1\text{樘}(\text{C}-6)-1.5\times2.7\times1\text{扇}(\text{M}-2)\}\times$$
$$0.25-2.693$$
$$=(376.2-44.8-48-3.3-4.2-11.2-4.05)\times0.25-$$
$$2.693(\text{过梁})$$
$$=62.47\text{m}^3$$

清单外墙列项包括外墙面勾缝，则水泥砂浆外墙勾缝为定额外墙面勾缝工程量。

一层外墙面勾缝面积：$S_{外1}=180.09\text{m}^2$

二层外墙面勾缝面积：$S_{外2}=189.05\text{m}^2$

三层外墙面勾缝面积：$S_{外3}=194.2\text{m}^2$

（b）250 厚加气混凝土砌块砌内墙

ⓐ 一层板面标高 3.57m，KL3 尺寸 300×700，则 KL3 下内墙高 $h_{\text{KL3}}=3.57-0.7=2.87\text{m}$

KL3 下内墙净长 $=(6-0.5)\times5(\text{ⒸⒹ间})+(6-0.25-0.125)\times5(\text{ⒶⒷ间})$
$$=27.5+28.125$$
$$=55.625\text{m}$$

ⓑ KL4 尺寸 300×700，则 KL4 下内墙高 $h_{KL4}=3.57-0.7=2.87m$

KL4 内墙净长 $=(6-0.5)+(6-0.25-0.125)$

$\qquad\qquad\quad =5.5+5.625$

$\qquad\qquad\quad =11.125m$

ⓒ KL7 尺寸为 250×600，则 KL7 内墙高 $h_{KL7}=3.57-0.6=2.97m$

$\qquad$ KL7 下内墙净长 $=42-0.25×6(构造柱)=40.50m$

ⓓ KL8 尺寸 300×600，则 KL8 下内墙高 $h_{KL8}=3.57-0.6=2.97m$

$\qquad$ KL8 内墙净长 $=42-0.2-0.25-0.5×6=38.55m$

注：LL1 是大厅，不用算。

ⓔ LL2(1) 尺寸 250×250，则 LL2 下内墙高 $h_{LL1}=3.57-0.55=3.02m$

LL2(1) 下内墙净长 $=[6-0.25×2(构造柱)](①③轴)+(6-0.25×2)(①⑦轴)$

$\qquad\qquad\qquad =11.0m$

ⓕ LL3 尺寸 250×400，则 LL3 下内墙高 $h_{LL3}=3.57-0.4=3.17m$

$\qquad$ LL3 下内墙净长 $=[3.9-2×0.25(构造柱)](①⑧轴)=3.4m$

ⓖ LL4 尺寸为 250×600，则 LL4 下内墙高 $h_{LL4}=3.57-0.6=2.97m$

LL4 下内墙净长 $=(3-0.25×2)(⑧到①⑧间)+(3-0.25)(①⑧与⑨间)$

$\qquad\qquad\qquad =5.25m$

一层内墙加气混凝土砌块工程量：

$V_1=55.625×2.87×0.25=39.91m^3$

$V_2=11.125×2.87×0.25=7.98m^3$

$V_3=[40.50×2.97-1×2.1×6扇(M-4)-(6-0.25)(⑤⑥轴间)×2.97]×0.25-0.228$

$\quad =(120.285-12.6-17.077)×0.25-0.228(过梁)$

$\quad =22.424m^3$

$V_4=[2.97×38.55-1×2.1×7扇(M-4)-1.5×2.1×1扇(M-3)-(3-0.25-$

$\qquad 0.125)×2×2.97(①③到④与⑦到①⑦间)]×0.25-(0.075+0.219)$

$\quad =(114.494-14.7-3.15-15.593)×0.25-(0.075+0.219)(过梁)$

$\quad =19.969m^3$

$V_5=3.02×11.0×0.25=8.305m^3$

$V_6=3.17×3.4×0.25=2.695m^3$

$V_7=[5.25×2.97-0.8×2.1×2扇(M-5)]×0.25-0.066(过梁)$

$\quad =(15.593-3.36)×0.25-0.066$

$\quad =2.992m^3$

(c) 二层板面标高 7.17m，010401003002

ⓐ KL11 尺寸 300×700，则 KL11 下内墙高 $h_{KL11}=3.57-0.7=2.87m$

KL11 内墙净长 $=(6-0.5)×5(ⒸⒹ间)+(6-0.25-0.125)×5(ⒶⒷ间)$

$\qquad\qquad\quad =55.625m$

ⓑ KL12 尺寸 300×700，则 KL12 下内墙高 $h_{KL12}=3.57-0.7=2.87m$

$\qquad$ KL12 内墙净长 $=(6-0.5)(ⒸⒹ间)+(6-0.25-0.125)(ⒶⒷ间)=11.125m$

ⓒ KL7 尺寸 250×600，则 KL7 下内墙高 h_{KL7}＝3.57－0.6＝2.97m

KL7下内墙净长＝42－0.25×6(构造柱)＝40.50m

ⓓ KL8 尺寸 300×600，则 KL8 下内墙高 h_{KL8}＝3.57－0.6＝2.97m

KL8下内墙净长＝42－0.2－0.25－0.5×6＝38.55m

ⓔ LL2(1) 尺寸 250×550，则 LL1 下内墙高 h_{LL1}＝3.57－0.55＝3.02m

LL2(1) 下内墙净长＝6－0.25×2（构造柱）(①/3轴)＋6－0.25×2 (①/7轴)

＝11.0m

ⓕ LL3 尺寸 250×400，则 LL3 下内墙净高 h_{LL3}＝3.57－0.4＝3.17m

LL3下内墙净长＝3.9－2×0.25(构造柱)(①/8轴)＝3.4m

ⓖ LL4 尺寸 250×600，则 LL4 下内墙高 h_{LL4}＝3.57－0.6＝2.97m

LL4 下内墙净长＝(3－0.25×2)⑧到①/8间＋(3－0.25)①/8到⑨间

＝5.25m

二层加气混凝土块工程量：

V_1＝55.625×0.25×2.87＝39.911m³

V_2＝11.125×0.25×2.87＝7.982m³

V_3＝[40.5×2.97－1×2.1×7扇(M－4)]×0.25－0.266(过梁)

＝105.585×0.25－0.266

＝26.13m³

V_4＝[38.55×2.97－(3－0.25－0.125)×2×2.97(①/3到④和⑦到①/7间)－1×2.1×6

(扇)(M－4)－1.5×2.1×1扇(M－3)]×0.25－(0.075＋0.188)(过梁)

＝(83.151×0.25－0.263)m³

＝20.525m³

V_5＝3.02×11.0×0.25＝8.305m³

V_6＝3.17×3.4×0.25＝2.695m³

V_7＝[5.25×2.97－0.8×2.1×2扇(M－5)]×0.25－0.066(过梁)

＝12.233×0.25－0.066

＝2.992m³

(d) 三层板顶标高 10.8m

ⓐ KL17 尺寸 300×700，则 KL17 下内墙高 h_{KL17}＝3.6－0.7＝2.9m

KL17下内墙净长线＝(6－0.5)×2(④⑦轴)＝11.0m

ⓑ KL18 尺寸 300×700，则 KL18 下内墙高 h_{KL18}＝3.6－0.7＝2.9m

KL18下内墙净长线＝6－0.5＝5.5m

ⓒ WKL7 尺寸 250×600，则 WKL7 下内墙高 h_{WKL7}＝3.6－0.6＝3.0m

WKL7下内墙净长线＝42－6×0.25(GZ)＝40.5m

ⓓ WKL21 尺寸 300×600，则 WKL21 下内墙高 h_{WKL21}＝3.6－0.6＝3.0m

WKL21下内墙净长线＝42－0.2－0.25－0.5×6＝38.55m

ⓔ LL2 (2) 尺寸 250×500，则 LL2 (2) 下内墙高 $h_{LL2(2)}$＝3.6－0.5＝3.10m

LL2（2）下内墙净长＝(6－0.25×2)(构造柱)(①③轴)＋(6－0.25×2)(①⑦轴)

$\qquad$ ＝11.0m

⑪ LL7（1）尺寸250×400，则LL7（1）下内墙高 $h_{LL7(1)}$＝3.6－0.4＝3.20m

LL7（1）下内墙净长＝3.9－2×0.25（GZ）(①⑧轴)＝3.4m

⑧ LL8（1）尺寸250×600，则LL8（1）下内墙高 $h_{LL8(1)}$＝3.6－0.6＝3.0m

LL8（1）下内墙净长＝(3－0.25×2)(⑧与①⑧间)＋(3－0.25)(①⑧到⑨间)

$\qquad$ ＝5.25m

三层加气混凝土块工程量

V_1＝11.0×2.9×0.25＝7.975m³

V_2＝5.5×2.9×0.25＝3.988m³

V_3＝[40.5×3－1.5×2.1×2扇(M－6)－1×2.1×3扇(M－7)]×0.25－(0.15＋

$\qquad$ 0.114)过梁

$\qquad$ ＝(108.9×0.25－0.264)m³

$\qquad$ ＝26.961m³

V_4＝[38.55×3－(3－0.25－0.125)×2×3(①③④与⑦①⑦间)－1×2.1×6扇(M－

$\qquad$ 7)－1.5×2.1×1扇(M－6)－1.5×2.1×1扇(M－3)]×0.25－(0.075＋

$\qquad$ 0.075＋0.188)过梁

$\qquad$ ＝81×0.25－0.338

$\qquad$ ＝19.912m³

V_5＝11.0×3.1×0.25＝8.525m³

V_6＝3.2×3.4×0.25＝2.72m³

V_7＝[5.25×3－0.8×2.1×2扇(M－5)]×0.25－0.066(过梁)

$\qquad$ ＝12.39×0.25－0.066

$\qquad$ ＝3.032m³

综上所述：

墙高2.87m 内墙工程量

$\qquad$ V_1＝(39.91＋7.98)(一层)＋(39.91＋7.98)(二层)＋0(三层)＝95.78m³

墙高2.97m 内墙工程量

V_2＝(22.424＋19.969＋2.992)(一层)＋(26.13＋20.525＋2.992)(二层)＋0(三层)

$\quad$ ＝95.032m³

墙高3.02 内墙工程量

$\qquad$ V_3＝8.305(一层)＋8.305(二层)＋0(三层)＝16.61m³

墙高3.17m 内墙工程量

$\qquad$ V_4＝2.695(一层)＋2.695(二层)＝5.39m³

墙高2.9m 内墙工程量

$\qquad$ V_5＝7.975＋3.988＝11.963m³

墙高3.0m 内墙工程量

$\qquad$ V_6＝26.961＋19.912＋3.032＝49.905m³

墙高 3.1m 内墙工程量

$V = 8.525 \text{m}^3$

墙高 3.2m 内墙工程量

$$V_8 = 2.72 \text{m}^3$$

② 柱混凝土工程量

a. 混凝土柱工程量，矩形柱，6 根柱 1。

柱高 $3.6 \times 3 + 0.9 = 11.7 \text{m}$，截面 500×500，C30 混凝土。

± 0.000 以下 $h_1 = 0.9 \text{m}$，± 0.000 以上 $h_2 = 10.8 \text{m}$

± 0.000 以上 $V_1' = 0.5 \times 0.5 \times 10.8 \times 6 = 16.2 \text{m}^3$

± 0.000 以下 $V_1'' = 0.5 \times 0.5 \times 6 \times 0.9 = 1.35 \text{m}^3$，$V_1 = 16.2 + 1.35 = 17.55 \text{m}^3$

b. 矩形柱，3 根柱 2，柱高 $1.1 + 3.6 \times 3 = 11.9 \text{m}$，其中 ± 0.000 以下 1.1m。

± 0.000 以上 10.8mm，截面 500×500，C30 混凝土。

± 0.000 以上 $V_2' = 0.5 \times 0.5 \times 10.8 \times 3 = 8.1 \text{m}^3$

± 0.000 以下 $V_2'' = 0.5 \times 0.5 \times 1.1 \times 3 = 0.825 \text{m}^3$

工程量：$V_2 = V_2' + V_2'' = 8.1 + 0.825 = 8.925 \text{m}^3$

c. 矩形柱，14 根柱 3，高 $1.1 + 3.6 \times 3 = 11.9 \text{m}$，其中 ± 0.000 以上 10.8m。

± 0.000 以下 1.1m，截面 500×500，C30 混凝土。

± 0.000 以下 $V_3' = 0.5 \times 0.5 \times 1.1 \times 14 = 3.85 \text{m}^3$

± 0.000 以上 $V_3'' = 0.5 \times 0.5 \times 10.8 \times 14 = 37.8 \text{m}^3$

工程量为 $V_3 = V_3' + V_3'' = 37.8 + 3.85 = 41.65 \text{m}^3$

d. 柱 4，C30 混凝土，500×500，高 $0.8 + 3.6 \times 3 = 11.6 \text{m}$。

其中 ± 0.000 以上 10.8m，以下 0.8m。

± 0.000 以上 $V_4' = 10.8 \times 0.5 \times 0.5 = 2.7 \text{m}^3$

± 0.000 以下 $V_4'' = 0.8 \times 0.5 \times 0.5 = 0.2 \text{m}^3$

工程量 $V_4 = V_4' + V_4'' = 2.7 + 0.2 = 2.90 \text{m}^3$

e. 2 根柱 5，高 $3.6 \times 3 + 0.8 = 11.6 \text{m}$，其中 ± 0.000 以下 0.8m。

± 0.000 以上 10.8m，C30 混凝土 400×400

± 0.000 以上 $V_5' = 10.8 \times 0.4 \times 0.4 \times 2 = 3.456 \text{m}^3$

± 0.000 以下 $V_5'' = 0.8 \times 0.4 \times 0.4 \times 2 = 0.256 \text{m}^3$

工程量 $V_5 = V_5' + V_5'' = 3.456 + 0.256 = 3.712 \text{m}^3$

综上所述：± 0.000 以下柱体积 $V_下 = V_1'' + V_2'' + V_3'' + V_4'' + V_5''$

$$= 1.35 + 0.825 + 3.85 + 0.2 + 0.256$$

$$= 6.481 \text{m}^3$$

± 0.000 以上柱体积：$V_上 = V_1' + V_2' + V_3' + V_4' + V_5'$

$$= 16.2 + 8.1 + 37.8 + 2.7 + 3.456$$

$$= 68.256 \text{m}^3$$

f. 构造柱：± 0.000 以上构造柱工程量，C30 混凝土。

± 0.000 以上女儿墙以下构造柱，$h = 3.6 \times 3 = 10.8 \text{m}$。

三面马牙槎 10 个，$V=\left(0.25+\dfrac{0.06}{2}\times2\right)\times\left(0.25+\dfrac{0.06}{2}\right)\times10.8\times10$

$$=0.31\times0.28\times10.8\times10$$

$$=9.37\text{m}^3$$

四面马牙槎 6 个，$V=\left(0.25+\dfrac{0.06}{2}\times2\right)\times\left(0.25+\dfrac{0.06}{2}\times2\right)\times10.8\times6$

$$=0.31\times0.31\times10.8\times6$$

$$=6.227\text{m}^3$$

女儿墙中构造柱工程量：$V_{三面}=0.3\times0.27\times0.6\times3=0.146\text{m}^3$

综上所述构造柱工程量：

主墙：$V_{三面马牙槎}=1.405$（基础）$+9.37$（墙体）$=10.775\text{m}^3$

g. ±0.000 以下 C30 混凝土构造柱工程量

构造柱统计：三面马牙槎 10 个，四面马牙槎 6 个

基础内构造柱：

1-1 截面上 4 个三面马牙槎构造柱：

$$V=\left(0.25+\dfrac{0.06}{2}\times2\right)\times\left(0.25+\dfrac{0.06}{2}\right)\times1.6\times4=0.556\text{m}^3$$

2-2 截面上 5 个三面马牙槎，6 个四面马牙槎构造柱：

$$V=\left[\left(0.25+0.06\times\dfrac{1}{2}\times2\right)\times\left(0.25+\dfrac{0.06}{2}\right)\times5+\left(0.25+\dfrac{0.06}{2}\times2\right)^2\times6\right]\times1.6$$

$$=(0.434+0.577)\times1.6$$

$$=0.694+0.923$$

$$=1.618\text{m}^3$$

4-4 截面，1 个三面马牙槎构造柱

$$V=\left(0.25+0.06\times\dfrac{1}{2}\times2\right)\times\left(0.25+\dfrac{0.06}{2}\right)\times1.6=0.139\text{m}^3$$

基础内构造柱体积

$$V=0.556+1.618+0.139=2.313\text{m}^3\begin{cases}三面:0.556+0.694+0.139+1.389=1.405\text{m}^3\\四面:0.923\text{m}^3\end{cases}$$

③ 梁混凝土工程量

a. 混凝土地圈梁，C30 混凝土梁底标高 -0.300，梁截面 240×240。

圈梁长 $L=$ 外墙中心线 $+$ 内墙净长线 $-$ 构造柱宽 $-$ 柱宽

$$=112.2+173.4-16\times0.25-24\times0.6$$

$$=112.2+173.4-4-14.4$$

$$=267.2\text{m}$$

$$V=0.24\times0.24\times267.2=15.39\text{m}^3$$

b. 混凝土基础梁工程量：C30 混凝土，截面 500×800，梁底标高 -1.600m

$$V=0.5\times0.8\times5.4=0.4\times5.1=2.16\text{m}^3$$

c. 钢筋混凝土矩形梁工程量，C30 混凝土

（a）一层钢筋混凝土现浇梁

ⓐ KL（1），250×400，梁底标高：3.57−0.4＝3.17m

梁长 L＝2.1−0.2−0.25＝1.65m

V＝0.25×0.4×1.65＝0.165m³

ⓑ KL2（2）尺寸 300×700，梁底标高：3.57−0.7＝2.87m

梁长 L＝[14.1−0.5×2(框架柱宽)−0.25(构造柱宽)]×1(跨)＝12.85m

工程量 V＝0.3×0.7×12.85＝2.699m³

ⓒ KL3（2）截面 300×700，梁底标高：3.57−0.7＝2.87m

梁长 L＝[14.1−0.5×2(框架柱宽)−0.25(构柱宽)]×5(跨)

　　　＝12.85×5＝64.25m

工程量 V＝0.3×0.7×64.25＝13.493m³

ⓓ KL4（2）截面尺寸 300×700，梁底标高：3.57−0.7＝2.87m

梁长 L＝[14.1−0.5×2(框架柱宽)−0.25×2(构造柱)]×1(跨)＝12.6m

工程量 V＝0.3×0.7×12.6＝2.646m³

ⓔ KL5（2）截面 300×700，梁底标高：3.57−0.7＝2.87m

梁长 L＝[14.1−0.5×2(框柱宽)−0.25×2(构柱宽)]×1(跨)＝12.6m

工程量 V＝0.3×0.7×12.6＝2.646m³

ⓕ KL6（7）尺寸 300×600，梁底标高：3.57−0.6＝2.97m

梁长＝(42−0.25)−7×0.5(框架柱)(Ⓐ轴线)+[42−7×0.5(框柱)−0.25×3(构柱)

　　　(Ⓓ轴线)]

　　　＝38.25+37.75

　　　＝76m

工程量 V＝0.3×0.6×76＝13.68m³

ⓖ KL7（8）尺寸 250×600，梁底标高：3.57−0.6＝2.97m

梁长 L＝42−0.25×6(构造柱)＝40.5m

工程量 V＝0.25×0.6×40.5＝6.075m³

ⓗ KL8（8），截面 300×600，梁底标高 3.57−0.6＝2.97m

梁长 L＝(42−0.25)−0.5×7框柱＝38.25m

工程量 V＝0.3×0.6×38.25＝6.885m³

ⓘ LL1（1）尺寸 250×500，梁底标高：3.57−0.5＝3.07m

梁长 L＝(6−0.25)×7(跨)(ⒶⒷ轴间)+(6−0.25)×4(ⒸⒹ间)

　　　＝40.25+23＝63.25m

工程量 V＝0.25×0.5×63.25＝7.906m³

ⓙ LL2（1）尺寸 250×550，梁底标高：3.57−0.55＝3.02m

梁长 L＝(6−0.25)×2＝11.5m

工程量 V＝0.25×0.55×11.5＝1.581m³

ⓚ LL3（1）尺寸 250×400，梁底标高：3.57−0.4＝3.17m

梁长 L＝3.9−0.25(构造柱)＝3.65m

工程量 V＝0.25×0.4×3.65＝0.365m³

ⓛ LL4（1）尺寸 250×600，梁底标高：3.57−0.6＝2.97m

梁长 $L=(3-0.25)$（⑧与⑴⑧间）$+(3-0.125)$（⑴⑧与⑨间）$=5.625m$

工程量 $V=0.25×0.6×5.625=0.844m^3$

板底标高 3.47m

$V_{一层工程量}=21.484+0.53+20.565+6.919+7.906+1.581=58.985m^3$

梁底标高：2.87m，300mm×700mm，$V=2.699+13.493+2.646×2=21.484m^3$

梁底标高：2.97m，300mm×600mm，$V=13.68+6.885=20.565m^3$

梁底标高：3.02m，250mm×550mm，$V=1.581m^3$

梁底标高：3.07m，250mm×500mm，$V=7.906m^3$

梁底标高：3.17m，250mm×400mm，$V=0.365+0.165=0.53m^3$

梁底标高：2.97m，250mm×600mm，$V=6.075+0.844=6.919m^3$

钢筋混凝土梁定额计算规则：

ⓐ 梁与柱连接时，梁长算至柱侧面。

ⓑ 主梁与次梁连接时，次梁长算至主梁侧面。

工作内容已包括混凝土制作、运输、浇筑、振捣、养护。

（b）二层混凝土现浇梁，C30 混凝土（定额）

ⓐ KL9（1）尺寸 250×400，梁底标高：$7.17-0.4=6.77m$

梁长 $L=2.1-0.2-0.25=1.65m$

工程量 $V=0.25×0.4×1.65=0.165m^3$

ⓑ KL10（2），尺寸 300×700，梁底标高：$7.17-0.7=6.47m$

梁长 $L=14.1-0.5×2$（框架柱）-0.25（构柱）$×1$（跨）$=12.85m$

工程量 $V=0.3×0.7×12.85=2.699m^3$

ⓒ KL11（2），尺寸 300×700，梁底标高：$7.17-0.7=6.47m$

梁长 $L=[14.1-0.5×2$（框柱）-0.25（构柱）$]×5$（跨）$=64.25m$

工程量 $=0.3×0.7×64.25=13.493m^3$

ⓓ KL12（2），300×700，梁底标高：$7.17-0.7=6.47m$

梁长 $=[14.1-0.5×2$（框柱）$-0.25×2$（构柱）$]×1$（跨）$m=12.6m$

工程量 $V=0.3×0.7×12.6m^3=2.646m^3$

ⓔ KL13（2），尺寸 300×700，梁底标高：$7.17-0.7=6.47m$

梁长 $=[14.1-0.5×2$（框柱）$-0.25×2$（构柱）$]×1$（跨）$=12.6m$

工程量 $V=0.3×0.7×12.6=2.646m^3$

ⓕ KL6（7），300×600，梁底标高：$7.17-0.6=6.57m$

梁长 $L=(42-0.25)-7×0.5$（框柱）$=38.25m$

$V=38.25×0.3×0.6=6.885m^3$

ⓖ KL14（7），300×600，梁底标高：$7.17-0.6=6.57m$

$L=(42-0.25)-7×0.5$（框柱）$-0.25×3$（构柱）$=37.5m$

$V=0.3×0.6×37.25=6.75m^3$

ⓗ KL7（8），250×600，梁底标高：$7.17-0.6=6.57m$

抄一层量梁长 $=40.5m$

工程量 $V=0.25×0.6×40.5=6.075m^3$

ⓘ KL8 (8)，300×600，梁底标高：7.17－0.6＝6.57m

抄一层量梁长＝38.5m

工程量 $V＝0.3×0.6×38.5＝6.93m^3$

ⓙ LL1 (1)，250×500，梁底标高：7.17－0.5＝6.67m

抄一层量 $L＝65.125m$　$V＝5.14m^3$

ⓚ LL2 (1)，250×550，梁底标高：7.17－0.5＝6.67m

抄一层量 $L＝12m$　$V＝1.65m^3$

ⓛ LL3 (1)，250×400，梁底标高：7.17－0.4＝6.77m

抄一层量 $L＝3.65m$　$V＝0.365m^3$

ⓜ LL4 (1)，250×600，梁底标高：7.17－0.6＝6.57m

抄一层量 $L＝5.625m$　$V＝0.844m^3$

综上所述二层，混凝土现浇梁中：抄二层量

尺寸 300×700，标高 6.47m，工程量 $V_7＝21.484m^3$

尺寸 250×400，标高 6.77m，工程量 $V_8＝0.53m^3$

尺寸 300×600，标高 6.57m，工程量 $V_9＝20.655m^3$

尺寸 250×600，标高 6.57m，工程量 $V_{10}＝6.919m^3$

尺寸 250×500，标高 6.67m，工程量 $V_{11}＝5.14m^3$

尺寸 250×550，标高 6.62m，工程量 $V_{12}＝1.65m^3$

$V_{二层}＝21.484＋0.53＋20.52＋6.919＋7.906＋1.65＝59.009m^3$

因此，定额工程量且工作内容也相同，则定额工程量：板底标高 7.07m，$V＝56.378m^3$，套用矩形梁定额子目。

(c) 三层钢筋混凝土现浇梁，C30 混凝土

ⓐ WKL15 (1)，250×400，梁底标高：10.8－0.4＝10.4m

$L＝1.65m$　$V＝0.165m^3$

ⓑ WKL16 (2)，300×700，梁底标高：10.8－0.7＝10.1m

$L＝12.85m$　$V＝2.699m^3$

ⓒ WKL17 (2)，300×700，梁底标高：10.8－0.7＝10.1m

$L＝64.25m$　$V＝13.493m^3$

ⓓ WK18 (2)，300×700，梁底标高：10.8－0.7＝10.1m

$L＝12.6m$　$V＝2.646m^3$

ⓔ WKL19 (2)，300×700，梁底标高：10.8－0.7＝10.1m

$L＝12.6m$　$V＝2.646m^3$

ⓕ WKL20 (7)，300×600，梁底标高：10.8－0.6＝10.2m

$L＝38.25m$　$V＝6.885m^3$

ⓖ WKL22 (7)，300×600，梁底标高：10.8－0.6＝10.2m

$L＝37.5m$　$V＝6.75m^3$

ⓗ WKL7 (8)，250×600，梁底标高：10.8－0.6＝10.2m

$L＝40.5m$　$V＝6.075m^3$

ⓘ WKL21 (8)，300×600，梁底标高：10.8－0.6＝10.2m

$L=38.25\text{m}$　$V=6.885\text{m}^3$

ⓙ LL6（1），250×500，梁底标高：10.8－0.5＝10.3m

$L=(6-0.125)\times2$跨Ⓐ Ⓑ间＋6×4Ⓒ Ⓓ间＝35.75m

$V=0.25\times0.5\times35.75=4.469\text{m}^3$

ⓚ LL2（1），250×550，梁底标高：10.8－0.55＝10.25m

$L=12\text{m}$　$V=1.65\text{m}^3$

ⓛ LL5（1），250×500，梁底标高：10.8－0.5＝10.3m

$L=(6-0.125)\times5=29.375\text{m}$

$V=0.25\times0.5\times29.375=3.672\text{m}^3$

ⓜ LL7（1），250×400，梁底标高：10.8－0.4＝10.4m

$L=3.65\text{m}$　$V=0.365\text{m}^3$

ⓝ LL8（1），250×600，梁底标高：10.8－0.6＝10.2m

$L=5.625\text{m}$　$V=0.844\text{m}^3$

综上所述，三层混凝土现浇梁中

尺寸300×700，标高10.1m，$V_{13}=21.484\text{m}^3$

尺寸250×400，标高10.4m，$V_{14}=0.53\text{m}^3$

尺寸300×600，标高10.2m，$V_{15}=20.52\text{m}^3$

尺寸250×600，标高10.2m，$V_{16}=6.919\text{m}^3$

尺寸250×500，标高10.3m，$V_{17}=8.141\text{m}^3$

尺寸250×550，标高10.25m，$V_{18}=1.65\text{m}^3$

定额工程量套矩形梁（梁底标高10.7m）

$$V=21.484+0.53+20.52+6.919+8.141+1.65=59.244\text{m}^3$$

d. 钢筋混凝土过梁

注：两面有柱时或单侧有柱时，靠柱端过梁不外延，浇筑柱时直接留预埋件。

M-1 上有框梁代替，现浇混凝土过梁，C30 混凝土。

（a）一层过梁

内墙：M-4 上方，7 个，净跨 1m，TGLA25101，尺寸 250×100，标高 2.1m。

$L=1250\text{mm}$，$V=0.25\times0.1\times1.25\times7=0.219\text{m}^3$

外墙：C-1 上方，2 个，净跨 6m，尺寸 250×250，标高 3.0m。

$L=6\text{m}$，$V=0.25\times0.25\times6\times2=0.75\text{m}^3$

外墙：C-5 上方，2 个，净跨 2.7m，尺寸 250×200，标高 3.0m。

$L=2.95$，$V=0.25\times0.2\times2.95\times2=0.295\text{m}^3$

外墙：M-2 上方，1 个，净跨 1.5m，尺寸 250×150，标高 2.7m。

$L=1.75\text{m}$，$V=0.25\times0.15\times1.75=0.066\text{m}^3$

（b）二层现浇过梁

内墙：M-4 上方，6 跨，净跨 1m，尺寸 250×100，标高：3.6＋2.1＝5.7m

$L=1250\text{mm}$，$V=0.25\times0.1\times1.25\times6=0.188\text{m}^3$

外墙：C-1 上方，5 跨，净跨 6m，尺寸 250×250，标高 6.6m。

$L=6m$，$V=0.25×0.25×6×5=1.875m^3$

M-2 上方，1 跨，净跨 1.5m，尺寸 250×150，标高：3.6+2.7=6.3m

$L=1.5+0.25=1.75m$

$V=0.25×0.15×1.75=0.066m^3$

玻璃幕墙上方，1 跨，净跨 6+2.6×2=11.2m，尺寸 250×250，标高：3.6+0.5=4.1m

$L=11.2+0.5=11.7m$

$V=0.25×0.25×11.7=0.731m^3$

（c）三层现浇过梁

内墙：M-7 上方，6 跨净跨 1m，尺寸 250×100，标高：7.2+2.1=9.3m

$L=1+0.25=1.25m$

$V=0.25×0.1×1.25×6=0.188m^3$

外墙：C-1 上方，4 跨，净跨 6m，尺寸 250×250，标高：7.2+3=10.2m

$L=6m$，$V=0.25×0.25×6×4=1.5m^3$

C-4 上方，1 跨，净跨 1.5m，250×150，标高：7.2+3=10.2m²

$L=1.75m$，$V=0.25×0.15×1.75=0.066m^3$

M-2 上方，1 跨，净跨 1.5m，尺寸 250×150，标高：7.2+2.7=9.9m。

$L=1.75m$，$V=0.25×0.15×1.75=0.066m^3$

C-6 上方，1 跨，净跨 6m，尺寸 250×250，标高 10.2m。

$L=6m$，$V=0.25×0.25×6=0.375m^3$

e. 预制钢筋混凝土过梁，C30 混凝土

（a）一层过梁

① 内墙：M-4 上方，6 个，净跨 1m，TGLA2501，尺寸 250×100，安装高度 2.1m

单件体积 0.038m³，$V=0.038×6=0.228m^3$

② 内墙：M-3 上方，1 个，净跨 1.5m，TGLA25151，尺寸 250×150，安装高度 2.1m

单件体积 0.075m³，$V=0.075m^3$

③内墙：M-5 上方，2 个，净跨 0.8m，TGLA25081，尺寸 250×100，安装高度 2.1m

单件体积 0.033m³，$V=0.033×2=0.066m^3$

④ 外墙 C-2 上方，16 跨，净跨 1.5m，TGLA25151，尺寸 250×150，安装高度 3.00m

单件体积 0.038m³，$V=0.038×16=0.608m^3$

⑤ 外墙 C-3 上方，2 跨，净跨 1.5m，TGLA25151，尺寸 250×150，安装高度 3.00m

单件体积 0.038m³，$V=0.038×2=0.076m^3$

（b）二层过梁

内墙：M-4 上方，7 跨，净跨 1m，TGLA2501，尺寸 250×100，安装高度：3.6+2.1=5.7m，单件体积 0.038m³，$V=0.038×7=0.266m^3$

内墙 M-3 上方，1 个，净跨 1.5m，TGLA25151，尺寸 250×150，安装高度：3.6+2.1=5.7m，单件体积 0.075m³，$V=0.075m^3$

内墙 M-5 上方，2 跨，净跨 0.8m，TGLA25081，尺寸 250×100

安装高度 5.7m，单件体积 0.033m³，$V=0.033×2=0.066m³$

外墙：C-2 上方，16 跨，净跨 1.5m，TGLA25151，尺寸 250×150

安装高度 6.600m，单件体积 0.038m³，$V=0.038×16=0.608m³$

C-3 上方，2 跨，净跨 1.5m，TGLA25151，尺寸 250×150

安装高度 6.60m，单件体积 0.038m³，$V=0.038×2=0.076m³$

（c）三层预制过梁：

ⓐ 内墙：M-3 上方，1 跨，$L_净=1.5m$，TGLA25151，尺寸 250×150

安装高度：7.2+2.1=9.3m，单件体积 0.075m³，$V=0.075m³$

ⓑ 内墙：M-5 上方，2 跨，$L_净=0.8m$，TGLA25081，尺寸 250×100

安装高度 9.3m，单件体积 0.033m³，$V=0.033×2=0.066m³$

ⓒ 内墙：M-6 上方，3 跨，$L_净=1.5m$，TGLA25151，尺寸 250×150

安装高度 9.3m，单件体积 0.075m³，$V=0.075×3=0.225m³$

ⓓ 内墙：M-7 上方，3 跨，$L_净=1m$，TGLA25101，尺寸 250×100

安装高度 9.3m，单件体积 0.038m³，$V=0.038×3=0.114m³$

内墙彩钢板隔墙上门洞不设过梁，自重不大。

ⓔ 外墙：C-2 上方，16 跨，净跨 1.5m，TGLA25151，尺寸 250×150

安装高度 10.2m，单体体积 0.038m³，$V=0.038×16=0.608m³$

ⓕ 外墙：C-3 上方，2 跨，净跨 1.5m，TGLA25151，尺寸 250×150

安装高度 10.2m，单体体积 0.038m³，$V=0.076m³$

综上所述（以下用于计算墙体量时扣用）

内墙上过梁体积 $V_{一层}=0.219（现浇）+（0.228+0.075+0.066）（预制）$
$$=0.219+0.369$$
$$=0.588m³$$

$V_{二层}=0.188（现浇）+（0.266+0.075+0.066）（预制）$
$$=0.188+0.407$$
$$=0.595m³$$

$V_{三层}=0.188（现浇）+（0.075+0.066+0.225+0.114）（预制）$
$$=0.188+0.48$$
$$=0.668m³$$

外墙混凝土过梁工程量：

$V_{一层}=（0.75+0.295+0.066）（现浇）+（0.608+0.076）（预制）$
$$=1.111+0.684$$
$$=1.795m³$$

$V_{二层}=（1.875+0.066+0.731）（现浇）+（0.608+0.076）（预制）$
$$=2.672+0.684$$
$$=3.356m³$$

$V_{三层}=（1.5+0.066+0.066+0.375）（现浇）+（0.608+0.076）（预制）$
$$=2.007+0.684$$

$=2.691\text{m}^3$

综上所述，C30 现浇混凝土过梁

梁底标高 2.1m，尺寸 250×100，$V=0.219\text{m}^3$

梁底标高 3.0m，尺寸 250×250，$V=0.75\text{m}^3$

梁底标高 3.0m，尺寸 250×200，$V=0.295\text{m}^3$

梁底标高 2.7m，尺寸 250×150，$V=0.066\text{m}^3$

梁底标高 5.7m，尺寸 250×100，$V=0.188\text{m}^3$

梁底标高 6.6m，尺寸 250×250，$V=1.875\text{m}^3$

梁底标高 6.3m，尺寸 250×150，$V=0.066\text{m}^3$

梁底标高 4.1m，尺寸 250×250，$V=0.731\text{m}^3$

梁底标高 9.3m，尺寸 250×100，$V=0.188\text{m}^3$

梁底标高 10.2m，尺寸 250×250，$V=0.375+1.5=1.875\text{m}^3$

梁底标高 10.2m，尺寸 250×150，$V=0.066\text{m}^3$

梁底标高 9.9m，尺寸 250×250，$V=0.066\text{m}^3$

C30 预制混凝土过梁

安装高度 2.1m，尺寸 250×100，$V=0.228+0.066=0.294\text{m}^3$

安装高度 2.1m，尺寸 250×150，$V=0.075\text{m}^3$

安装高度 3m，尺寸 250×150，$V=0.038+0.038=0.076\text{m}^3$

安装高度 5.7m，尺寸 250×100，$V=0.266+0.066=0.332\text{m}^3$

安装高度 5.7m，尺寸 250×150，$V=0.075\text{m}^3$

安装高度 6.6m，尺寸 250×150，$V=0.608+0.076=0.684\text{m}^3$

定额工程量包括三个子目：制作、运输、安装。

f. 钢筋混凝土板（现浇）（定额计算）

（a）一层现浇板

$S=[(3-0.25)\times(2.1+0.125)-0.4\times0.2\times2柱面](①②间)+\{[(3-0.125)\times6-0.25\times0.25\times2柱面]\times1(②与⑫)+[(3-0.25)\times6-0.25\times0.25\times2]\times9$
$(⑫⑧)+[(3-0.25)\times(3.9-0.125)-0.25\times0.25]\times2+[(2.1-0.125)\times(6-0.125)-0.25\times0.25\times2]⑧⑨\}(©①轴线间)+\{(6-0.125)\times(2.1-0.25-0.125)\times2(②③与⑧⑨间)+(6-0.25)\times(2.1-0.25-0.125)\times5②⑧间\}(Ⓑ©$
轴线间)$+\{[(3-0.125)\times(6-0.125)-0.25\times0.25\times1]\times2②⑫与⑱⑨间+[(3-0.25)\times(6-0.125)-0.25\times0.25\times1]\times12\}(ⒶⒷ轴线间)$

$=(6.119-0.16)+[(17.25-0.125)+(16.5-0.125)\times9+(10.381-0.0625)\times2+(11.603-0.125)]+[5.875\times3.45+5.75\times8.625]+[(16.891-0.063)\times2+(2.75\times5.875-0.063)\times12]$

$=5.959+196.615+69.863+226.775$

$=499.212\text{m}^2$

$$V=Sh=499.212\times0.1=49.921\text{m}^3$$

（b）二层现浇板的工程量

同一层 $V=49.921\text{m}^3$

（c）三层现浇板的工程量＝第一层（二层）现浇板工程量＋楼梯板量

$$=49.921+[(3-0.25)\times6-0.25\times0.25\times2]\times2\times0.1$$
$$=49.921+3.275$$
$$=53.196\text{m}^3$$

g. C30 混凝土现浇整体楼梯

根据水平投影面积以平方米计算，不扣除宽度小于 500mm 的楼梯梯井。

工程量 $S=[(3-0.25)\times6-0.25\times0.125\times2(\text{柱面})]\times2(\text{层})\times2(\text{个})$
$$=(16.5-0.0625)\times4$$
$$=65.75\text{m}^2$$

本定额包括制作、运输、浇筑、振捣、养护。

h. 现浇混凝土台阶，C20 混凝土

（a）Ⓑ©轴线台阶

$V_1=[(3.0-0.125)\times2.1+(2.7-0.125)\times(2.1-0.3\times2)+(2.4-0.125)(2.1-$
$\quad 0.3\times4)]\times0.15-(2.1-0.125)\times(2.1-0.3\times6)\times0.45$

$\quad=(6.0375+3.8625+2.0475)\times0.15-0.2666$

$\quad=1.7962-0.2666$

$\quad=1.526\text{m}^3$

（b）010506001002，Ⓐ轴线以下

$V_2=[(6+0.2\times2+2.4\times2)\times(3+0.3\times2-0.25)+(6+0.2\times2+2.4\times2-0.3\times$
$\quad 2)\times(3+0.3-0.25)+(6+0.2\times2+2.4\times2-0.3\times4)(3-0.25)]\times0.15-(6+$
$\quad 0.2\times2+2.4\times2-0.3\times6)\times(3-0.25-0.3)\times0.45$

$\quad=(37.52+32.33+27.5)\times0.15-10.3635$

$\quad=4.239\text{m}^3$

混凝土工程量：$V_1=1.526\text{m}^3$

$\qquad\qquad\quad V_2=4.239\text{m}^3$

（c）原土打夯 1-16

$$S_1=15.695-6.875=8.82\text{m}^2$$
$$S_2=37.52-23.03=14.49\text{m}^2$$

（d）三七灰土垫层 20mm 厚：

$$V_1=8.82\times0.2=1.764\text{m}^3$$
$$V_2=14.49\times0.2=2.898\text{m}^3$$

（e）散水，0.8m 宽，C20 混凝土，原土打夯，地面三七灰土垫层 20mm 厚，水泥砂浆 8mm 厚面层。

$$L=\text{外墙外边线}-2.1\text{阶}1-(6+0.2\times2+2.4\times2)\text{阶}2$$
$$=112.7-2.1-11.2=99.4\text{m}$$

工程量 $S=99.4\times0.8+0.8\times0.8\times4=79.52+2.56=82.08\text{m}^2$

定额中包含原土打夯、三七灰土垫层、面层三个子目。

原土打夯工程量 $S=82.08\text{m}^2$

散水三七灰土垫层工程量 $V=82.08\times0.2=16.416m^3$

散水面层（水泥砂浆 8mm 厚）$S=82.08m^2$

（4）砌筑工程

1）清单工程量

① 砖基础：010401001，MU10 机制红砖，M10 水泥砂浆砌筑

a. 1-1 截面砖砌高度 $h=1.05-0.24=0.81m$，其中室外地上部分：$h_上=0.06+0.15=0.21m$，$h_下=0.6m$。

1-1 截面砖基础长：

$$L=[14.1+0.25-(0.6\times2)(2个 J-3)-0.6(J-4)-0.25(GZ)]②轴线+$$
$$\left[42-\frac{0.6}{2}(J-3)-\frac{0.6}{2}(J-2)-(0.6\times6)(6个 J-3)-(3\times0.25)(3个 GZ)\right](Ⓓ轴)$$
$$=12.3+37.05$$
$$=49.35m$$

则 1-1 截面室外地坪以下砖基础体积：
$$V_1=0.24\times0.6\times49.35=7.11m^3$$

室外地坪以上砖基础体积：
$$V'_1=0.24\times0.21\times49.35=2.487m^3$$

b. 2-2 截面砖砌基础高度 $h=1.3+0.12-0.24=1.18m$

其中室外地坪以上 $h_上=0.21m$，$h_下=0.97m$。

2-2 截面砖基长：

$$L=[42-(0.25\times6)(6个构柱)]Ⓑ轴+(6-0.12)①/③轴+(6-0.12)①/⑦轴+(3.9-0.12)①/⑧轴+(6-0.12)①/ⓒ轴$$
$$=40.5+5.88+5.88+3.78+5.88$$
$$=61.92m$$

2-2 面室外地坪以下砖基础体积：
$$V_2=(0.24\times0.97+0.01575)(一个大放脚面积)\times61.92=15.39m^3$$

室外地坪以上砖基础体积：
$$V'_2=0.24\times0.21\times61.92=3.12m^3$$

c. 3-3 截面砖基础高度 $h=1.05-0.24=0.81m$

其中室外地坪以上 $h_上=0.21m$，$h_下=0.6m$。

3-3 截面长 $L=(6-0.3-0.3)\times6(ⒸⒹ间)+(6-0.3-0.12)\times6=65.88m$

其中室外地坪以上 $V_3=0.24\times0.21\times65.88=3.32m^3$

以下 $V'_3=0.24\times0.6\times65.88=9.49m^3$

定额工程量 $V_3=3.32m^3$

$V'_3=9.49m^3$

d. 4-4 截面砖基础高度 $h=1.05-0.24=0.81m$

其中室外地坪以上 $h_上=0.21m$

以下 $h_下=0.6m$

4-4 截面砖基础长 $L=(42+0.48-8\times0.6)(Ⓐ轴)+(14.1+0.48-3\times0.6)(⑨轴)+$
$(42+0.48-8\times0.6)(Ⓒ轴)$
$=37.68+12.78+37.68$
$=88.14m$

则室外地坪以下 $V_4=88.14\times0.24\times0.6=12.69m^3$

室外地坪以上 $V'_4=88.14\times0.24\times0.21=4.44m^3$

e. 砖基础条形基础以下 C10 混凝土垫层：

1-1 截面 $L=21.2m$, $V_1=21.2\times0.9\times0.1=1.908m^3$

2-2 截面 $L=28.75m$, $V_2=28.75\times0.9\times0.1=2.5875m^3$

3-3 截面 $L=53.88m$, $V_3=53.88\times0.9\times0.1=4.849m^3$

4-4 截面 $L=28.4m$, $V_4=28.4\times0.9\times0.1=2.558m^3$

② 加气混凝土块砌外墙，010401003，250 厚，框架结构

框架结构中清单计算规则：内墙算至框架梁梁底，外墙算至钢筋混凝土梁底。

一层板顶标高 3.57m，梁高 600mm，则板底标高为外墙高 $h=3.57-0.6=2.97m$

二层板顶标高 7.17m，梁高 600mm，则板底标高为二层外墙高 $h_2=7.17-3.6-0.6=2.97m$

三层板顶标高 10.8m，梁高 600mm，则板底标高为三层外墙高 $h_3=10.8-7.2-0.6=3.0m$

外墙中心线长 $L=112.2m$

a. 010401003001，一、二层外墙高 2.97m，250 厚加气混凝土块

一、二层外墙中心线净长 $L=(14.1+0.5-0.5\times3-0.25\times2)\times2①Ⓐ轴线+(42-60.5-20.375)\times2①⑨轴线=101.45m$

$V=\{101.45\times2.97\times2-5.6\times2\times7(樘)(C-1)-1.5\times2\times32樘(C-2)-1.5\times1.1\times4樘(C-3)-1.5\times[3.47(二层高)+(2.57-0.1)一层高]\times1樘-2\times2.7\times2樘$
$(C-5)(6+2.6\times2)\times3.97(玻璃幕墙)-1.5\times2.7\times2扇(M-2)\}\times0.25$
$=(602.613-78.4-96-6.6-8.91-10.8-44.46-8.1)\times0.25$
$=349.343\times0.25$
$=87.34m^3$

一、二层外墙工程量 $=V-V_{过梁}$
$=87.34-(1.795+3.356)$
$=87.34-5.151$
$=82.189m^3$

b. 010401003002 第三层外墙高 3.0m，250 加气混凝土块砌

清单工程量：$V=\{101.45\times3.0-5.6\times2\times4樘(C-1)-1.5\times2\times16樘(C-2)-1.5\times1.1\times3樘(C-3)-1.5\times2.8\times1樘(C-4)-5.6\times2\times1(C-6)-1.5\times2.7\times1扇(M-2)\}\times0.25$
$=(304.35-44.8-48-4.95-4.2-11.2-4.05)\times0.25$
$=187.15\times0.25$
$=46.78m^3$

砂浆勾缝并入外墙价中，三层外墙工程量：

$$V'=V-V_{过梁}=46.78-2.693=44.0945m^3$$

c. 010401003，250 厚加气混凝土砌块砌内墙

（a）一层板面标高 3.57m，KL3 尺寸 300×700，则 KL3 内墙高 $h_{KL3}=3.57-0.7=2.87m$

$$
\begin{aligned}
KL3\ 下内墙净长&=(6-0.5)\times5ⒸⒹ间+(6-0.25-0.125)\times5ⒶⒷ间\\
&=27.5+28.125\\
&=55.625m
\end{aligned}
$$

（b）KL4 尺寸 300×700，则 KL4 下内墙高 $h_{KL4}=3.57-0.7=2.87m$

$$
\begin{aligned}
KL4\ 下内墙净长&=(6-0.5)+(6-0.25-0.125)\\
&=5.5+5.625\\
&=11.125m
\end{aligned}
$$

（c）KL7 尺寸为 250×600，则 KL7 下内墙高 $h_{KL7}=3.57-0.6=2.97m$

$$KL7 下内墙净长=42-0.25\times6(构造柱)=40.50m$$

（d）KL8 尺寸 300×600，则 KL8 内墙高 $h_{KL8}=3.57-0.6=2.97m$

$$KL8 下内墙净长=42-0.2(偏轴)-0.25-0.5\times6=38.55m$$

注：LL1 下是大厅，不用算。

（e）LL2 尺寸 250×550，则 LL2 下内墙高 $h_{LL1}=3.57-0.55=3.02m$

$$
\begin{aligned}
LL2（1）下内墙净长&=[6-0.25\times2(构造柱)](①/③轴)+(6-0.25\times2)(①/⑦轴)\\
&=5.5+5.5=11.0m
\end{aligned}
$$

（f）LL3 尺寸 250×400，则 LL3 下内墙高 $h_{LL3}=3.57-0.4=3.17m$

$$LL3 下内墙净长=[3.9-2\times0.25(构造柱)](①/⑧轴)=3.4m$$

（g）LL4 尺寸为 250×600，则 LL4 下内墙高 $h_{LL4}=3.57-0.6=2.97m$

$$
\begin{aligned}
LL4\ 下内墙净长&=(3-0.25\times2)(⑧到①/⑧间)+(3-0.25)(①/⑧⑨间)\\
&=2.5+2.75=5.25m
\end{aligned}
$$

一层内墙加气混凝土砌块工程量

$$V_1=55.625\times2.87\times0.25=39.91m^3$$

$$V_2=11.125\times2.87\times0.25=7.98m^3$$

$$
\begin{aligned}
V_3&=[40.50\times2.97-1\times2.1\times6扇(M-4)-(6-0.25)(⑤⑥轴间)\times2.97]\times\\
&\quad 0.25-0.228\\
&=(120.285-12.6-17.077)\times0.25-0.228(过梁)\\
&=90.608\times0.25-0.228\\
&=22.424m^3
\end{aligned}
$$

$$
\begin{aligned}
V_4&=\{2.97\times38.55-1\times2.1\times7扇(M-4)-1.5\times2.1\times1扇(M-3)-(3-0.25-\\
&\quad 0.125)\times2\times2.97①/③④与⑦①/⑦间\}\times0.25-(0.075+0.219)\\
&=(114.494-14.7-3.15-15.593)\times0.25-(0.075+0.219)(过梁)\\
&=20.263-0.294\\
&=19.969m^3
\end{aligned}
$$

$$V_5=3.02\times11.0\times0.25=8.305m^3$$

$V_6 = 3.17 \times 3.4 \times 0.25 = 2.695\text{m}^3$

$V_7 = [5.25 \times 2.97 - 0.8 \times 2.1 \times 2\text{扇(M-5)}] \times 0.25 - 0.066\text{(过梁)}$

$\qquad = (15.593 - 3.36) \times 0.25 - 0.066$

$\qquad = 3.058 - 0.066$

$\qquad = 2.992\text{m}^3$

③ 女儿墙 MU10 红机砖，混合砂浆砌筑，010401001004

女儿墙高 0.6m，外墙中心线长 $L = 112.2\text{m}$

$$V = 112.2 \times 0.24 \times 0.6 = 16.157\text{m}^3$$

清单计算规则为从屋面板上表面算至女儿墙顶面

因此，清单工程量 $V = 16.157\text{m}^3$

水泥砂浆勾缝 $S = 112.2 \times 0.6 = 67.32\text{m}^2$

2）定额工程量

① 砖基础

a. 1-1 截面砖砌高度 $h = 1.05 - 0.24 = 0.81\text{m}$，其中室外地上部分 $h_上 = 0.06 + 0.15 = 0.21\text{m}$，$h_下 = 0.6\text{m}$。

1-1 截面砖基础长 $L = [14.1 + 0.25 - (0.6 \times 2)(2\text{个 J-3}) - 0.6\text{(J-4)} - 0.25\text{(GZ)}]$

$\qquad$②轴线$+ \left[42 - \dfrac{0.6}{2}\text{(J-3)} - \dfrac{0.6}{2}\text{(J-2)} - (0.6 \times 6)(6\text{个 J-3}) - \right.$

$\qquad (3 \times 0.25)(3\text{个 GZ})]$①轴

$\qquad = 12.3 + 37.05$

$\qquad = 49.35\text{m}$

则 1-1 面室外地坪以下砖基础体积 $V_1 = 0.24 \times 0.6 \times 49.35 = 7.11\text{m}^3$

室外地坪以上砖基础体积 $V_1' = 0.24 \times 0.21 \times 49.35 = 2.487\text{m}^3$

b. 2-2 截面砖砌基础高 $h = 1.3 + 0.12 - 0.24 = 1.18\text{m}$ 其中 $\begin{cases} h_上 = 0.21\text{m} \\ h_下 = 0.97\text{m}^2 \end{cases}$

2-2 截面砖基长：$L = [42 - (0.25 \times 6)(6\text{个 GZ})]$Ⓑ轴$+ (6 - 0.12)$①/③轴$+ (6 - 0.12)$

$\qquad$①/⑦轴$+ (3.9 - 0.12)$①/⑧轴$+ (6 - 0.12)$①/Ⓒ轴

$\qquad = 40.5 + 5.88 + 5.88 + 3.78 + 5.88$

$\qquad = 61.92\text{m}$

2-2 截面室外地坪以下砖基础体积：

$$V_2 = (0.24 \times 0.97 + 0.01575\text{一个大放脚面积}) \times 61.92 = 15.39\text{m}^3$$

室外地坪以上砖基础体积：$V_2' = 0.24 \times 0.21 \times 61.92 = 3.12\text{m}^3$

c. 3-3 截面砖基础高度 $h = 1.05 - 0.24 = 0.81\text{m}$

其中室外地坪以上 $h_上 = 0.21\text{m}$，$h_下 = 0.6\text{m}$

3-3 截面长 $L = (6 - 0.3 - 0.3) \times 6$Ⓒ①间$+ (6 - 0.3 - 0.12) \times 6 = 65.88\text{m}$

其中室外地坪以上 $V_3 = 0.24 \times 0.21 \times 65.88 = 3.32\text{m}^3$

$\qquad\qquad$以下 $V_3' = 0.24 \times 0.6 \times 65.88 = 9.49\text{m}^3$

d. 4-4 截面砖基础高度 $h = 1.05 - 0.24 = 0.81\text{m}$

其中室外地坪以上 $h_上 = 0.21\text{m}$，以下 $h_下 = 0.6\text{m}$

4-4 截面砖基础长 $L=(42+0.48-8\times0.6)$（Ⓐ轴）$+(14.1+0.48-3\times0.6)$（⑨轴）$+$

$(42+0.48-8\times0.6)$（Ⓒ轴）

$=37.68+12.78+37.68$

$=88.14m$

则室外地坪以上 $V_4=88.14\times0.24\times0.21=4.44m^3$

以下 $V'_4=88.14\times0.24\times0.6=12.69m^3$

e. 砖基础条形基础以下 C10 混凝土垫层：

ⓐ 1-1 截面 $L=21.2m$，$V_1=21.2\times0.9\times0.1=1.908m^3$

ⓑ 2-2 截面 $L=28.75m$，$V_2=28.75\times0.9\times0.1=2.5875m^3$

ⓒ 3-3 截面 $L=53.88m$，$V_3=53.88\times0.9\times0.1=4.849m^3$

ⓓ 4-4 截面 $L=28.4m$，$V_4=28.4\times0.9\times0.1=2.558m^3$

混凝土垫层工程量 $V_总=V_1+V_2+V_3+V_4$

$=1.908+2.5875+4.849+2.558$

$=11.903m^3$

② 女儿墙 MU10 红机砖，混合砂浆砌筑，女儿墙高 0.6m

外墙中心线长 $L=112.2m$

$V=112.2\times0.24\times0.6=16.157m^3$

定额计算规则均为从屋面板上表面算至女儿墙顶面

工程量为 $V=16.157m^3$

水泥砂浆勾缝 $S=112.2\times0.6=67.32m^2$

（5）钢筋工程

清单计算规则：按图示设计钢筋（网）长度（面积）乘以单位理论质量以吨计算。

包括工程内容：钢筋（网笼）制作、运输；钢筋（网、笼）安装。

定额钢筋工程：钢筋分不同规格、形式，按设计长度乘以理论重量以吨计算。

以下分别对该工程现浇混凝土结构中的基础承台、独立柱基、框架柱、构造柱、地圈梁、连梁、框架梁、现浇板、楼梯、现浇过梁中钢筋进行核对计算，列出统计表如下表；对预制构件中预制过梁钢筋进行抽筋核对计算，列出统计表。对应列清单项目编码，计算钢筋用量。

1）清单工程量

见表 5-56～表 5-68。

钢筋工程量计算　　　　　　　　　　　　　　　表 5-56

构件名称	标注	直径	根数	单根长度计算	总长	总重量（kg）
J-1 6 个	箍筋	φ10	$\left(\dfrac{1.5}{0.1}+1+\dfrac{0.9}{0.1}+1+2\right)$ $\times6=168$	$0.5\times4+0.07=$ 2.07	$2.07\times168=$ 347.76	$347.76\times0.617=$ 214.568
	横向	φ14	$[(5-0.025\times2)\div0.12+1]$ $\times6=43$ 根 $\times6=258$ 根	$5-0.12\times3=$ $4.64m$	$4.64\times258=$ 1197.12	$1.21\times1197.12=$ 1448.52
	纵向	φ14	$[(5-0.025\times2)+0.12+1]$ $\times6=43\times6=258$	$5-0.12\times3=$ $4.64m$	$4.64\times258=$ 1197.12	$1.21\times1197.12=$ 1448.52

构件名称	标注	直径	根数	单根长度计算	总长	总重量(kg)
J-1 6个	四角	$\phi25$	$4\times6=24$	$0.9+1.5+0.6+$ $0.3+0.25+6.25\times$ $0.025=3.706$	$3.706\times24=88.95$	$88.95\times3.85=$ 342.458
	中间	$\phi25$	$8\times6=48$	$1.5+0.6+0.3+$ $6.25\times0.025=2.556$	$2.556\times48=$ 122.7	$122.7\times3.85=$ 472.395
J-2 3个	箍筋	$\phi8$	$\left(\dfrac{1.5}{0.1}+\dfrac{0.9}{0.1}+1+1+2\right)\times3=$ 84	$0.5\times4+0.01=$ 2.01	$2.01\times84=168.84$	$168.84\times0.395=$ 66.692
	横向	$\phi14$	$\left[\dfrac{(3.8-0.025\times2)}{0.15}+1\right]$ $\times3=78$	$4-0.15\times4-$ $0.025=3.375$	$3.375\times78=$ 263.25	$263.25\times1.21=$ 318.533
	纵向	$\phi14$	$\left[\dfrac{(3.8-0.025\times2)}{0.15}+1\right]$ $\times3=78$	$4-0.15\times4=3.4$	$3.4\times78=265.2$	$265.2\times1.21=$ 320.892
	四角	$\phi25$	$4\times3=12$	$0.9+1.5+0.4+$ $0.3+0.25+6.25\times$ $0.025=3.506$	$3.506\times12=42.075$	$42.075\times3.85=$ 161.989
	中间	$\phi25$	$8\times3=24$	$1.5+0.4+0.3+$ $6.25\times0.025=2.356$	$2.356\times24=56.55$	$56.55\times3.85=$ 217.718
J-3 14个	箍筋	$\phi8$	$\left(2+\dfrac{1.5}{0.1}+\dfrac{0.9}{0.1}+2\right)\times14=$ 392	$0.5\times4+0.01=2.01$	$2.01\times392=787.92$	$787.92\times0.395=$ 311.228
	横向	$\phi14$	$\left(\dfrac{3.8-0.025\times2}{0.15}+1\right)\times14=364$	$3.8-4\times0.15-$ $0.025=3.175$	$3.175\times364=$ 1155.7	$1155.7\times1.21=$ 1398.397
	纵向	$\phi14$	$\left(\dfrac{3.8-0.025\times2}{0.15}\right)\times14=364$	$3.8-4\times0.15=3.2$	$3.2\times364=1164.8$	$1164.8\times1.21=$ 1409.408
	四角	$\phi25$	$4\times14=56$	$0.9+1.5+0.4+$ $0.3+0.25+6.25\times$ $0.025=3.506$	$3.506\times56=196.35$	$196.35\times3.85=$ 755.95
	中间	$\phi25$	$8\times14=112$	$1.5+0.4+0.3+$ $6.25\times0.025=2.356$	$2.356\times112=263.9$	$263.9\times3.85=$ 1016.015
J-4 1根	箍筋	$\phi8$	$\left(\dfrac{1.5}{0.1}+\dfrac{0.9}{0.1}+2+2\right)\times1=28$	$0.5\times4+0.01=2.01$	$2.01\times28=56.28$	$56.28\times0.395=$ 22.231
	横向	$\phi14$	$\left(\dfrac{2.15\times2-0.025\times2}{0.13}+1\right)$ $\times1=34$	$1.7+1.9-4\times$ $0.13=3.08$	$3.08\times34=104.72$	$104.72\times1.21=$ 126.711
	纵向	$\phi14$	$\left(\dfrac{1.9+1.7-0.025\times2}{0.13}+1\right)$ $\times1=29$	$2.15\times2-4\times$ $0.13=3.78$	$3.78\times29=109.62$	$109.62\times1.21=$ 132.640
	四角	$\phi25$	$4\times1=4$	$0.9+1.5+0.5+$ $0.3+0.25+6.25\times$ $0.025=3.606$	$3.606\times4=14.425$	$14.425\times3.85=$ 55.536
	中间	$\phi25$	$8\times1=8$	$1.5+0.5+0.3+$ $6.25\times0.025=2.456$	$2.456\times8=19.65$	$19.65\times3.85=$ 75.653

构件名称	标注	直径	根数	单根长度计算	总长	总重量(kg)
J-5 1根	箍筋	$\phi8$	$\left(\dfrac{1.5}{0.1}+\dfrac{0.9}{0.1}+2+2\right)\times$ $2\times1=56$	$0.5\times4+0.01=2.01$	$2.01\times56=112.56$	$112.56\times0.395=$ 44.461
	横向	$\phi12$	$\left(\dfrac{2.1+1.65\times2-0.025\times2}{0.15}+1\right)$ $\times1=37$	$1.85+1.25=3.1$	$3.1\times37=114.7$	$114.7\times0.888=$ 101.854
	纵向	$\phi12$	$\left(\dfrac{1.85+1.25-0.025\times2}{0.15}+1\right)$ $\times1=22$	$1.65\times2+2.1=5.4$	$5.4\times22=118.8$	$118.8\times0.888=$ 105.494
	四角	$\phi22$	$4\times2\times1=8$	$1.5+0.9+0.2+$ $0.3+0.3+0.2+$ $6.25\times0.022=3.538$	$3.538\times8=28.3$	$28.3\times2.98=$ 84.334
	中间	$\phi22$	$8\times2\times1=16$	$1.5+0.2+0.3+$ $0.3+6.25\times$ $0.022=2.438$	$2.438\times16=39$	$39\times2.98=$ 116.22
小结						
独立柱 基础	HPB300级	$\phi8$	$168.84+787.92+56.28+112.56$	1125.6	444.612
		$\phi10$	347.76	347.76	214.568
	HRB335级	$\phi12$	$114.7+118.8$	233.5	207.348
		$\phi14$	$1197.12+1197.12+263.25+265.2+1155.7+$ $1164.8+104.72+109.62$	5457.3	6603.611
		$\phi22$	$28.3+39$	67.3	200.554
		$\phi25$	$88.95+122.7+42.075+56.55+196.35+$ $263.9+14.425+19.65$	804.6	3097.714

定额规定钢筋搭接长度的计算:

现浇钢筋混凝土满堂基础底板、柱、梁、墙、板、桩,未注明搭接的按以下规定计数量。

$\phi12$以内,按12m长计算1个搭接;$\phi12$以外,按8m计算1个搭接

构件名称	标注	直径	根数	单根长度计算	总长	总重量(kg)
条形基 础承台 1-1截面 16m	单肢箍	$\phi8$	$\dfrac{16}{0.3}+1=56$	$0.24+0.1=0.34$	$0.34\times56=19.04$	$19.04\times0.395=$ 7.521
	短向分布筋	$\phi8$	$\left(\dfrac{0.47+0.22-2\times0.025}{0.25}+1\right)$ $+1=4.56,$取5	$(16+0.12)\times1.053$ $=16.974$	$5\times16.974=84.87$	$84.87\times0.395=$ 33.52
	长向分布筋	$\phi10$	$(6000-1900\times2-75\times2-$ $25\times2)\times8/150+1+1=$ $108.7,$取109	$0.47+0.22+0.1$ $=0.85$	$0.8\times109=$ 87.20	$87.20\times$ $0.617=53.80$
	腰筋	$\phi14$	2	$(16+0.17)\times$ $1.075=15.042$	$15.042\times2=$ 30.084	$30.084\times1.21=$ 36.401
	受力主筋	$\phi18$	6	$(16+0.22)\times$ $1.099=17.876$	$17.876\times6=$ 106.955	$106.955\times2=$ 213.91
	三肢箍	$\phi8$	$\left(\dfrac{16}{0.15}+1\right)+1=109$	$(0.24+0.55)\times$ $2+0.01$调整值$+$ $0.55+17.5\times$ $0.008=2.28$	$2.28\times109=248.52$	$248.52\times0.395=$ 98.165

续表

构件名称	标注	直径	根数	单根长度计算	总长	总重量(kg)
条形基础承台 3-3 截面 55.68m	单肢箍	$\phi8$	$\left(\dfrac{37.15}{80.3}+1\right)+1=126$	$0.24+0.1=0.34$	$0.34\times126=42.84$	$42.84\times0.395=16.922$
	三肢箍	$\phi8$	$\left(\dfrac{37.15}{0.15}+1\right)+1=250$	$(0.24+0.55)\times2+0.01+0.55+17.5\times0.008=2.28$	$2.28\times250=570$	$570\times0.395=225.150$
	短向分布筋	$\phi8$	$\left(\dfrac{37.15}{0.25}+1\right)+1=151$	$0.7+0.1=0.8$	$151\times0.8=120.8$	$120.8\times0.395=47.716$
	长向分布筋	$\phi10$	$\left(\dfrac{0.7-2\times0.025}{0.15}+1\right)+1=6$	$(55.68+0.12)\times1.053=58.757$	$58.757\times6=352.544$	$352.5\times0.617=217.520$
	腰筋	$\phi14$	2	$(37.15+0.17)\times1.075=40.119$	$40.119\times2=80.238$	$80.238\times1.21=97.088$
	受力主筋	$\phi18$	6	$(37.15+0.22)\times1.099=41.070$	$41.070\times6=246.42$	$246.42\times2=492.84$
条形基础承台 28.35m	单肢箍	$\phi8$	$\left(\dfrac{28.35}{0.3}+1\right)+1=96$	$0.24+0.1=0.34$	$96\times0.34=32.64$	$32.64\times0.395=12.893$
	三肢箍	$\phi8$	$\left(\dfrac{28.35}{0.15}+1\right)+1=191$	$(0.24+0.55)\times2+0.01+0.55+17.5\times0.008=2.28$	$2.28\times191=435.48$	$435.48\times0.395=172.015$
	短向分布筋	$\phi8$	$\left(\dfrac{28.35}{0.025}+1\right)+1=115$	$0.7+0.1=0.8$	$115\times0.8=92$	$92\times0.395=36.34$
	长向分布筋	$\phi10$	$\left(\dfrac{0.7-2\times0.025}{0.15}+1\right)+1=6$	$(28.35+0.12)\times1.053=29.979$	$29.979\times6=179.873$	$179.873\times0.617=110.982$
	腰筋	$\phi14$	2	$(28.35+0.17)\times1.075=30.659$	$30.659\times2=61.318$	$61.318\times1.21=74.195$
	受力主筋	$\phi18$	6	$(28.35+0.22)\times1.099=31.398$	$31.398\times6=188.391$	$188.391\times2=376.782$
			小结			
条基承台	HPB300 级	$\phi8$	$19.04+84.87+248.52+42.84+570+120.8+32.64+435.48+92$		1646.19	650.245
		$\phi10$	$87.20+352.544+179.873$		619.617	382.304
	HRB335 级	$\phi14$	$30.084+80.238+61.318$		171.64	207.684
		$\phi18$	$106.955+246.42+188.391$		541.766	1077.031

箍筋加密,箍筋间距不应大于400mm及构件截面短边尺寸,箍筋一般应在基础顶面(或地下室顶面)上,每层框架梁上下及框架梁范围内加密。基础顶面(或地下室顶面)以上加密范围不应小于该层柱净高的 $\dfrac{1}{3}$,当有刚性地面时箍筋应在刚性地面上下各500mm的高度范围内加密。每层梁高范围内,柱的箍筋应克服困难加密,梁上下加密区高度应不小于柱长边尺寸,且不小于本层柱净高 $\dfrac{1}{6}$。

由上知:框柱 Z1,柱高:$3.6\times3+0.9=11.7$m,其中加密区长:3×0.7 系数 $+\dfrac{2}{3}(11.7-2.1)]=8.5$m　非加密 3.2m

框架柱 Z2,柱高:$3.6\times3+1.1=11.9$m,其中加密区长:$3\times0.7+\dfrac{2}{3}(11.9+2.1)\approx8.5$m　非密区 3.4m

框架柱 Z3,柱高 11.9m,其中加密区长 8.5m,非加密长 3.4m

框架柱 Z4,柱高 11.6m,其中加密区长 8.3m,非加密长 3.3m

框架柱 Z5,柱高 11.6m,其中加密区长 7.4m,非加密长 4.2m

构件名称	标注	直径	根数	单根长度计算	总长	总重量(kg)
KZ1 6 根	箍筋	$\phi10$	$\left(\dfrac{8.5}{0.1}+\dfrac{3.2}{0.2}+1\right)$取整× $6=102\times6=612$	$(0.5\times4+0.01)$ 大箍+$[(0.5+$ $0.15)\times2+$ $0.01]\times2$(小箍)= $2.01+2.52=4.63$	4.63×612 $=2833.56$	2833.56×0.617 $=1748.307$
	受力筋	$\phi25$	$12\times6=72$	11.9×1.143接头 系数$=13.602$	$13.602\times72=$ 979.322	979.322×3.85 $=3770.391$
KZ2 3 根	箍筋	$\phi8$	$\left[\left(\dfrac{8.5}{0.1}+\dfrac{3.4}{0.2}+1\right)(取整)+1\right]$ $\times3=104\times3=312$	$(0.5\times4+0.01)+$ $[(0.5+0.15)\times$ $2+0.01]\times2=$ 4.63	$4.63\times312=$ 1444.56	1444.56×0.395 $=570.601$
	受力主筋	$\phi25$	$12\times3=36$	$11.9\times1.143=$ 13.602	$13.602\times36=$ 489.661	$489.661\times3.85=$ 1885.196
KZ3 14 根	箍筋	$\phi8$	$\left(\dfrac{8.5}{0.1}+\dfrac{3.4}{0.2}+1\right)(取整)\times$ $14=1442$	$(0.5\times4+0.01)+$ $[(0.5+0.15)\times$ $2+0.01]\times$ $2=4.63$	$4.63\times1442=$ 6676.46	$76.46\times0.395=$ 2637.201
	受力主筋	$\phi25$	$12\times14=168$	$11.9\times1.143=$ 13.602	168×13.602 $=2285.136$	$2285.136\times$ $3.85=8797.774$
KZ4 1 根	箍筋	$\phi8$	$\left[\left(\dfrac{8.3}{0.1}+\dfrac{3.3}{0.2}+1\right)(取整)+1\right]$ $\times1=101$	$(0.5\times4+0.01)+$ $[(0.5+0.15)\times$ $2+0.01]\times$ $2=4.63$	$4.63\times101=467.63$	$467.63\times0.395=$ 184.714
	受力主筋	$\phi25$	12	$11.6\times1.143=$ 13.259	13.259×12 $=159.106$	159.106×3.85 $=612.557$
KZ5 2 根	箍筋	$\phi8$	$\left[\left(\dfrac{7.4}{0.1}+\dfrac{4.2}{0.2}\right)取整+1\right]\times$ $2=96\times2=192$	$0.4\times4+0.01+$ $[(0.4+0.12)\times$ $2+0.01]\times$ $2=3.71$	$3.71\times192=712.32$	$712.32\times0.395=$ 281.366
	受力主筋	$\phi22$	$2\times12=24$	11.6×1.124搭接 系数$=13.038$	$13.038\times24=$ 312.922	$312.922\times3.85=$ 1204.748
			小结			
独立柱 钢筋	HPB300 级	$\phi8$	$1444.56+6676.46+467.63+712.32$		9300.97	3673.882
		$\phi10$	2833.56		2833.56	1748.307
	HRB335 级	$\phi22$	312.922		312.922	1204.748
		$\phi25$	$979.322+489.661+2285.136+159.106$		3913.225	15065.916
圈梁浇筑时与构柱一块绑钢筋,因此圈梁长不扣除柱宽(包括构柱宽)						
圈梁 $112.2+$ $173.4=$ $285.6m$	箍筋	$\phi6$	$\left(\dfrac{285.6}{0.2}+1\right)$取整+ $1=1430$	$0.24\times4-0.04=$ 0.92	$0.92\times1430=$ 1315.6	1315.6×0.222 $=292.063$
	主筋	$\phi12$	4	$285.6\times1.064=$ 303.88	$303.88\times4=$ 1215.52	1215.52×0.888 $=1079.376$

构件名称	标注	直径	根数	单根长度计算	总长	总重量(kg)
墙体内三面马牙构造柱 $h=3.6\times3+1.05=11.85m$ 8根	箍筋	φ6	$\left[\left(\dfrac{11.85}{0.2}+1\right)\text{取整}+1\right]\times10=610$	$0.25\times4-0.04=0.96$	$610\times0.96=585.6$	$585.6\times0.222=130.003$
	拉结筋(直角)	φ6	$\left[\left(\dfrac{11.85}{2}+1\right)\text{取整}+1\right]\times2\times10=7\times20=140$	$1.3\times2=2.6$	$140\times2.6=364$	$364\times0.222=80.808$
	拉结筋(直形)	φ6	$\left[\left(\dfrac{11.85}{2}+1\right)+1\right]\times10=70$	2.5	$70\times2.5=175$	$175\times0.222=38.85$
	主筋	φ12	$4\times10=40$	$(11.85+0.25)\times1.064=12.874$	$12.874\times40=514.960$	$514.960\times0.888=457.284$
四面马牙 $h=3.6\times3+1.05=11.85$ 6根	箍筋	φ6	$\left[\left(\dfrac{11.85}{0.2}+1\right)\text{取整}+1\right]\times6=61\times6=366$	$0.25\times4-0.04=0.96$	$0.96\times366=351.36$	$351.36\times0.222=78.002$
	拉结钢筋	φ6	$\left[\left(\dfrac{11.85}{2}+1\right)+1\right]\times4\times6=7\times24=168$	$1.3\times2=2.6$	$2.6\times168=436.8$	$436.8\times0.222=96.97$
	主筋	φ12	$4\times6=24$	$(11.85+0.25)\times1.064=12.874$	$12.874\times24=308.976$	$308.976\times0.888=274.371$
小结						
构造柱	HPB300 级	φ6	$1315.6+585.6+364+175+351.36+436.8$		3228.36	716.696
	HRB335 级	φ12	$1215.52+514.96+308.976$		2039.456	1811.037

梁中通长钢筋量

表 5-57

构件名称	标注	直径	根数	单根长度计算	总长	总重量(kg)
一层梁钢筋						
KL1(1)× 1根 L=1.65m 250×400	箍筋	φ8	$\left(\dfrac{1.65}{0.1}+1\right)+1=18$	$(0.25+0.4)\times2+0.01=1.31$	$1.31\times18=23.58$	$23.58\times0.395=9.314$
	受力主筋	φ20	6	1.65	$1.65\times6=9.9$	$9.9\times0.395=3.911$
KL2(2)× 1根 $L=13.1m$ 300×700 三肢箍	箍筋	φ10	$\dfrac{13.1}{0.1}+1=132$	$(0.3+0.7)\times2+0.07+0.7+17.5\times0.01=2.945$	$2.945\times132=388.74$	$388.74\times0.617=239.853$
	受力主筋	φ20	4	$13.1\times1.111(\text{搭接系数})=14.554$	$1455.4\times4=58.216$	$58.216\times2.47=143.795$
		φ22	4	$13.1\times1.124=14.724$	$14.724\times4=58.898$	$58.898\times2.98=175.515$
	扭筋	φ12	4	$13.1\times1.064=13.938$	$13.938\times4=55.75$	$55.75\times0.888=49.506$

续表

构件名称	标注	直径	根数	单根长度计算	总长	总重量(kg)
KL3(2)× 5 根 300×700 三肢箍	箍筋	$\phi10$	$\left(\dfrac{13.1}{0.1}+1\right)\times5$ $=660$	$(0.3+0.7)\times2+$ $0.07+17.5\times0.01+$ $0.7=2.945$	$2.945\times660=1943.7$	$1943.7\times0.617=$ 1199.263
	受力主筋	$\phi22$	$5\times5=25$	$13.1\times1.124=14.724$	$14.724\times25=368.1$	$368.1\times2.98=$ 1096.938
		$\phi25$	$3\times5=15$	$13.1\times1.143=14.973$	$14.973\times15=224.60$	$224.60\times3.85=$ 864.708
	扭筋	$\phi12$	$4\times5=20$	$13.1\times1.064=13.938$	$13.938\times20=278.76$	$278.76\times0.888=$ 247.539
KL4(2)× 1 根 $L=13.1m$ 300×700 三肢箍	箍筋	$\phi10$	$\dfrac{13.1}{0.1}+1=132$	$(0.3+0.7)\times2+$ $0.07+0.7+$ $17.5\times0.01=2.945$	$2.945\times132=388.74$	$388.74\times0.617=$ 239.853
	受力主筋	$\phi22$	5	$13.1\times1.124=14.724$	$14.724\times5=73.62$	$73.62\times2.98=$ 219.388
KL3(2)× 5 根 300×700 三肢箍		$\phi25$	3	$13.1\times1.143=14.973$	$14.973\times5=74.865$	$74.865\times3.85=$ 288.23
	扭筋	$\phi12$	4	$13.1\times1.064=13.938$	$13.938\times4=55.75$	$55.75\times0.888=$ 49.506
KL5(2)× 1 根 $L=13.1m$ 300×700 三肢筋	箍筋	$\phi8$	$\left[\dfrac{5.1}{0.1}(加密区)+\right.$ $\left.\dfrac{8}{0.15}(非加密区)\right]+$ $1+1=106$	$(0.3+0.7)\times2+0.01+$ $0.7+17.5\times0.008=$ 2.85	$2.85\times106=302.1$	$302.1\times0.395=$ 119.33
	受力筋	$\phi20$	4	$13.1\times1.111=14.554$	$14.554\times4=58.216$	$58.216\times2.47=$ 143.794
		$\phi22$	2	$13.1\times1.124=14.724$	$14.724\times2=29.448$	$29.448\times2.98=$ 87.755
	构造筋	$\phi12$	4	$13.1\times1.064=13.938$	$13.938\times4=55.75$	$55.75\times0.888=$ 49.506
KL6(7)× 2 根 $L=42m$ 300×600 三肢筋	箍筋	$\phi8$	$\left[\left(\dfrac{14}{0.1}+\right.\right.$ $\left.\left.\dfrac{42-14}{0.15}\right)+1+1\right]\times$ $2=656$	$(0.3+0.6)\times2+$ $0.01+0.6+17.5\times$ $0.008=2.55$	$2.55\times656=1672.8$	$1672.8\times0.395=$ 660.756
	构造筋	$\phi14$	$2\times2=4$	$42\times1.075=45.15$	$45.15\times4=180.6$	$180.6\times1.21=$ 218.526
	受力筋	$\phi20$	$4\times2=8$	$42\times1.111=46.662$	$46.662\times8=373.296$	$373.296\times2.47=$ 922.041
		$\phi25$	$4\times2=8$	$42\times1.143=48.006$	$48.006\times8=384.048$	$384.048\times3.85=$ 1478.584

构件名称	标注	直径	根数	单根长度计算	总长	总重量(kg)
KL7(8)× 1根 250× 600 L=42m 二脚箍	箍筋	φ8	$\frac{42}{0.2}+1=211$	$(0.25+0.6)\times2+$ $0.01=1.71$	$211\times1.71=360.81$	$360.81\times0.395=$ 142.52
	受力主筋	φ22	7	$42\times1.124=47.208$	$47.208\times7=330.456$	$330.456\times2.98=$ 984.759
	构造筋	φ14	2	$42\times1.075=45.15$	$45.15\times2=90.3$	$90.3\times1.21=$ 109.263
KL8(8)× 1根 300×600 L=42m 三肢筋	箍筋	φ8	$\left(\frac{14}{0.1}+\frac{28}{0.15}\right)+1$ $+1=328$	$(0.3+0.6)\times2+0.01+$ $0.6+17.5\times0.008=$ 2.55	$2.55\times328=836.4$	$836.4\times0.395=$ 330.378
	受力主筋	φ22	7	$42\times1.124=47.208$	$47.208\times7=330.456$	$330.456\times2.98=$ 984.759
	构造筋	φ14	2	$42\times1.075=45.15$	$45.15\times2=90.3$	$90.3\times1.21=$ 109.263
LL(1)单 跨<8m L= 62.125m 250×500 二肢筋 11跨	箍筋	φ8	$\left(\frac{65.125}{0.2}+1\right)$取整$+$ $11(跨数)=337$	$(0.25+0.5)\times2+$ $0.01=1.51$	$33\times1.51=508.87$	$508.87\times0.395=$ 201.004
	受力主筋	φ16	2	65.125	$65.125\times2=130.25$	$130.25\times1.58=$ 205.795
		φ22	4	65.125	$4\times65.125=260.5$	$260.5\times2.98=$ 776.29
LL2(1)× 2跨 250×550 L=6m 二肢箍	箍筋	φ8	$\left(\frac{6}{0.2}+1\right)\times2=62$	$(0.25+0.55)\times2+$ $0.01=1.61$	$1.61\times62=99.82$	$99.82\times0.395=$ 39.429
	受力主筋	φ16	$2\times2=4$	6	$6\times4=24$	$24\times1.58=$ 37.92
		φ22	$7\times2=14$	6	$14\times6=84$	$84\times2.98=$ 250.32
	构造柱	φ12	$2\times2=4$	6	$6\times4=24$	$24\times0.888=$ 21.312
LL3(1)× 1根 L=3.9m 250×400 二肢箍	箍筋	φ8	$\left(\frac{3.9}{0.2}\right)+2=21$	$(0.25+0.4)\times2+$ $0.01=1.31$	$1.31\times21=27.51$	$27.51\times0.395=$ 10.866
	受力主筋	φ16	2	3.9	$3.9\times2=7.8$	$7.8\times1.58=$ 12.324
		φ20	3	3.9	$3.9\times3=11.7$	$11.7\times2.47=$ 28.899
LL4(1)× 1根 L=6m 250×600 双肢箍	箍筋	φ8	$\frac{6}{0.2}+1=31$	6	$31\times6=186$	$186\times0.395=$ 73.47
	受力主筋	φ16	2	6	$2\times6=12$	$12\times1.56=$ 18.72
		φ22	6	6	$6\times6=36$	$36\times2.98=$ 107.28
	构造筋	φ14	2	6	$2\times6=12$	$12\times1.21=14.52$

一层梁钢筋汇总　　　　　　　　　　　　　　　表 5-58

钢筋种类	直径	钢筋总长	钢筋总重量
HPB300	$\phi6$	无	
	$\phi8$	4017.89	1587.067
	$\phi10$	2721.18	1678.968
	$\phi12$	470.01	417.369
HRB335	$\phi14$	373.2	451.572
	$\phi16$	174.06	274.999
	$\phi20$	511.328	1262.98
	$\phi22$	1571.478	4683.004
总计	$\phi25$	682.978	2629.465

二层梁钢筋　　　　　　　　　　　　　　　表 5-59

构件名称	标注	直径	根数	单根长度计算	总长	总重量(kg)
KL9(1)×1根 250×400 双肢	箍筋	$\phi8$	$\left(\dfrac{1.65}{0.1}+1\right)+1=18$	$(0.25+0.4)\times2+0.01=1.31$	$1.31\times18=23.58$	$23.58\times0.395=9.314$
	受力主筋	$\phi18$	6	1.65	$6\times1.65=9.9$	$9.9\times2=19.8$
KL10(2)×1根 300×700 $L=14.1$m 三肢箍	箍筋	$\phi10$	$\dfrac{14.1}{0.1}+1=142$	$(0.3+0.7)\times2+0.07+0.7+17.5\times0.008=2.941$	$2.91\times142=413.22$	$413.22\times0.617=254.957$
	受力主筋	$\phi20$	6	$14.1\times1.111=15.665$	$15.665\times6=93.991$	$93.991\times2.47=232.157$
	扭筋	$\phi12$	4	$14.1\times1.064=15.002$	$15.002\times4=60.010$	$60.01\times0.888=53.289$
KL(2)×5根 300×700 三肢箍 $L=14.1$m	箍筋	$\phi8$	$5\times\left(\dfrac{14.1}{0.1}+1\right)=142\times5=710$	$(0.3+0.7)\times2+0.01+(0.7+17.5\times0.008)=2.85$	$2.85\times710=2023.5$	$2023.5\times0.395=799.283$
	受力主筋	$\phi22$	$5\times5=25$	$14.1\times1.124=15.848$	$15.848\times25=396.21$	$396.21\times2.98=1180.706$
		$\phi25$	$5\times3=15$	$14.1\times1.143=16.116$	$16.6\times15=241.74$	$241.74\times3.85=930.699$
	受扭钢筋	$\phi12$	$4\times5=20$	$14.1\times1.064=15.002$	$15.2\times20=300.048$	$300.048\times0.888=266.443$
KL12(2)×1根 300×700 三肢箍	箍筋	$\phi10$	$\dfrac{14.1}{0.1}+1=142$	$[(0.3+0.7)\times2+0.07]+(0.7+17.5\times0.008)=2.91$	$2.91\times142=413.22$	$413.22\times0.617=254.957$
	受力主筋	$\phi22$	5	$14.1\times1.124=15.848$	$15.848\times5=79.24$	$79.24\times2.98=236.135$
		$\phi25$	3	$14.1\times1.143=16.116$	$16.6\times3=48.348$	$48.348\times3.85=186.139$
	受扭筋	$\phi12$	4	$14.1\times1.064=15.002$	$15.002\times4=60.01$	$60.01\times0.888=53.289$

构件名称	标注	直径	根数	单根长度计算	总长	总重量(kg)
KL13(2)× 1根 300×700 L=14.1m 三肢箍	箍筋	$\phi 8$	$\left(\dfrac{8.2}{0.1}+\dfrac{5.9}{0.15}+1\right)$ 取整+1=123	$[(0.3+0.7)\times 2+0.01]+(0.7+17.5\times 0.008)=2.85$	2.85×123=350.55	350.55×0.395= 138.467
	受力主筋	$\phi 20$	4	14.1×1.111=15.665	15.5×4=62.660	62.66×2.47= 154.771
		$\phi 22$	2	14.1×1.124=15.848	15.848×2=31.696	31.696×2.98= 94.454
	构造钢筋	$\phi 12$	4	14.1×1.064=15.002	15.002×4=60.01	60.01×0.888= 53.289
KL6(7)× 1根 300×600 三肢箍 L=42	箍筋	$\phi 8$	$\left[\left(\dfrac{14}{0.1}+\dfrac{28}{0.15}\right)+1+1\ 取整\right]=328$	$(0.3+0.6)\times 2+0.01+(0.6+17.5\times 0.008)=2.55$	2.55×328=836.4	836.4×0.395= 330.378
	受力主筋	$\phi 20$	4	42×1.111=46.662	46.662×4=186.648	186.648×2.47= 461.021
		$\phi 25$	4	42×1.143=48.006	48.006×4=192.024	192.024×3.85= 739.292
	构造筋	$\phi 14$	2	42×1.075=45.15	45.15×2=90.3	90.3×1.21= 109.263
KL14(7)× 1根 300×600 三肢箍 L=42m	箍筋	$\phi 8$	$\left[\dfrac{14}{0.1}+\dfrac{28}{0.15}\right]取整+2=328$	$(0.3+0.6)\times 2+0.01+(0.6+17.5\times 0.008)=2.55$	2.55×328=836.4	836.4×0.395= 330.378
	受力主筋	$\phi 20$	4	42×1.111=46.662	46.662×4=186.648	186.648×2.47= 461.02
		$\phi 22$	4	42×1.124=47.208	47.208×4=188.832	188.832×2.98= 562.719
	构造筋	$\phi 14$	2	42×1.075=45.15	45.15×2=90.3	90.3×1.21= 109.263
KL7(8)× 1根 250×600 L=42m 三肢箍	箍筋	$\phi 8$	$\dfrac{42}{0.2}+1=211$	$(0.25+0.6)\times 2+0.01=1.71$	1.71×211=360.81	360.81×0.395= 142.52
	受力主筋	$\phi 22$	7	42×1.124=47.208	47.208×7=330.456	330.456×2.98= 984.759
	构造筋	$\phi 14$	2	42×1.075=45.15	45.15×2=90.3	90.3×1.21= 109.263
KL8(8)× 1根 300×600 L=42m 三肢	箍筋	$\phi 8$	$\left[\dfrac{14}{0.1}+\dfrac{28}{0.15}\right]+2=328$	$(0.3+0.6)\times 2+0.01+(0.6+17.5\times 0.008)=2.55$	2.55×328=836.4	836.4×0.395= 330.378
	受力主筋	$\phi 22$	7	42×1.124=47.208	47.208×7=330.456	330.456×2.98= 984.759
	构造筋	$\phi 14$	2	42×1.075=45.15	45.15×2=90.3	90.3×1.21= 109.263

构件名称	标注	直径	根数	单根长度计算	总长	总重量(kg)
LL1(1) 单跨＜8m $L=$ 65.125m 250×500 二肢箍 共11跨	箍筋	$\phi8$	$\left[\dfrac{65.125}{0.2}+1\right]$取整＋ 11(跨数)=337	(0.25+0.5)×2+ 0.01=1.51	337×1.51＝ 508.87	508.87×0.395＝ 201.004
	受力主筋	$\phi20$	2	65.125(不计搭接)	65.125×2=130.25	130.25×2.47＝ 321.718
		$\phi22$	5	65.125	65.125×5=325.625	325.625×2.98＝ 970.363
LL2(1)× 2根 250×550 $L=6m$ 二肢筋	箍筋	$\phi8$	$\left(\dfrac{6}{0.2}+1\right)×2=62$	(0.25+0.55)×2+ 0.01=1.61	1.61×62=99.82	99.82×0.395＝ 39.429
	受力主筋	14	2×2=4	6	4×6=24	24×121=29.04
		$\phi22$	7×2=14	6	14×6=84	84×2.98＝ 250.32
	构造柱	$\phi12$	2×2=4	6	6×4=24	24×0.888＝ 21.312
LL3(1)× 1根 $L=3.9m$ 250×400 二肢	箍筋	$\phi8$	$\dfrac{3.9}{0.2}+2=21$	(0.25+0.4)×2+ 0.01=1.31	1.31×21=27.51	27.51×0.395＝ 10.866
	受力主筋	$\phi14$	2	3.9	3.9×2=7.8	7.8×1.21＝ 9.438
		$\phi20$	3	3.9	3×3.9=11.7	11.7×2.47＝ 28.899
LL4(1)× 1根 250×600 $L=6m$ 双肢	箍筋	$\phi8$	60.2+1=31	6	31×6=186	186×0.395＝ 73.47
	受力主筋	$\phi20$	2	6	2×6=12	12×2.47=29.64
		$\phi22$	6	6	6×6=36	36×2.98＝ 107.28
	构造筋	$\phi14$	2	6	2×6=12	12×1.21=14.52
小结						
平层梁 钢筋	HPB300级	$\phi8$	23.58+2023.5+350.55+836.4×3+360.81+ 508.87+99.82+27.51+186		6089.84	2405.487
		$\phi10$	413.22×2		826.44	509.914
		$\phi12$	60.01×3+300.048+24		504.078	447.622
	合计					3362.536
	HRB335	$\phi14$	90.3×4+24+7.8+12		405	490.05
		$\phi16$	无		无	
		$\phi18$	9.9		9.9	19.8
		$\phi20$	93.991+62.66+186.648×2+130.25+11.7+12		1683.897	1689.226
		$\phi22$	396.21+79.24+31.696+188.832+330.456× 2+325.625+84+36		1802.515	5371.495
		$\phi25$	241.74+48.348+192.024		482.112	1856.13
	合计					8936.651
总合计						12299.187

三层（顶层）梁钢筋

表 5-60

构件名称	标注	直径	根数	单根长度计算	总长	总重量(kg)
WKL15(1)× 1跨 250×400 L=1.65m 双肢	箍筋	$\phi8$	$\left(\dfrac{1.65}{0.1}+1\right)+1=18$	$(0.25+0.4)\times2+0.01=1.31$	$1.31\times18=23.58$	$23.58\times0.395=9.314$
	受力主筋	$\phi16$	2	1.65	$2\times1.65=3.3$	$3.3\times1.58=5.214$
		$\phi18$	3	1.65	$3\times1.65=4.95$	$4.95\times2=9.9$
WKL16(2)× 1根 300×700 L=14.1m 三肢	箍筋	$\phi10$	$\dfrac{14.1}{0.1}+1=142$	$[(0.3+0.7)\times2+0.07]+(0.7+17.5\times0.008)=2.91$	$2.91\times142=413.22$	$413.22\times0.617=254.957$
	受力主筋	$\phi18$	4	$14.1\times1.099=15.496$	$15.496\times4=61.984$	$61.984\times2=123.967$
		$\phi22$	3	$14.1\times1.124=15.848$	$15.848\times3=47.544$	$47.544\times2.98=141.681$
	受扭筋	$\phi12$	4	$14.1\times1.064=15.002$	$15.002\times4=60.008$	$60.008\times0.888=53.287$
WKL17(2)× 5根 300×700 三肢 L=14.1m	箍筋	$\phi8$	$\left(\dfrac{14.1}{0.1}+1\right)\times5=710$	$[(0.3+0.7)\times2+0.01]+(0.7+17.5\times0.008)=2.85$	$2.85\times710=2023.5$	$2023.5\times0.395=799.283$
		$\phi22$	$3\times5=15$	$14.1\times1.124=15.848$	$15.848\times15=237.72$	$237.72\times2.98=708.406$
	构造筋	$\phi12$	$4\times5=20$	$14.1\times1.064=15.002$	$15.002\times20=300.048$	$300.048\times0.888=266.443$
WKL18× 1根 L=14.1m 3×7 三肢筋	箍筋	$\phi10$	$\left(\dfrac{8.2}{0.1}+\dfrac{5.9}{0.15}+1\right)+1=123$	$[(0.3+0.7)\times2+0.07]+(0.7+17.5\times0.008)=2.91$	$2.91\times123=357.93$	$357.93\times0.617=220.843$
	受力筋	$\phi25$	3	$14.1\times1.143=16.116$	$16.116\times3=48.349$	$48.349\times3.85=186.143$
	受扭筋	$\phi12$	4	$14.1\times1.064=15.002$	$15.002\times4=60.0008$	$60.0008\times0.888=53.287$
WKL19(2)× 1根 300×700 三肢筋	箍筋	$\phi8$	$\left(\dfrac{8.2}{0.1}+\dfrac{5.9}{0.15}+1\right)+1=123$	$[(0.3+0.7)\times2+0.01]+(0.7+17.5\times0.008)=2.85$	$2.85\times123=350.55$	$350.55\times0.395=138.467$
	受力筋	$\phi18$	4	$14.1\times1.099=15.496$	$15.496\times4=61.984$	$61.984\times2=123.967$
		$\phi22$	3	$14.1\times1.124=15.848$	$15.848\times3=47.5$	$47.544\times2.98=141.681$
	构造筋	$\phi12$	4	$14.1\times1.064=15.002$	$15.002\times4=60.0008$	$60.0008\times0.888=53.287$

续表

构件名称	标注	直径	根数	单根长度计算	总长	总重量(kg)
WKL20(7)×1根 300×600 三肢筋 $L=42$m	箍筋	$\phi8$	$\left[\left(\dfrac{14}{0.1}+\dfrac{28}{0.15}\right)+1+1\right]$取整$=328$	$[(0.3+0.6)\times2+0.01]+(0.6+17.5\times0.008)=2.55$	$2.55\times328=836.4$	$836.4\times0.395=330.378$
	受力主筋	$\phi18$	8	$42\times1.099=46.158$	$46.158\times8=369.264$	$369.264\times2=738.528$
	构造筋	$\phi12$	2	$42\times1.064=44.688$	$44.688\times2=89.376$	$89.376\times0.888=79.366$
WKL22(7)×1根 300×600 三肢筋	箍筋	$\phi8$	$\left(\dfrac{14}{0.1}+\dfrac{28}{0.15}\right)+2=328$	$(0.3+0.6)\times2+0.01+(0.6+17.5\times0.008)=2.55$	$2.55\times328=836.4$	$836.4\times0.395=330.378$
	受力筋	$\phi18$	4	$42\times1.099=46.158$	$46.158\times4=184.632$	$184.632\times2=369.264$
		$\phi20$	3	$42\times1.111=46.662$	$46.662\times3=139.986$	$139.986\times2.47=345.765$
	构造筋	$\phi12$	2	$42\times1.064=44.688$	$44.688\times2=89.376$	$89.376\times0.888=79.366$
WKL7(8)×1根 250×600 二肢 $L=42$m	箍筋	$\phi8$	$\dfrac{42}{0.2}+1=211$	$(0.25+0.6)\times2+0.01=1.71$	$1.71\times211=360.81$	$360.81\times0.395=142.52$
	受力筋	$\phi22$	6	$42\times1.124=47.208$	$47.208\times6=283.248$	$283.248\times2.98=844.079$
	构造筋	$\phi12$	2	$42\times1.064=44.688$	$44.688\times2=89.376$	$89.376\times0.888=79.366$
WKL21(8) 300×600 三肢 $L=42$m	箍筋	$\phi8$	$\left(\dfrac{14}{0.1}+\dfrac{28}{0.15}\right)+2=328$	$(0.3+0.6)\times2+0.01+(0.6+17.5\times0.008)=2.55$	$2.55\times328=836.4$	$836.4\times0.395=330.378$
	受力筋	$\phi18$	4	$42\times1.099=46.158$	$46.158\times4=184.632$	$184.632\times2=369.264$
		$\phi20$	3	$42\times1.111=46.662$	$46.662\times3=139.986$	$139.986\times2.47=345.765$
	构造筋	$\phi12$	2	$42\times1.064=44.688$	$44.688\times2=89.376$	$89.376\times0.888=79.366$
LL5(1) 250×500 单跨<8m $L=29.375$m 5跨双肢	箍筋	$\phi8$	$\left(\dfrac{29.375}{0.2}+1\right)$取整$+5$(跨数)$=152$	$(0.25+0.5)\times2+0.01=1.51$	$1.51\times152=229.52$	$229.52\times0.395=90.66$
	受力主筋	$\phi14$	2	29.375 (不考虑搭接)	$29.375\times2=58.75$	$58.75\times1.21=71.088$
		$\phi25$	3	29.375	$29.375\times3=88.125$	$88.125\times3.85=339.281$

构件名称	标注	直径	根数	单根长度计算	总长	总重量(kg)
LL6(1) 250×500 单跨<8m L=35.75m 双肢6跨	箍筋	$\phi 8$	$\left(\dfrac{35.75}{0.2}+1\right)$取整+ 6(跨)=185	$(0.25+0.5)\times 2+$ $0.01=1.51$	$1.51\times 185=279.35$	$279.35\times 0.395=$ 110.343
	受力主筋	$\phi 14$	2	35.75	$2\times 35.75=71.5$	$71.5\times 1.21=$ 86.515
		$\phi 25$	3	35.75	$35.75\times 3=107.25$	$107.25\times 3.85=$ 412.913
LL2(1)× 2跨 250×500 二肢 L=6m	箍筋	$\phi 8$	$\left(\dfrac{6}{0.2}+1\right)\times 2=62$	$(0.25+0.55)\times 2+$ $0.01=1.61$	$1.61\times 62=$ 99.82	$99.82\times 0.395=$ 39.429
	受力主筋	$\phi 14$	$2\times 2=4$	6	$4\times 6=24$	$24\times 1.21=$ 29.04
		$\phi 25$	$3\times 2=6$	6	$6\times 6=36$	$36\times 3.85=$ 138.6
LL7(1)×1 250×400 双肢 L=3.9m	箍筋	$\phi 8$	$\dfrac{3.9}{0.2}+2=21$	$(0.25+0.4)\times 2+$ $0.01=1.31$	$1.31\times 21=27.51$	$27.51\times 0.395=$ 10.866
	受力主筋	$\phi 14$	2	3.9	$2\times 3.9=7.8$	$7.8\times 1.21=9.438$
		$\phi 18$	3	3.9	$3\times 3.9=11.7$	$11.7\times 2=23.4$
LL8(1)×1 250×600 二肢筋 L=6m	箍筋	$\phi 8$	$\dfrac{6}{0.2}+1=31$	6	$31\times 6=186$	$186\times 0.395=$ 73.47
	受力主筋	$\phi 14$	2	6	$2\times 6=12$	$12\times 247=29.64$
		$\phi 25$	3	6	$3\times 6=18$	$18\times 3.85=69.3$
	构造筋	$\phi 12$	2	6	$2\times 6=12$	$12\times 0.888=$ 10.656
				小结		
屋顶梁钢筋	HPB300	$\phi 8$	23.58+2023.5+350.55+836.4×3+ 360.81+229.52+279.35+99.82+ 27.51+186		6089.84	2405.486
		$\phi 10$	413.22+357.93		771.15	475.80
		$\phi 12$	60.008+300.048+60.008+60.008+ 89.376×4+12		849.576	754.423
				合计		3636.083
	HRB335级	$\phi 14$	58.75+71.5+24+7.8+12		174.05	210.601
		$\phi 16$	3.3		3.3	5.214
		$\phi 18$	4.95+61.984+61.984+369.264+ 184.632+184.632+11.7		879.146	1758.292
		$\phi 20$	139.986+139.986		279.972	691.531
		$\phi 22$	47.544+237.72+47.544+283.248		616.056	1835.847
		$\phi 25$	48.349+88.125+107.25+36+18		297.724	1146.237
				合计		5647.722
				总合计		9283.805

一层板钢筋

表 5-61

构件名称	标注	直径	根数	单根长度计算	总长	总重量(kg)
一层整体现浇楼板	①	$\phi 8$	$\dfrac{6-0.125}{0.15}+2=41$	$42+0.1$ 弯钩$=42.1$	$41\times 42.1=1726.1$	7674.9
	②	$\phi 8$	$\dfrac{42}{0.15}+1=281$	$6+2.1+0.1=8.2$	$281\times 8.2=2304.2$	
	③	$\phi 8$	$\dfrac{42-6}{0.15}+1=241$	$6+0.1=6.1$	$6.1\times 241=1470.1$	
	④	$\phi 8$	$\dfrac{2.1}{0.15}+1=15$	$42+0.1=42.1$	$42.1\times 15=631.5$	
	⑤	$\phi 8$	$\left(\dfrac{6}{0.15}+1\right)\times 2=82$	$3+0.1=3.1$	$82\times 3.1=254.2$	
	⑥	$\phi 8$	$\left(\dfrac{6}{0.15}+1\right)\times 2=82$	$6+0.1=6.1$	$6.1\times 82=500.2$	
	⑦	$\phi 8$	$\left(\dfrac{6}{0.15}+1\right)=41$	$18+0.1=18.1$	$18.1\times 41=742.1$	
	⑧	$\phi 8$	$\dfrac{2.1}{0.15}+1=15$	$3+0.1=3.1$	$15\times 3.1=46.5$	
	⑨	$\phi 10$	$\left[\left(\dfrac{14.1}{0.2}+1\right)$取整$+1\right]+\left(\dfrac{6.25}{0.2}+1\right)+1=104$	$0.25+0.78+0.06=1.09$	$1.09\times 104=113.36$	1412.38
	⑩	$\phi 10$	$\left[\left(\dfrac{14.1}{0.2}+1\right)$取整$+1\right]\times 3=216$	$0.78\times 2+0.25+0.06=1.87$	$1.87\times 216=403.92$	
		$\phi 10$	$\left[\left(\dfrac{6.125}{0.2}+1\right)+1\right]\times 6=192$	$0.78\times 2+0.25+0.06=1.87$	$1.87\times 192=359.04$	
	⑪	$\phi 10$	$\left[\left(\dfrac{6.125}{0.2}+1\right)+1\right]\times 8=256$	$0.76\times 2+0.25+0.06=1.83$	$1.83\times 256=468.48$	
	⑫	$\phi 10$	$\left(\dfrac{6}{0.2}+1\right)\times 2=62$	$0.78+0.25+0.06=1.09$	$1.09\times 62=67.58$	
	⑳补	$\phi 8$	$\left(\dfrac{6}{0.15}+1\right)\times 3=123$	$0.5+0.25+0.048=0.798$	$0.798\times 123=98.154$	98.154
	⑭					
	⑮	$\phi 10$	$\left(\dfrac{6}{0.2}+1\right)\times 3=93$	$0.78+0.25+0.06=1.09$	$1.09\times 93=101.37$	101.37
	⑯	$\phi 8$	$\dfrac{3.9}{0.1}+1=40$	$0.78+0.77+0.25+0.048=1.848$	$1.848\times 40=73.92$	543.788
	⑰	$\phi 8$	$\dfrac{3.9}{0.1}+1=40$	$0.78+0.25+0.048=1.078$	$1.078\times 40=43.12$	
	⑱	$\phi 8$	$\left(\dfrac{2.1}{0.15}+1\right)\times 2=30$	$0.55+0.25+0.048=0.848$	$0.848\times 30=25.44$	

续表

构件名称	标注	直径	根数	单根长度计算	总长	总重量(kg)
		$\phi8$	$\dfrac{6}{0.15}+1=41$	$0.55+0.25+0.048=$ 0.848	$0.848\times41=34.768$	
	⑲	$\phi8$	$\dfrac{2.1+3}{0.15}+2=36$	$0.5+0.25+0.048=$ 0.798	$0.798\times36=28.728$	
	⑳	$\phi8$	$\dfrac{2.1+3}{0.15}+2=36$	$0.5+0.25+0.048=$ 0.798	$0.798\times36=28.728$	
	㉑	$\phi8$	$\dfrac{2.1}{0.15}+1=15$	$0.5+0.25+0.048=$ 0.798	$0.798\times15=11.97$	543.788
	㉒	$\phi8$	$\left(\dfrac{2.1}{0.15}+1\right)\times6=90$	$0.5+0.5+0.25+$ $0.048=1.298$	$1.298\times90=116.82$	
	㉓	$\phi8$	$\dfrac{2.1}{0.15}+1=15$	$0.75+0.25+0.048=$ 1.048	$1.048\times15=15.72$	
一层整体现浇楼板	㉔	$\phi8$	$\left(\dfrac{6}{0.15}+1\right)\times2=82$	$0.78+0.25+$ $0.048=1.078$	$1.078\times82=88.396$	
	㉕	$\phi8$	$\dfrac{6}{0.15}+1=41$	$0.78+0.78+0.25+$ $0.048=1.858$	$1.858\times41=76.178$	
	㉕补	$\phi8$	$\dfrac{18}{0.2}+1=91$	$0.78\times2+0.25+$ $0.048=1.858$	$1.858\times91=169.078$	
	㉖	$\phi8$	$\dfrac{6}{0.15}+1=41$	$0.78\times2+0.25+$ $0.048=1.858$	$1.858\times41=76.178$	
	㉗	$\phi8$	$\left(\dfrac{36+18}{0.15}+1\right)+2=349$	$0.76+0.25+0.048=$ 1.058	$1.058\times349=369.242$	1170.552
	㉘	$\phi8$	$\dfrac{36}{0.15}+1=241$	$0.76+0.76+0.25+$ $0.048=1.818$	$1.818\times241=438.138$	
	㉙	$\phi8$	$\dfrac{6}{0.15}+1=41$	$0.76\times2+0.25+$ $0.048=1.818$	$1.818\times41=74.538$	
	㉚	$\phi8$	$\dfrac{6}{0.15}+1=41$	$0.76+0.25+0.048=$ 1.058	$1.058\times41=43.378$	

小结：一层板 $\phi8$ 钢筋用量：总长=7674.9+98.154+543.788+1170.552=9487.394m

总重=9487.394×0.395=3747.521kg

$\phi10$ 钢筋的用量：总长=1412.38+101.37=1513.75m

总重=1513.75×0.617=933.984kg

二层楼板钢筋用量统计   表5-62

钢筋编号	直径	根数	单根长度	总长度	汇总
①	$\phi10$	$\dfrac{6+2.1}{0.15}+1=55$	$42+0.1=42.1$	$42.1\times55=2315.5$	2315.5
②	$\phi8$	$\dfrac{6}{0.15}+1=41$	$6+0.1=6.1$	$41\times6.1=250.1$	1964.2
	$\phi8$	$\dfrac{42}{0.15}+1=281$	$6+0.1=6.1$	$281\times6.1=1714.1$	

续表

钢筋编号	直径	根数	单根长度	总长度	汇总
③	$\phi 8$	$\dfrac{6}{0.15}+1=41$	$3+0.1=3.1$	$3.1\times41=127.1$	127.1
④	$\phi 10$	$\dfrac{6}{0.15}+1=41$	$9+0.1=9.1$	$9.1\times41=273.1$	1015.2
⑤	$\phi 10$	$\dfrac{6}{0.15}+1=41$	$18+0.1=18.1$	$18.1\times41=742.1$	
⑥	$\phi 8$	$\dfrac{2.1}{0.15}+1=15$	$3+0.1=3.1$	$3.1\times15=46.5$	
⑦	$\phi 8$	$\dfrac{45}{0.15}+1=301$	$2.1+0.1=2.2$	$301\times2.2=662.2$	2513.69
⑧	$\phi 8$	$\dfrac{42-6}{0.15}+3=243$	$6+0.1=6.1$	$243\times6.1=1482.3$	
⑩	$\phi 8$	$\left(\dfrac{6}{0.1}+1\right)\times2=122$	$0.76+0.25+0.048=1.058$	$1.058\times122=129.076$	
⑪	$\phi 8$	$\left(\dfrac{6}{0.1}+1\right)\times3=183$	$0.76+0.25+0.048=1.058$	$1.058\times183=193.614$	
⑫	$\phi 10$	$\dfrac{3.9}{0.15}+1=27$	$0.76+0.25+0.06=1.07$	$1.07\times27=28.89$	28.89
⑬	$\phi 8$	$\dfrac{3.9}{0.1}+1=40$	$0.78\times2+0.25+0.048=1.858$	$1.858\times40=74.32$	
	$\phi 8$	$\left(\dfrac{6}{0.1}+1\right)\times9=549$	$0.78\times2+0.25+0.048=1.858$	$1.858\times549=1020.042$	1197.69
⑭	$\phi 8$	$\dfrac{3.9}{0.1}+1=40$	$0.78+0.25+0.048=1.078$	$1.078\times40=43.12$	
⑮	$\phi 8$	$\dfrac{2.1}{0.15}\times2+\dfrac{6}{0.15}+3=71$	$0.55+0.25+0.048=0.848$	$0.848\times71=60.208$	
⑯	$\phi 10$	$\dfrac{42+9+18}{0.15}+3=463$	$0.76+0.25+0.06=1.07$	$1.07\times463=495.41$	1009.64
⑰	$\phi 10$	$\dfrac{42}{0.15}+1=281$	$0.76\times2+0.25+0.06=1.83$	$1.83\times281=514.23$	
⑱	$\phi 8$	$\dfrac{3+3+6+2.1}{0.15}+3=97$	$0.5+0.25+0.048=0.798$	$0.798\times97=77.406$	
⑲	$\phi 8$	$\dfrac{6}{0.15}+1=41$	$0.75+0.76+0.25+0.048=1.808$	$1.808\times41=74.128$	1588.89
⑳	$\phi 8$	$\dfrac{9}{0.15}+1=61$	$0.76+0.25+0.048=1.058$	$1.058\times61=64.538$	
⑱补	$\phi 8$	$\dfrac{3}{0.15}+1=21$	$0.76+0.25+0.048=1.058$	$1.058\times21=22.218$	

钢筋编号	直径	根数	单根长度	总长度	汇总
㉒	$\phi 8$	$\frac{18+9}{0.15}+2=182$	$0.76\times2+0.25+0.048=$ 1.818	$1.818\times182=330.876$	
㉓	$\phi 8$	$\left(\frac{6}{0.1}+1\right)\times8=488$	$0.76\times2+0.25+0.048=$ 1.818	$1.818\times488=887.184$	1588.89
㉔	$\phi 8$	$\left(\frac{2.1}{0.15}+1\right)\times6=90$	$0.5\times2+0.25+0.048=$ 1.298	$1.298\times90=116.82$	
㉕	$\phi 8$	$\left(\frac{2.1}{0.15}+1\right)=15$	$0.75+0.25+0.048=1.048$	$1.048\times15=15.72$	
㉖	$\phi 10$	$\left(\frac{6}{0.15}+1\right)\times3=123$	$0.78\times2+0.25+0.06=$ 1.87	$1.87\times123=230.01$	364.17
㉗	$\phi 10$	$\left(\frac{6}{0.15}+1\right)\times3=123$	$0.78+0.25+0.06=1.09$	$1.09\times123=134.07$	
㉘	$\phi 8$	$\frac{2.1}{0.15}+1=15$	$0.5+0.25+0.048=0.798$	$0.798\times15=11.97$	40.698
㉙	$\phi 8$	$\frac{2.1+3}{0.15}+2=36$	$0.5+0.25+0.048=0.798$	$0.798\times36=28.728$	

小结：二层板钢筋用量：

$\phi 8$ 钢筋总长$=1964.2+127.1+2513.69+1197.69+1588.89+40.698=7432.268$

$\phi 8$ 钢筋总重$=7432.268\times0.395=2935.746$

$\phi 10$ 钢筋总长$=364.17+1009.64+28.89+1015.2+2315.5=4733.4$

$\phi 10$ 钢筋总重$=4733.4\times0.617=2920.508$

屋顶板配管钢筋

表 5-63

钢筋编号	直径	根数	单根长度	总长度	汇总
①	$\phi 8$	$\left(\frac{6+2.1}{0.12}+1\right)+1=69$	$42+0.1=42.1$	$42.1\times69=2904.9$	
②	$\phi 8$	$\left(\frac{2.1}{0.12}+1\right)+1=19$	$3+0.1=3.1$	$3.1\times19=58.9$	
③	$\phi 8$	$\frac{6}{0.12}+1=51$	$36+0.1=36.1$	$51\times36.1=1841.1$	
④	$\phi 8$	$\frac{42+6}{0.12}+2=402$	$6+0.1=6.1$	$402\times6.1=2452.2$	9633.4
⑤	$\phi 8$	$\frac{45}{0.15}+1=301$	$2.1+0.1=2.2$	$301\times2.2=662.2$	
⑥	$\phi 8$	$\frac{42}{0.15}+1=281$	$6+0.1=6.1$	$6.1\times281=1714.1$	
⑦	$\phi 8$	$\frac{6+6+6}{0.1}+3=183$	$0.78+0.25+0.048=1.078$	$1.078\times183=197.274$	537.288
⑧	$\phi 8$	$\frac{6+6+6}{0.1}+3=183$	$0.78\times2+0.25+0.048=$ 1.858	$1.858\times183=340.014$	

钢筋编号	直径	根数	单根长度	总长度	汇总
⑨	$\phi 10$	$\dfrac{6\times 12}{0.15}+12=492$	$0.78\times 2+0.25+0.6=2.41$	$2.41\times 492=1185.72$	2173.82
⑩	$\phi 10$	$\dfrac{6\times 10}{0.15}+10=410$	$0.78\times 2+0.25+0.6=2.41$	$2.41\times 410=988.1$	
⑪	$\phi 8$	$\dfrac{3.9}{0.1}+1=40$	$0.78\times 2+0.25+0.048=1.858$	$1.858\times 40=74.32$	932.5
	$\phi 8$	$\dfrac{42-6}{0.1}+1=361$	$0.78\times 2+0.25+0.048=1.858$	$1.858\times 361=670.738$	
⑫	$\phi 8$	$\dfrac{3.9}{0.15}+1=27$	$0.78+0.25+0.048=1.078$	$1.078\times 27=29.106$	
⑬	$\phi 8$	$\dfrac{2.1}{0.15}+1=15$	$0.55+0.25+0.048=0.848$	$0.848\times 15=12.72$	
⑭	$\phi 8$	$\dfrac{2.1+3}{0.15}+2=36$	$0.58+0.7+0.25+0.048=1.578$	$1.578\times 36=56.808$	
	$\phi 8$	$\dfrac{3}{0.15}+1=21$	$0.58+0.7+0.25+0.048=1.578$	$1.578\times 21=33.138$	
⑮	$\phi 8$	$\left(\dfrac{2.1}{0.12}+1\right)+7=25$	$0.75+0.55+0.25+0.048=1.598$	$1.598\times 25=39.95$	
⑯	$\phi 8$	$\dfrac{2.1}{0.15}+1=15$	$0.75+0.25+0.048=1.048$	$1.048\times 15=15.72$	
⑰	$\phi 8$	$\dfrac{42\times 2}{0.15}+2=562$	$0.76+0.25+0.048=1.058$	$1.058\times 562=594.596$	1564.291
⑱	$\phi 8$	$\dfrac{42}{0.1}+1=421$	$0.76\times 2+0.25+0.048=1.818$	$1.818\times 421=765.378$	
	$\phi 8$	$\dfrac{6}{0.1}+1=61$	1.818	$1.818\times 61=110.898$	
⑲角部放射筋	$\phi 8$（尺寸不明）	5	$2\div\dfrac{\sqrt{2}}{2}=2.829$　1根 $1.5\div\dfrac{\sqrt{3}}{2}=1.732$　2根 $0.8\div\dfrac{\sqrt{3}}{2}=0.924$　2根	$2.829+1.732\times 2+0.924\times 2=8.141$	
⑳	$\phi 8$	$\dfrac{6}{0.1}+1=61$	$0.55\times 2+0.25+0.048=1.398$	$1.398\times 61=85.278$	

小结：三（顶）层楼板配筋：直径 $\phi 8$ 钢筋总长 $L=9633.4+537.288+932.5+1564.291=12667.479\text{m}$

直径 $\phi 8$ 钢筋总重量 $=12667.479\times 0.395=5003.654\text{kg}$

直径 $\phi 10$ 钢筋总长 $L=2173.82\text{m}$

直径 $\phi 10$ 钢筋总重 $=2173.82\times 0.617=1341.247\text{kg}$

总重 $=1341.247+5003.654=6344.901\text{kg}$

梁中局部筋的工程量

表 5-64

构件名称	直径	根数	单根长度	总长度	总重量
一层					
阳台边梁× 2根	$\phi8$	$\left(\dfrac{3}{0.1}+1\right)\times2=62$	$(0.25+0.6)\times2+0.01=1.71$	$1.71\times62=106.02$	$106.02\times0.395=41.878$
	$\phi22$	$2\times2=4$	3	$3\times4=12$	$12\times2.98=35.76$
	$\phi22$	$3\times2=6$	3	$3\times6=18$	$18\times2.98=53.64$
KL2(2)× 1根	$\phi22$	$5\times1=5$	$6+6.125=12.125$	$12.125\times5=60.625$	$60.625\times2.98=180.663$
KL3(2)× 5根	$\phi25$	$5\times5=25$	6.125	$6.125\times25=153.125$	$153.125\times3.85=589.531$
	$\phi25$	$7\times5=35$	6	$6\times35=210$	$210\times3.85=808.5$
	$\phi12$ （构造）	$4\times5=20$	6	$20\times6=120$	$120\times0.888=106.56$
KL4(2)× 1根	$\phi25$	$5\times1=5$	6.125	$5\times6.125=30.625$	$30.625\times3.85=117.906$
	$\phi25$	$7\times1=7$	6	$6\times7=42$	$42\times3.85=161.7$
	$\phi12$ （构造）	$4\times1=4$	6	$4\times6=24$	$24\times0.888=21.312$
KL5(2)× 1根	$\phi22$	6×1	6.125	$6\times6.125=36.75$	$36.75\times2.98=109.515$
	$\phi22$	6×1	6	$6\times6=36$	$36\times2.98=107.28$
KL8(8)× 1根	$\phi22$	4	$42\times1.124=47.208$	$47.208\times4=188.832$	$188.832\times2.98=562.719$
	$\phi22$	$5\times1=5$	$42\times1.124=47.208$	$47.208\times5=236.04$	$236.04\times2.98=703.399$

小结：$\phi8$：$L=106.02$，$G=41.878$；$\phi25$：$L=435.75$，$G=1677.638$；
$\phi12$：$L=144$，$G=127.872$；$\phi22$：$L=588.247$，$G=1752.976$

构件名称	直径	根数	单根长度	总长度	总重量
二层					
阳台边梁× 2根	$\phi8$	$\left(\dfrac{3}{0.1}+1\right)\times2=62$	$(0.25+0.6)\times2+0.01=1.71$	$1.71\times62=106.02$	$106.02\times0.395=41.878$
	$\phi22$	$2\times2=4$	3	$3\times4=12$	$12\times2.98=35.76$
	$\phi22$	$3\times2=6$	3	$3\times6=18$	$18\times2.98=53.64$
KL10(2)× 1	$\phi20$	$6\times1=6$	$6+6.125=12.125$	$12.125\times6=72.75$	$72.75\times2.47=179.693$
KL11(2)× 5	$\phi25$	$4\times5=20$	6.125	$20\times6.125=122.5$	$122.5\times3.85=471.625$
	$\phi25$	$6\times5=30$	6	$30\times6=180$	$180\times3.85=693$
	$\phi12$	$4\times5=20$	6	$20\times6=120$	$120\times0.888=106.56$
KL12(2)× 1	$\phi25$	$5\times1=5$	6.125	$5\times6.125=30.625$	$30.625\times3.85=117.906$
	$\phi25$	$7\times1=7$	6	$6\times7=42$	$42\times3.85=161.70$
KL13(2)× 1	$\phi22$	6	$6.125+6=12.125$	$12.215\times6=72.75$	$72.75\times2.98=216.795$
KL7(8)×1	$\phi22$	4	$42\times1.124=47.208$	$47.208\times4=188.832$	$188.832\times2.98=562.719$
	$\phi22$	3	6	$3\times6=18$	$18\times2.98=53.64$
KL8(8)×1	$\phi22$	$5\times1=5$	$42\times1.24=47.208$	$47.208\times5=236.04$	$236.04\times2.98=703.399$

小结：$\phi8$：$L=106.02$，$G=41.878$；$\phi20$：$L=72.75$，$G=179.693$；$\phi25$：$L=375.125$，$G=1444.231$；
$\phi12$：$L=120$，$G=106.56$；$\phi22$：$L=545.622$，$G=1625.954$

续表

构件名称	直径	根数	单根长度	总长度	总重量
		三层 三层局部筋			
阳台边梁×2根	$\phi 8$	$\left(\frac{3}{0.1}+1\right)\times 2=62$	$(0.25+0.6)\times 2+$ $0.01=1.71$	$1.71\times 62=106.02$	$106.02\times 0.395=41.878$
	$\phi 22$	$2\times 2=4$	3	$3\times 4=12$	$12\times 2.98=35.76$
	$\phi 22$	$3\times 2=6$	3	$3\times 6=18$	$18\times 2.98=53.64$
KWL 16(2)×1	$\phi 22$	$4\times 1=4$	6.125	$4\times 6.125=24.5$	$24.5\times 2.98=73.01$
	$\phi 22$	$5\times 1=5$	6	$5\times 6=30$	$30\times 2.98=89.4$
	$\phi 12$ (构造)	$4\times 1=4$	6	$4\times 6=24$	$24\times 0.888=21.312$
WKL17(2)×5	$\phi 22$	$4\times 5=20$	6.125	$20\times 6.125=122.5$	$122.5\times 2.98=365.05$
	$\phi 22$	$4\times 5=20$	6	$20\times 6=120$	$120\times 2.98=357.6$
	$\phi 22$	$3\times 5=15$	6	$15\times 6=90$	$90\times 2.98=268.2$
WKL18(2)×1	$\phi 25$	$4\times 1=4$	6.125	$6.125\times 4=24.5$	$24.5\times 3.85=94.325$
	$\phi 22$	$4\times 1=4$	6.125	$6.125\times 4=24.5$	$24.5\times 2.98=73.01$
	$\phi 25$	$4\times 1=4$	6	$4\times 6=24$	$24\times 6=144$
	$\phi 25$	$2\times 1=2$	2.1	$2.1\times 2=4.2$	$4.2\times 3.85=16.17$
	$\phi 22$	$3\times 1=3$	3.9	$3.9\times 3=10.8$	$10.8\times 2.98=32.184$
	$\phi 12$ (构造)	$4\times 1=4$	3.9	$3.9\times 4=15.6$	$15.6\times 0.888=13.853$
WKL22(7)×1	$\phi 20$	$4\times 1=4$	$36\times 1.111=39.996$	$39.996\times 4=159.984$	$159.984\times 2.47=395.16$
WKL21(8)×1	$\phi 20$	$4\times 1=4$	$42\times 1.111=46.662$	$46.662\times 4=186.646$	$186.648\times 2.47=461.021$
WKL7(8)×1	$\phi 22$	$4\times 1=4$	$42\times 1.124=47.208$	$47.208\times 4=188.832$	$188.832\times 2.98=562.719$

三层小结：$\phi 8$：$L=106.02$， $G=41.878$； $\phi 12$：$L=39.6$， $G=35.165$；
$\phi 22$：$L=641.132$， $G=1910.57$； $\phi 25$：$L=52.7$， $G=202.895$；
$\phi 20$：$L=346.63$， $G=856.176$

综上所述，梁上局部钢筋用量汇总如下：

构件名称		直径	根数	总长度		总重量
梁上平法标注局部筋	HPB 300 级	$\phi 8$	$L=106.02\times 3=318.06$			$G=318.06\times 0.395=125.634$
		$\phi 12$	$L=144+120+39.6=303.6$			$G=303.6\times 0.888=269.597$
	HRB 335 级	$\phi 20$	$L=72.75+346.63=419.38$			$G=419.38\times 2.47=1035.869$
		$\phi 22$	$L=588.247+545.622+641.132=1775.001$			$G=1775.001\times 2.98=5289.503$
		$\phi 25$	$L=435.75+375.125+52.7=863.575$			$G=863.575\times 3.85=3324.764$

梁与梁相连结处加结筋　　表 5-65

构件名称	直径	根数	单根长度	总长度	总重量
一层梁					
一层梁吊筋 $\phi 18$		6 个	$0.25+0.05\times 2+$ $(0.7-0.025\times 2)\times$ $\frac{\sqrt{3}}{2}\times 2+20\times 0.018\times$ $2=0.25+0.1+$ $1.126+0.72=$ 2.196	$2.196\times 6=13.176$	$G=13.176\times 2=26.352$

构件名称	直径	根数	单根长度	总长度	总重量
加强筋	6ϕ8(2)	28×6＝168 根	$L＝(0.3+0.6)\times2+$ $0.01＝1.81$	$L_{总长}＝1.81\times168＝$ 304.08	$G＝304.08\times$ $0.395＝120.112$
加强筋	6ϕ10(3)	8×6＝48	$L_{单根}＝(0.3+0.7)\times2+$ $0.07+0.7+17.5\times$ $0.01＝2.945$	$L_{总}＝2.945\times48＝$ 141.36	$G＝99.36\times$ $0.617＝61.305$
加强筋	6ϕ8(3)	6×2	$L_{单}＝(0.3+0.6)\times2+0.01+$ $0.7+17.5\times0.008＝2.65$	$L_{总}＝2.65\times12＝$ 31.8	$G＝31.8\times$ $0.395＝12.561$

小结：ϕ8：$L＝31.8+304.08＝335.88$；　　　　$G＝132.673$；
　　　ϕ10：$L＝141.36$；　　　　　　　　　　　$G＝61.305$；
　　　ϕ18：$L＝13.176$；　　　　　　　　　　　$G＝26.352$

二层梁加强筋与吊筋

吊筋	2ϕ18	1个	$0.25+0.05\times2+(0.7-$ $0.025\times2)\times\dfrac{\sqrt{3}}{2}\times2+20\times$ $0.018\times2＝2.196$	2.196	$2.196\times2＝$ 4.392
	2ϕ20	4个	$0.25+0.05\times2+(0.7-$ $0.025\times2)\times\dfrac{\sqrt{3}}{2}\times2+20\times$ $0.02\times2＝2.276$	$2.276\times4＝9.104$	$9.104\times2.47＝$ 22.487
	2ϕ22	1个	$0.25+0.05\times2+(0.7-$ $0.025\times2)\times\dfrac{\sqrt{3}}{2}\times2+20\times$ $0.022\times2＝2.356$	2.356	$2.356\times2.98＝$ 7.021
加强筋	6ϕ8(2)	4×7个× 6＝168	$(0.3+0.6)\times2+$ $0.01＝1.81$	$1.81\times168＝304.08$	304.08×0.395＝ 120.112
	6ϕ10(3)	8×6＝48	$(0.3+0.7)\times2+0.07+$ $0.7+17.5\times0.01＝2.945$	$2.945\times48＝141.36$	141.36×0.617＝ 61.305
	6ϕ8(3)	2×6＝12	$(0.3+0.6)\times2+0.01+$ $0.7+17.5\times0.008＝2.65$	$2.65\times12＝31.8$	31.8×0.395＝ 12.561

小结：ϕ8：$L＝304.08+31.8＝335.88$，　　$G＝132.673$；
　　　ϕ10：$L＝141.36$，　　　　　　　　　　$G＝61.305$；
　　　ϕ18：$L＝2.196$，　　　　　　　　　　　$G＝4.392$；
　　　ϕ20：$L＝9.104$，　　　　　　　　　　　$G＝22.487$；
　　　ϕ22：$L＝2.356$，　　　　　　　　　　　$G＝7.021$；

三层梁

吊筋	2ϕ16	1×6＝6	$0.25+0.05\times2+(0.7$ $-0.025\times2)\times\dfrac{\sqrt{3}}{2}\times2+20\times$ $0.016\times2＝2.116$	$2.116\times6＝12.696$	12.696×1.58＝ 20.06

续表

构件名称	直径	根数	单根长度	总长度	总重量
加强筋	6φ8(2)	6×7×4=168	(0.3+0.6)×2+0.01=1.81	1.81×168=304.08	304.08×0.395=120.112
	6φ10(3)	8×6=48	(0.3+0.7)×2+0.07+0.7+17.5×0.01=2.945	2.945×48=141.36	141.36×0.617=61.305
	2φ8(3)	2×6=12	(0.3+0.6)×2+0.01+0.7+17.5×0.008=2.65	2.65×12=31.8	31.8×0.395=12.561

小结：φ8：$L=335.88$，　　　$G=132.673$；
　　　φ10：$L=141.36$，　　　$G=61.305$；
　　　φ16：$L=12.696$，　　　$G=20.06$；

综上所述主梁与次梁相交处加强钢筋及吊筋的工程量汇总如下：

φ8：$L=335.88×3=1007.64$，　　　$G=132.673×3=398.019$；
φ10：$L=141.36×3=424.08$，　　　$G=61.305×3=183.915$；
φ16：$L=12.696$，　　　$G=20.06$；
φ18：$L=13.176+2.196=15.372$，　　　$G=30.744$；
φ20：$L=9.104$，　　　$G=22.487$；
φ22：$L=2.356$，　　　$G=7.021$

楼梯钢筋用量（×2 个楼梯）　　　表 5-66

构件名称	标注	直径	根数	单根长度计算	总长	总重量(kg)
TL-1×1		φ6(箍)	$\left(\frac{3}{0.2}+1\right)×2$ 个楼梯=32	(0.24+0.35)×2−0.04=1.14	1.14×32=36.48	36.48×0.222=8.099
		φ16(受力)	5×2=10	3	3×10=30	30×1.58=47.4
TL-2×3		φ6(箍)	$\left(\frac{3}{0.2}+1\right)×2×3=96$	(0.24+0.35)×2−0.04=1.14	1.14×96=109.44	109.44×0.222=24.296
		φ16	2×2×3=12	3	12×3=36	36×1.58=56.88
		φ18	3×2×3=18	3	18×3=54	54×2=108
TB-1	①	φ12	$\left[\left(\frac{1.42}{0.1}+1\right)+1\right]×2=32$	$\sqrt{3.6^2+1.7^2}=3.981$	3.981×32=127.399	127.399×0.888=113.130
	②	φ8	$\left[\left(\frac{3.981}{0.2}+1\right)+1\right]×2=42$	1.42+0.1=1.52	1.52×42=63.84	63.84×0.395=25.217
	③	φ12	$\left[\left(\frac{1.42}{0.1}+1\right)+1\right]×2=32$	$\sqrt{(2×0.3+0.2+0.24)^2+(0.15×4+0.1)^2}+(0.35−0.1)+0.15=1.254+0.25+0.15=1.654$	1.654×32=52.928	52.928×0.888=47.00
	④	φ12	$\left[\left(\frac{1.42}{0.1}+1\right)+1\right]×2=32$	$\sqrt{1.08^2+(4×0.15)^2}+(0.35−0.15)+0.15$(弯沟)=1.585	1.585×32=50.72	50.72×0.888=45.039

构件名称	标注	直径	根数	单根长度计算	总长	总重量(kg)
TL-1×1	⑨	$\phi8$	$\left(\dfrac{3}{0.15}+1\right)\times2=42$	$1.84-0.015\times2+0.3+0.1=2.21$	$2.21\times42=92.82$	$92.82\times0.395=36.664$
	⑩	$\phi10$	$\left[\left(\dfrac{1.84}{0.15}+1\right)+1\right]\times2=28$	$3+0.1=3.1$	$3.1\times28=86.8$	$86.8\times0.617=53.556$
	⑪	$\phi8$	$\left(\dfrac{3}{0.15}+1\right)\times2=42$	$0.65+0.1=0.75$	$0.75\times42=31.5$	$31.5\times0.395=12.443$
	⑫	$\phi8$	$\left[\left(\dfrac{1.84}{0.15}+1\right)+1\right]\times2\times2=56$	$0.75+0.1=0.85$	$0.85\times56=47.6$	$47.6\times0.395=18.802$
TB-2	②	$\phi8$	$\left[\left(\dfrac{3.981}{0.2}+1\right)+1\right]\times2=42$	$1.42+0.1=1.52$	$1.52\times42=63.84$	$63.84\times0.395=25.217$
	⑤	$\phi12$	$\left[\left(\dfrac{1.42}{0.1}+1\right)+1\right]\times2=32$	3.981	$3.981\times32=127.399$	$127.399\times0.888=113.13$
	⑥	$\phi12$	$\left[\left(\dfrac{1.42}{0.1}+1\right)+1\right]\times2=32$	1.654	$1.654\times32=52.928$	$52.928\times0.888=47.00$
	⑦	$\phi12$	$\left[\left(\dfrac{1.42}{0.1}+1\right)+1\right]\times2=32$	1.585	$1.585\times32=44.335$	$44.335\times0.888=39.37$
TB-3	②	$\phi8$	$\left(\dfrac{3.981}{0.2}+1\right)\times2=42$	$1.42+0.1=1.52$	$1.52\times42=63.84$	$63.84\times0.395=25.217$
	③	$\phi12$	$\left[\left(\dfrac{1.42}{0.1}+1\right)+1\right]\times2=42$	1.654	$1.654\times32=52.928$	$52.928\times0.888=47.00$
	⑤	$\phi12$	32	3.981	$3.981\times32=127.399$	$127.399\times0.888=113.13$
	⑧	$\phi12$	32	1.585	$1.585\times32=44.335$	$44.335\times0.888=39.37$
	⑨	$\phi8$	$\left(\dfrac{3}{0.15}+1\right)\times2=42$	$1.84-0.015\times2+0.3+0.1=2.21$	$2.21\times42=92.82$	$92.82\times0.395=36.664$
	⑩	$\phi10$	$\left[\left(\dfrac{1.84}{0.15}+1\right)+1\right]\times2=28$	$3+0.1=3.1$	$3.1\times28=86.8$	$86.8\times0.617=53.556$

构件名称	标注	直径	根数	单根长度计算	总长	总重量(kg)
TB-3	⑪	$\phi8$	$\left(\dfrac{3}{0.15}+1\right)\times2=42$	$0.65+0.1=0.75$	$0.75\times42=31.5$	$31.5\times0.395=12.443$
	⑫	$\phi8$	$\left[\left(\dfrac{1.84}{0.15}+1\right)+1\right]\times2\times2=56$	$0.75+0.1=0.85$	$0.85\times56=47.6$	$47.6\times0.395=18.802$
TB-4	②	$\phi8$	$\left[\left(\dfrac{3.981}{0.2}+1\right)+1\right]\times2=42$	$1.42+0.1=1.52$	$1.52\times42=63.84$	$63.84\times0.395=25.217$
	⑤	$\phi12$	$\left[\left(\dfrac{1.42}{0.1}+1\right)+1\right]\times2=32$	3.981	$3.981\times32=127.399$	$127.399\times0.888=113.13$
	⑥	$\phi12$	$\left[\left(\dfrac{1.42}{0.1}+1\right)+1\right]\times2=32$	1.654	$1.654\times32=52.928$	$52.928\times0.888=47.00$
	⑦	$\phi12$	$\left[\left(\dfrac{1.42}{0.1}+1\right)+1\right]\times2=32$	1.585	$1.585\times32=44.335$	$44.335\times0.888=39.37$
TL 外楼面连接板×2		$\phi8$	$\left(\dfrac{3}{0.15}+1\right)\times2\times2=84$	$0.24+0.86+0.048=1.148$	$1.148\times84=96.432$	$96.432\times0.395=38.091$
		$\phi8$	$\left(\dfrac{3}{0.15}+1\right)\times2\times2=84$	$0.86-0.025\times2+0.1=0.91$	$0.91\times84=76.44$	$76.44\times0.395=30.194$
		$\phi8$	$\left[\left(\dfrac{0.86}{0.2}+1\right)+1\right]\times2\times2=24$	$3+0.1=3.1$	$24\times3.1=74.4$	$74.4\times0.395=29.388$
		$\phi8$	$\left[\left(\dfrac{0.86}{0.15}+1\right)+2\right]\times2\times2=32$	$0.75+0.048=0.798$	$0.798\times32=25.536$	$25.536\times0.395=10.087$
TL 与墙连接处 1ϕ8		$\phi8$	$1\times2\times2=4$	$3+0.1=3.1$	$3.1\times4=12.4$	$12.4\times0.395=4.34$

小结楼梯钢筋:

$\phi6$: $L=36.48+109.44=145.92$　　　　　　　　　　$G=145.92\times0.222=32.394$

$\phi8$: $L=63.84\times4+92.82\times2+31.5\times2+47.6\times2+96.432+76.44+74.4+25.536$

　　　$=399+185.64+63+85.2+96.432+76.44+74.4+25.536$

　　　$=1005.648$　　　　　　　　　　　　　　　　　$G=1005.648\times0.395=397.231$

$\phi10$: $L=86.8\times2=173.6$　　　　　　　　　　　　$G=173.6\times0.617=107.111$

$\phi12$: $L=127.399\times4+52.928\times4+44.335\times4=224.662\times4=898.648$　　$G=898.648\times0.888=797.999$

$\phi16$: $L=30+36=66$　　　　　　　　　　　　　　$G=66\times1.58=9.48$

$\phi18$: $L=54$　　　　　　　　　　　　　　　　　　$G=54\times2=108$

楼梯使用钢筋总重为: HPB300　$G=397.231+107.111+797.999+32.394=1334.735kg$

　　　　　　　　　　HRB335　$G=9.48+108=117.48kg$

钢筋混凝土过梁中的钢筋用量 表 5-67

预制钢筋混凝土过梁
TGLA25101 6+7+3=16 跨 I 1.22×16=19.52
TGLA25151 1+16+2+1+16+2+1+3=42 I 5.23×42=219.66
TGLA25081 2+2+2=6 I 1.07×6=6.42(kg)

现浇钢筋混凝土过梁   编号
净跨 1m $L=1.25m$ 250×100 7+6+6=19 ①
净跨 6m $L=6m$ 250×250 2+5+4+1=12 ②
净跨 2.7m $L=2.95m$ 250×200 2 ③
净跨 1.5m $L=1.75m$ 250×150 1+1+1+1=4 ④
净跨 11.2m $L=11.7m$ 250×250 1 ⑤

编号	钢筋直径	根数	单根长度	总长度	总重量
①	$\phi6$	$\left[\left(\dfrac{1.25}{0.15}+1\right)+1\right]\times 19=190$	$(0.25+0.1)\times 2-0.04=0.66$	$0.66\times 190=125.4$	$125.4\times 0.222=27.839$
	$\phi8$	$4\times 19=76$	$1.25+0.1=1.35$	$1.35\times 76=102.6$	$102.6\times 0.395=40.527$
②	$\phi8$	$\left(\dfrac{6}{0.15}+1\right)\times 12=492$	$(0.25+0.25)\times 2+0.01=1.01$	$1.01\times 492=496.92$	$496.92\times 0.395=196.283$
	$\phi12$	$5\times 12=60$	$6+0.15=6.15$	$6.15\times 60=369$	$369\times 0.888=327.672$
③	$\phi8$	$\left[\left(\dfrac{2.95}{0.15}+1\right)+1\right]\times 2=42$	$2.95+0.01=2.96$	$2.96\times 42=121.8$	$121.8\times 0.395=48.111$
	$\phi10$	$4\times 2=8$	$2.95+0.12=3.07$	$3.07\times 8=24.56$	$24.56\times 0.617=15.154$
④	$\phi6$	$\left[\left(\dfrac{1.75}{0.15}+1\right)+1\right]\times 4=52$	$(0.25+0.15)\times 2-0.04=0.76$	$0.76\times 52=39.52$	$39.52\times 0.222=8.773$
	$\phi8$	$5\times 4=20$	$2.95+0.048=2.998$	$2.998\times 20=59.96$	$59.96\times 0.395=23.684$
⑤	$\phi8$	$\dfrac{11.7}{0.15}+1=79$	$(0.25+0.25)\times 2+0.01=1.01$	$1.01\times 79=79.79$	$79.79\times 0.395=31.517$
	$\phi12$	$5\times 1=5$	$11.7+0.15=11.85$	$11.85\times 5=59.25$	$59.25\times 0.888=52.614$

小结：混凝土过梁钢筋用量
预制混凝土过梁：HPB300 级筋 $G=19.52+219.66+6.42=245.6kg$
现浇混凝土过梁：HPB300 级筋 $\phi6$：$L=125.4+39.52=164.92$
　　　　　　　　　　　　　　$G=8.773+27.839=36.612kg$
　　　　　　　　$\phi8$：$L=102.6+496.92+121.8+59.96+79.79=861.07$
　　　　　　　　　　　$G=861.07\times 0.395=340.123kg$
　　　　　　　　$\phi10$：$L=24.56$　　　　　$G=15.154kg$
　　　　　　　　$\phi12$：$L=369+59.25=428.25$　　　$G=428.25\times 0.888=380.286kg$

钢筋用量统计表 表 5-68

现浇构件钢筋		
HPB300 级	$\phi6$	$716.696+32.394+36.612=785.702$
	$\phi8$	$444.612+650.245+3673.882+1587.067+2405.487+2405.486+3747.521+2935.746+5003.654+125.634+398.019+397.231+340.123=24114.707$
	$\phi10$	$214.568+382.304+1748.307+1678.968+509.914+475.80+933.984+2920.508+1341.247+183.915+107.111+15.154=10511.78$
	$\phi12$	$417.369+447.622+754.423+269.597+797.999+380.286=3067.296$
HRB335 级	$\phi12$	$207.348+1811.037=2018.385$
	$\phi14$	$6603.611+207.684+451.572+490.05+210.601=7963.518$
	$\phi16$	$274.999+5.214+20.06+9.48=309.744$
	$\phi18$	$1077.031+19.8+1758.292+30.744+108=2993.867$
	$\phi20$	$1262.98+1689.226+691.531+1035.869+22.487=4702.093$
	$\phi22$	$200.554+1204.748+4683.004+5371.495+1835.847+5289.503+7.021=20397.158$
	$\phi25$	$3097.714+15065.916+2629.465+1856.13+1146.237+3324.764=27120.226$

现浇混凝土结构钢筋总用量：
HPB300 级钢：24114.707+785.702+10511.78+3067.296=38479.485
HRB335 级钢：2018.385+7963.518+309.744+2993.867+4702.093+20397.158+27120.226=65459.991
预制混凝土结构钢筋总用量：
HPB300 级钢：245.6kg

2）定额工程量

① 钢筋工程量定额与清单相同。

② 轻钢结构雨篷由钢结构厂家设计安装，34mm 厚雨篷板。

工程量：$S=2.4\times10=24m^2$

$G=24\times266.9=6405.6kg=6.4056t$

钢柱：500×500

$S=(0.5\times2+0.466\times2)\times3.6\times2=6.96\times2=13.91m^2$

$G=13.91\times266.9=3712.579kg=3.713t$

雨篷总重：$G=10.1186t$

包括雨篷制作、运输、安装。

（6）屋面及防水工程

1）清单工程量

a. 010902001，屋面三毡四油卷材防水

$S=(42-0.25)\times(14.1-0.25)=578.24m^2$

做法：15 厚 1：3 水泥砂浆找平；

刷冷底子油；

三毡四油卷材铺设；

30 厚 490×490，C20 预制钢筋混凝土板保护层。

1：2 水泥砂浆勾缝。

b. 防潮层铺设 010501002，20 厚 1：2 水泥砂浆加 5％防水粉

$L=285.6m$，$S=0.24\times285.6=68.544m^2\begin{cases}49.35\times0.24=11.844m^2\\61.92\times0.24=14.861m^2\\65.88\times0.24=15.811m^2\\88.14\times0.24=21.154m^2\end{cases}$

2）定额工程量

a. 屋面三毡四油卷材防水

$S=(42-0.25)\times(14.1-0.25)=578.24m^2$

做法：15 厚 1：3 水泥砂浆找平；

刷冷底子油；

三毡四油卷材铺设；

30 厚 490×490，C20 预制钢筋混凝土保护层；

1：2 水泥砂浆勾缝。

找平层工程量：13－换　$S=578.24m^2$

刷冷底子油三毡四油　13－59 换

工程量 $S=578.24+(42\times2+14.1\times2)\times0.25$（女儿墙上翻）

$=578.24+28.05=606.29m^2$

12-3 换浆铺水泥砖　$S=578.24m^2$

b. 防潮层铺设，20 厚 1：2 水泥砂浆加 5％防水粉

$L=285.6m$

$S=0.24\times285.6=68.544m^2\begin{cases}49.35\times0.24=11.844m^2\\61.92\times0.24=14.861m^2\\65.88\times0.24=15.811m^2\\88.14\times0.24=21.154m^2\end{cases}$

（7）隔热、保温工程

1）清单工程量

011001001，保温隔热屋面。

清单工程量 $S=578.24m^2$

做法：钢筋混凝土屋面板，表面清扫干净；

　　　20厚1：3水泥砂浆找平；

　　　刷冷底子油，热沥青玛琋脂二道；

　　　40厚1：8水泥膨胀珍珠岩找2‰坡。

2）定额工程量

保温隔热屋面工程量 $S=578.24m^2$

做法：钢筋混凝土屋机板，表面清扫干净；

　　　20厚1：3水泥砂浆找平；

　　　刷冷底子油，热沥青玛琋脂一道；

　　　40厚1：8水泥膨胀珍珠岩找2‰坡。

水泥砂浆找平层 $S=592.2m^2$

66.40厚膨胀珍珠岩，找坡2‰，平均厚度：$\dfrac{0.04+7.05\times2‰}{2}=\dfrac{0.14+0.04}{2}=0.09m$

$V=578.24\times0.09=52.04m^3$

5.7 某三层框架结构工程量清单综合单价分析

土方工程工程量清单综合单价分析见表5-69～表5-80。

综合单价分析表

表5-69

工程名称：建筑与装饰工程　　　　　标段：　　　　　　　　　第1页　共76页

项目编码	010101001001	项目名称		平整场地			计量单位	m²	工程量	620.58
清单综合单价组成明细										
定额编号	定额名称	定额单位	数量	单价				合价		
				人工费	材料费	机械费	管理费和利润	人工费	材料费	机械费	管理费和利润
1-1	场地平整	m²	1.37	0.75	—	—	0.315	1.028	—	—	0.432
人工单价			小计					1.028	—	—	0.432
元/工日			未计价材料费								
清单项目综合单价								1.46			
材料费明细	主要材料名称、规格、型号				单位	数量	单价（元）	合价（元）	暂估单价（元）	暂估合价（元）
	其他材料费						—		—	
	材料费小计						—		—	

综合单价分析表

表 5-70

工程名称：建筑与装饰工程　　　　　　标段：　　　　　　　　　　第 2 页　共 76 页

项目编码	010101003001	项目名称	挖基础土方(J-1)		计量单位	m³	工程量	235.25

清单综合单价组成明细

定额编号	定额名称	定额单位	数量	单价				合价			
				人工费	材料费	机械费	管理费和利润	人工费	材料费	机械费	管理费和利润
1-3	人工挖土方	m³	1.244	13.21	—	—	5.55	16.43	—	—	6.90
人工单价			小计					16.43	—	—	6.90
元/工日			未计价材料费					—			
清单项目综合单价								23.33			

材料费明细	主要材料名称、规格、型号				单位	数量	单价(元)	合价(元)	暂估单价(元)	暂估合价(元)
	其他材料费						—		—	
	材料费小计						—		—	

综合单价分析表

表 5-71

工程名称：建筑与装饰工程　　　　　　标段：　　　　　　　　　　第 3 页　共 76 页

项目编码	010101003002	项目名称	挖基础土方(J-2)		计量单位	m³	工程量	69.60

清单综合单价组成明细

定额编号	定额名称	定额单位	数量	单价				合价			
				人工费	材料费	机械费	管理费和利润	人工费	材料费	机械费	管理费和利润
1-3	人工挖土方	m³	1.440	13.21	—	—	5.55	19.022	—	—	7.992
人工单价			小计					19.022	—	—	7.992
23.46 元/工日			未计价材料费					—			
清单项目综合单价								27.01			

材料费明细	主要材料名称、规格、型号				单位	数量	单价(元)	合价(元)	暂估单价(元)	暂估合价(元)
	其他材料费						—		—	
	材料费小计						—		—	

综合单价分析表

表 5-72

工程名称：建筑与装饰工程　　　　　　　　标段：

| 项目编码 | 010101003003 | 项目名称 | | 挖基础土方(J-3) | | 计量单位 | m³ | 工程量 | 324.80 |

清单综合单价组成明细

定额编号	定额名称	定额单位	数量	单价				合价			
				人工费	材料费	机械费	管理费和利润	人工费	材料费	机械费	管理费和利润
1-3	人工挖土方	m³	1.323	13.21	—	—	5.55	17.48	—	—	7.34
人工单价			小计					17.48	—	—	7.34
23.46 元/工日			未计价材料费					—			
清单项目综合单价								24.82			

材料费明细	主要材料名称、规格、型号	单位	数量	单价(元)	合价(元)	暂估单价(元)	暂估合价(元)
	其他材料费				—		—
	材料费小计				—		—

综合单价分析表

表 5-73

工程名称：建筑与装饰工程　　　　　　　　标段：

| 项目编码 | 010101003004 | 项目名称 | | 挖基础土方(J-4) | | 计量单位 | m³ | 工程量 | 25.38 |

清单综合单价组成明细

定额编号	定额名称	定额单位	数量	单价				合价			
				人工费	材料费	机械费	管理费和利润	人工费	材料费	机械费	管理费和利润
1-3	人工挖土方	m³	1.311	13.21	—	—	5.55	17.32	—	—	7.28
人工单价			小计					17.32	—	—	7.28
23.46 元/工日			未计价材料费					—			
清单项目综合单价								24.60			

材料费明细	主要材料名称、规格、型号	单位	数量	单价(元)	合价(元)	暂估单价(元)	暂估合价(元)
	其他材料费				—		—
	材料费小计				—		—

工程名称：建筑与装饰工程　　　　　　　标段：　　　　　　　第 6 页　共 76 页

项目编码	010101003005	项目名称		挖基础土方(J-5)		计量单位		m³	工程量	23.10

清单综合单价组成明细

定额编号	定额名称	定额单位	数量	单价				合价			
				人工费	材料费	机械费	管理费和利润	人工费	材料费	机械费	管理费和利润
1-3	人工挖土方	m³	1.309	13.21	—	—	5.55	17.29	—	—	7.26
人工单价			小计					17.29	—	—	7.26
23.46 元/工日			未计价材料费					—			
清单项目综合单价								24.55			

材料费明细	主要材料名称、规格、型号			单位	数量	单价(元)	合价(元)	暂估单价(元)	暂估合价(元)
	其他材料费					—		—	
	材料费小计					—		—	

工程名称：建筑与装饰工程　　　　　　　标段：　　　　　　　第 7 页　共 76 页

项目编码	010101003006	项目名称		挖基础土方(1—1 截面)		计量单位		m³	工程量	23.85

清单综合单价组成明细

定额编号	定额名称	定额单位	数量	单价				合价			
				人工费	材料费	机械费	管理费和利润	人工费	材料费	机械费	管理费和利润
1-4	人工挖沟槽	m³	1.67	12.67	—	—	5.32	21.16	—	—	8.88
人工单价			小计					21.16	—	—	8.88
23.46 元/工日			未计价材料费					—			
清单项目综合单价								30.04			

材料费明细	主要材料名称、规格、型号			单位	数量	单价(元)	合价(元)	暂估单价(元)	暂估合价(元)
	其他材料费					—		—	
	材料费小计					—		—	

综合单价分析表

表 5-76

工程名称：建筑与装饰工程　　　　　　标段：　　　　　　第 8 页　共 76 页

| 项目编码 | 010101003007 | 项目名称 | 挖基础土方(2—2 截面) | 计量单位 | m³ | 工程量 | 32.34 |

清单综合单价组成明细

定额编号	定额名称	定额单位	数量	单价				合价			
				人工费	材料费	机械费	管理费和利润	人工费	材料费	机械费	管理费和利润
1-4	人工挖沟槽	m³	1.597	12.67	—	—	5.32	20.23	—	—	8.50
人工单价			小计					20.23	—	—	8.50
23.46 元/工日			未计价材料费					—			
清单项目综合单价								28.73			

	主要材料名称、规格、型号		单位	数量	单价(元)	合价(元)	暂估单价(元)	暂估合价(元)
材料费明细								
	其他材料费					—		—
	材料费小计					—		—

综合单价分析表

表 5-77

工程名称：建筑与装饰工程　　　　　　标段：　　　　　　第 9 页　共 76 页

| 项目编码 | 010101003008 | 项目名称 | 挖基础土方(3—3 截面) | 计量单位 | m³ | 工程量 | 60.62 |

清单综合单价组成明细

定额编号	定额名称	定额单位	数量	单价				合价			
				人工费	材料费	机械费	管理费和利润	人工费	材料费	机械费	管理费和利润
1-4	人工挖沟槽	m³	1.499	12.67	—	—	5.32	18.99	—	—	7.97
人工单价			小计					18.99	—	—	7.97
23.46 元/工日			未计价材料费					—			
清单项目综合单价								26.96			

	主要材料名称、规格、型号		单位	数量	单价(元)	合价(元)	暂估单价(元)	暂估合价(元)
材料费明细								
	其他材料费					—		—
	材料费小计					—		—

综合单价分析表　　　　　　　　　　　　　**表 5-78**

工程名称：建筑与装饰工程　　　　　　标段：　　　　　　　

项目编码	010101003009	项目名称		挖基础土方(4—4 截面)		计量单位	m³	工程量	31.95

清单综合单价组成明细

定额编号	定额名称	定额单位	数量	单价				合价			
				人工费	材料费	机械费	管理费和利润	人工费	材料费	机械费	管理费和利润
1-4	人工挖沟槽	m³	1.631	12.67	—	—	5.32	20.66	—	—	8.68
人工单价			小计					20.66	—	—	8.68
23.46 元/工日			未计价材料费						—		
清单项目综合单价								29.34			

材料费明细	主要材料名称、规格、型号			单位	数量	单价(元)	合价(元)	暂估单价(元)	暂估合价(元)
	其他材料费					—		—	
	材料费小计					—		—	

综合单价分析表　　　　　　　　　　　　　**表 5-79**

工程名称：建筑与装饰工程　　　　　　标段：　　　　　　　

项目编码	010103001001	项目名称		土方回填(基础)		计量单位	m³	工程量	455.95

清单综合单价组成明细

定额编号	定额名称	定额单位	数量	单价				合价			
				人工费	材料费	机械费	管理费和利润	人工费	材料费	机械费	管理费和利润
1-7	回填土(基础)	m³	1.520	6.10	—	0.72	2.86	9.272	—	1.094	4.347
1-15	余土外运	m³	0.418	3.00	—	17.37	8.56	1.254	—	7.261	3.578
人工单价			小计					10.526	—	8.355	7.925
23.46 元/工日			未计价材料费						—		
清单项目综合单价								26.806			

材料费明细	主要材料名称、规格、型号			单位	数量	单价(元)	合价(元)	暂估单价(元)	暂估合价(元)
	其他材料费					—		—	
	材料费小计					—		—	

综合单价分析表

表 5-80

工程名称：建筑与装饰工程　　　　标段：　　　　第 12 页　共 76 页

| 项目编码 | 010103001001 | 项目名称 | 土方回填 | 计量单位 | m³ | 工程量 | 176.37 |

清单综合单价组成明细

定额编号	定额名称	定额单位	数量	单价				合价			
				人工费	材料费	机械费	管理费和利润	人工费	材料费	机械费	管理费和利润
1-14	房心回填	m³	1	9.08	—	0.72	4.12	9.08	—	0.72	4.12
人工单价			小计					9.08	—	0.72	4.12
23.46 元/工日			未计价材料费					—			
清单项目综合单价								13.92			

材料费明细	主要材料名称、规格、型号	单位	数量	单价（元）	合价（元）	暂估单价（元）	暂估合价（元）
	其他材料费			—		—	
	材料费小计			—		—	

混凝土及钢筋混凝土工程工程量清单综合单价分析见表 5-81～表 5-120。

综合单价分析表

表 5-81

工程名称：建筑与装饰工程　　　　标段：　　　　第 13 页　共 76 页

| 项目编码 | 010501003001 | 项目名称 | 混凝土独立基础 | 计量单位 | m³ | 工程量 | 206.35 |

清单综合单价组成明细

定额编号	定额名称	定额单位	数量	单价				合价			
				人工费	材料费	机械费	管理费和利润	人工费	材料费	机械费	管理费和利润
5-8 换	现浇混凝土独立基础	m³	1	30.72	221.17	13.47	111.45	30.72	221.17	13.47	111.45
人工单价			小计					30.72	221.17	13.47	111.45
27.45 元/工日			未计价材料费					—			
清单项目综合单价								376.81			

材料费明细	主要材料名称、规格、型号	单位	数量	单价（元）	合价（元）	暂估单价（元）	暂估合价（元）
	C30 普通混凝土	m³	1.015	214.14	217.35		
	其他材料费			—	3.82	—	
	材料费小计			—	221.17	—	

综合单价分析表

表 5-82

工程名称：建筑与装饰工程　　　　　　　标段：

项目编码	010501002001	项目名称		混凝土带形基础		计量单位	m³		工程量	31.26

清单综合单价组成明细

定额编号	定额名称	定额单位	数量	单价				合价			
				人工费	材料费	机械费	管理费和利润	人工费	材料费	机械费	管理费和利润
5-6 换	现浇混凝土带形基础	m³	1	27.66	221.47	13.47	110.29	27.66	221.47	13.47	110.29
人工单价			小计					27.66	221.47	13.47	110.29
27.45 元/工日			未计价材料费					—			
清单项目综合单价								372.89			

材料费明细	主要材料名称、规格、型号			单位	数量	单价（元）	合价（元）	暂估单价（元）	暂估合价（元）
	C30 普通混凝土			m³	1.015	214.14	217.35		
	其他材料费					—	3.93	—	
	材料费小计					—	221.47		

综合单价分析表

表 5-83

工程名称：建筑与装饰工程　　　　　　　标段：

项目编码	010501001001	项目名称		混凝土垫层		计量单位	m³		工程量	46.98

清单综合单价组成明细

定额编号	定额名称	定额单位	数量	单价				合价			
				人工费	材料费	机械费	管理费和利润	人工费	材料费	机械费	管理费和利润
5-1	C10 基础垫层	m³	1	24.02	157.96	13.47	82.09	24.02	157.96	13.47	82.09
人工单价			小计					24.02	157.96	13.47	82.09
27.45 元/工日			未计价材料费					—			
清单项目综合单价								277.54			

材料费明细	主要材料名称、规格、型号			单位	数量	单价（元）	合价（元）	暂估单价（元）	暂估合价（元）
	C10 普通混凝土			m³	1.015	148.81	151.04		
	其他材料费					—	6.92	—	
	材料费小计					—	157.96		

综合单价分析表

表 5-84

工程名称：建筑与装饰工程　　　　　标段：　　　　　　　第 16 页　共 76 页

| 项目编码 | 010502001001 | 项目名称 | 混凝土矩形柱(Z1) | 计量单位 | m³ | 工程量 | 17.55 |

清单综合单价组成明细

定额编号	定额名称	定额单位	数量	单价				合价			
				人工费	材料费	机械费	管理费和利润	人工费	材料费	机械费	管理费和利润
5-17	C30 柱	m³	1.00	36.01	222.52	21.97	117.81	36.01	222.52	21.97	117.81
人工单价		小计						36.01	222.52	21.97	117.81
27.45 元/工日		未计价材料费						—			
清单项目综合单价								398.31			

材料费明细	主要材料名称、规格、型号	单位	数量	单价(元)	合价(元)	暂估单价(元)	暂估合价(元)
	C30 普通混凝土	m³	0.986	214.14	211.14		
	1∶2 水泥砂浆	m³	0.031	251.02	7.78		
	其他材料费			—	3.6	—	
	材料费小计			—	222.52		

综合单价分析表

表 5-85

工程名称：建筑与装饰工程　　　　　标段：　　　　　　　第 17 页　共 76 页

| 项目编码 | 010502001002 | 项目名称 | 混凝土矩形柱(Z2) | 计量单位 | m³ | 工程量 | 8.925 |

清单综合单价组成明细

定额编号	定额名称	定额单位	数量	单价				合价			
				人工费	材料费	机械费	管理费和利润	人工费	材料费	机械费	管理费和利润
5-17	现浇混凝土柱	m³	1.00	36.01	222.52	21.97	117.81	36.01	222.52	21.97	117.81
人工单价		小计						36.01	222.52	21.97	117.81
27.45 元/工日		未计价材料费						—			
清单项目综合单价								398.31			

材料费明细	主要材料名称、规格、型号	单位	数量	单价(元)	合价(元)	暂估单价(元)	暂估合价(元)
	C30 普通混凝土	m³	0.986	214.14	211.14		
	1∶2 水泥砂浆	m³	0.031	251.02	7.78		
	其他材料费			—	3.6	—	
	材料费小计			—	222.52		

综合单价分析表

表 5-86

工程名称：建筑与装饰工程　　　　　　　标段：　　　　　　　　

项目编码	010502001003	项目名称	混凝土矩形柱(Z3)	计量单位	m³	工程量	41.65

清单综合单价组成明细

定额编号	定额名称	定额单位	数量	单价				合价			
				人工费	材料费	机械费	管理费和利润	人工费	材料费	机械费	管理费和利润
5-17	现浇混凝土柱	m³	1.00	36.01	222.52	21.97	117.81	36.01	222.52	21.97	117.81
人工单价			小计					36.01	222.52	21.97	117.81
27.45 元/工日			未计价材料费					—			
清单项目综合单价								398.31			

材料费明细	主要材料名称、规格、型号		单位	数量	单价(元)	合价(元)	暂估单价(元)	暂估合价(元)
	C30 普通混凝土		m³	0.986	214.14	211.14		
	1:2 水泥砂浆		m³	0.031	251.02	7.78		
	其他材料费				—	3.6	—	
	材料费小计				—	222.52	—	

综合单价分析表

表 5-87

工程名称：建筑与装饰工程　　　　　　　标段：　　　　　　　　

项目编码	010502001004	项目名称	混凝土矩形柱(Z4)	计量单位	m³	工程量	2.90

清单综合单价组成明细

定额编号	定额名称	定额单位	数量	单价				合价			
				人工费	材料费	机械费	管理费和利润	人工费	材料费	机械费	管理费和利润
5-17	现浇混凝土矩形柱	m³	1.00	36.01	222.52	21.97	117.81	36.01	222.52	21.97	117.81
人工单价			小计					36.01	222.52	21.97	117.81
27.45 元/工日			未计价材料费					—			
清单项目综合单价								398.31			

材料费明细	主要材料名称、规格、型号		单位	数量	单价(元)	合价(元)	暂估单价(元)	暂估合价(元)
	C30 普通混凝土		m³	0.986	214.14	211.14		
	1:2 水泥砂浆		m³	0.031	251.02	7.78		
	其他材料费				—	3.6	—	
	材料费小计				—	222.52	—	

综合单价分析表

表 5-88

工程名称：建筑与装饰工程　　　　　标段：

| 项目编码 | 010502001005 | 项目名称 | | 混凝土矩形柱(Z5) | | 计量单位 | | m³ | 工程量 | 3.712 |

清单综合单价组成明细

定额编号	定额名称	定额单位	数量	单价				合价			
				人工费	材料费	机械费	管理费和利润	人工费	材料费	机械费	管理费和利润
5-17	现浇混凝土柱	m³	1.00	36.01	222.52	21.97	117.81	36.01	222.52	21.97	117.81
人工单价			小计					36.01	222.52	21.97	117.81
27.45 元/工日			未计价材料费					—			
清单项目综合单价								398.31			

	主要材料名称、规格、型号	单位	数量	单价(元)	合价(元)	暂估单价(元)	暂估合价(元)
材料费明细	C30 普通混凝土	m³	0.986	214.14	211.14		
	1:2 水泥砂浆	m³	0.031	251.02	7.78		
	其他材料费			—	3.6	—	
	材料费小计			—	222.52	—	

综合单价分析表

表 5-89

工程名称：建筑与装饰工程　　　　　标段：

| 项目编码 | 010502002001 | 项目名称 | | 现浇混凝土异形柱 | | 计量单位 | | m³ | 工程量 | 10.775 |

清单综合单价组成明细

定额编号	定额名称	定额单位	数量	单价				合价			
				人工费	材料费	机械费	管理费和利润	人工费	材料费	机械费	管理费和利润
5-21 换	现浇混凝土构造柱（三面马牙）	m³	1.00	50.96	222.48	21.97	124.07	50.96	222.48	21.97	124.07
人工单价			小计					50.96	222.48	21.97	124.07
27.45 元/工日			未计价材料费					—			
清单项目综合单价								419.48			

	主要材料名称、规格、型号	单位	数量	单价(元)	合价(元)	暂估单价(元)	暂估合价(元)
材料费明细	C30 普通混凝土	m³	0.986	214.14	211.14		
	1:2 水泥砂浆	m³	0.031	251.02	7.78		
	其他材料费			—	3.56	—	
	材料费小计			—	222.48	—	

综合单价分析表　　　　　　　　　　　　　　表 5-90

工程名称：建筑与装饰工程　　　　　　　　标段：　　　　　

项目编码	010502002002	项目名称		现浇混凝土异形柱		计量单位		m³	工程量		7.15

清单综合单价组成明细

定额编号	定额名称	定额单位	数量	单价				合价			
				人工费	材料费	机械费	管理费和利润	人工费	材料费	机械费	管理费和利润
5-21 换	现浇混凝土构造柱（四面马牙）	m³	1.00	50.96	222.48	21.97	124.07	50.96	222.48	21.97	124.07
人工单价		小计						50.96	222.48	21.97	124.07
27.45 元/工日		未计价材料费						—			
清单项目综合单价								419.48			

材料费明细	主要材料名称、规格、型号	单位	数量	单价（元）	合价（元）	暂估单价（元）	暂估合价（元）
	C30 普通混凝土	m³	0.986	214.14	211.14		
	1：2 水泥砂浆	m³	0.031	251.02	7.78		
	其他材料费			—	3.56	—	
	材料费小计			—	222.48		

综合单价分析表　　　　　　　　　　　　　　表 5-91

工程名称：建筑与装饰工程　　　　　　　　标段：　　　　　第 23 页　共 76 页

项目编码	010502003003	项目名称		现浇混凝土异形柱		计量单位		m³	工程量		2.313

清单综合单价组成明细

定额编号	定额名称	定额单位	数量	单价				合价			
				人工费	材料费	机械费	管理费和利润	人工费	材料费	机械费	管理费和利润
5-21 换	现浇混凝土构造柱(女儿墙)	m³	1.00	50.96	222.48	21.97	124.07	50.96	222.48	21.97	124.07
人工单价		小计						50.96	222.48	21.97	124.07
27.45 元/工日		未计价材料费						—			
清单项目综合单价								419.48			

材料费明细	主要材料名称、规格、型号	单位	数量	单价（元）	合价（元）	暂估单价（元）	暂估合价（元）
	C30 普通混凝土	m³	0.986	214.14	211.14		
	1：2 水泥砂浆	m³	0.031	251.02	7.78		
	其他材料费			—	3.56	—	
	材料费小计			—	222.48		

综合单价分析表

表 5-92

| 工程名称：建筑与装饰工程 | | | 标段： | | | | 第 24 页　共 76 页 | | | |

| 项目编码 | 010503001001 | 项目名称 | | 现浇混凝土基础梁 | | 计量单位 | m³ | 工程量 | 2.16 |

清单综合单价组成明细

定额编号	定额名称	定额单位	数量	单价				合价			
				人工费	材料费	机械费	管理费和利润	人工费	材料费	机械费	管理费和利润
5-24	现浇混凝土基础梁	m³	1.00	30.97	221.47	21.90	115.22	30.97	221.47	21.90	115.22
人工单价		小计						30.97	221.47	21.90	115.22
27.45 元/工日		未计价材料费						—			
清单项目综合单价								389.56			

	主要材料名称、规格、型号		单位	数量	单价（元）	合价（元）	暂估单价（元）	暂估合价（元）
材料费明细	C30 普通混凝土		m³	1.015	214.14	217.35		
	其他材料费				—	4.12	—	
	材料费小计				—	221.47	—	

综合单价分析表

表 5-93

| 工程名称：建筑与装饰工程 | | | 标段： | | | | 第 25 页　共 76 页 | | | |

| 项目编码 | 010503004001 | 项目名称 | | 现浇混凝土地圈梁 | | 计量单位 | m³ | 工程量 | 15.39 |

清单综合单价组成明细

定额编号	定额名称	定额单位	数量	单价				合价			
				人工费	材料费	机械费	管理费和利润	人工费	材料费	机械费	管理费和利润
5-27换	现浇混凝土地圈梁	m³	1.00	52.85	223.11	21.90	125.10	52.85	223.11	21.90	125.10
人工单价		小计						52.85	223.11	21.90	125.10
27.45 元/工日		未计价材料费						—			
清单项目综合单价								422.96			

	主要材料名称、规格、型号		单位	数量	单价（元）	合价（元）	暂估单价（元）	暂估合价（元）
材料费明细	C30 普通混凝土		m³	1.015	214.14	217.35		
	其他材料费				—	5.76	—	
	材料费小计					223.11	—	

综合单价分析表　　　　　　　　　　　　　　　　　　　　**表 5-94**

工程名称：建筑与装饰工程　　　　　　　　　　标段：

项目编码	010505001001	项目名称	有梁板(现浇混凝土)(一层)	计量单位	m³	工程量	109.141

清单综合单价组成明细

定额编号	定额名称	定额单位	数量	单价				合价			
				人工费	材料费	机械费	管理费和利润	人工费	材料费	机械费	管理费和利润
5-24	现浇混凝土梁	m³	0.54	30.97	221.47	21.90	115.22	16.72	119.59	11.83	62.22
5-29	现浇混凝土板	m³	0.46	26.64	223.03	21.89	114.06	12.25	102.59	10.07	52.47
人工单价			小计					28.97	222.18	21.90	114.69
元/工日			未计价材料费					—			
清单项目综合单价								387.71			

	主要材料名称、规格、型号	单位	数量	单价(元)	合价(元)	暂估单价(元)	暂估合价(元)
材料费明细	C30 普通混凝土	m³	1.015	214.14	217.35		
	其他材料费			—	4.85	—	
	材料费小计			—	222.1	—	

综合单价分析表　　　　　　　　　　　　　　　　　　　　**表 5-95**

工程名称：建筑与装饰工程　　　　　　　　　　标段：

项目编码	010505001002	项目名称	现浇混凝土有梁板(二层)	计量单位	m³	工程量	108.93

清单综合单价组成明细

定额编号	定额名称	定额单位	数量	单价				合价			
				人工费	材料费	机械费	管理费和利润	人工费	材料费	机械费	管理费和利润
5-24	现浇混凝土梁	m³	0.53	30.97	221.47	21.90	115.22	16.41	117.38	11.61	61.07
5-29	现浇混凝土板	m³	0.47	26.64	223.03	21.89	114.06	12.52	104.82	10.29	53.61
人工单价			小计					28.93	222.2	21.90	114.68
27.45 元/工日			未计价材料费					—			
清单项目综合单价								387.71			

	主要材料名称、规格、型号	单位	数量	单价(元)	合价(元)	暂估单价(元)	暂估合价(元)
材料费明细	C30 普通混凝土	m³	1.015	214.14	217.35		
	其他材料费			—	4.85	—	
	材料费小计			—	222.22	—	

综合单价分析表

表 5-96

工程名称：建筑与装饰工程　　　　　　标段：

| 项目编码 | 010505001003 | 项目名称 | | 现浇混凝土有梁板(三层) | | 计量单位 | | m³ | 工程量 | 112.485 |

清单综合单价组成明细

定额编号	定额名称	定额单位	数量	单价				合价			
				人工费	材料费	机械费	管理费和利润	人工费	材料费	机械费	管理费和利润
5-24	现浇混凝土梁	m³	0.514	30.97	221.47	21.90	115.22	15.92	113.84	11.26	59.22
5-29	现浇混凝土板	m³	0.486	26.64	223.03	21.89	114.06	12.95	108.39	10.64	55.43
人工单价			小计					28.87	222.23	21.9	114.65
27.45 元/工日			未计价材料费								
清单项目综合单价								387.65			

材料费明细	主要材料名称、规格、型号			单位	数量	单价(元)	合价(元)	暂估单价(元)	暂估合价(元)
	C30 普通混凝土			m³	1.015	214.14	217.35		
	其他材料费					—	4.86	—	
	材料费小计					—	222.23	—	

综合单价分析表

表 5-97

工程名称：建筑与装饰工程　　　　　　标段：

| 项目编码 | 010506001001 | 项目名称 | | 现浇混凝土直形楼梯 | | 计量单位 | | m³ | 工程量 | 65.75 |

清单综合单价组成明细

定额编号	定额名称	定额单位	数量	单价				合价			
				人工费	材料费	机械费	管理费和利润	人工费	材料费	机械费	管理费和利润
5-41	现浇钢筋混凝土楼梯	m³	1.00	15.34	53.64	8.37	32.49	15.34	53.64	8.37	32.49
人工单价			小计					15.34	53.64	8.37	32.49
27.45 元/工日			未计价材料费					—			
清单项目综合单价								109.84			

材料费明细	主要材料名称、规格、型号			单位	数量	单价(元)	合价(元)	暂估单价(元)	暂估合价(元)
	C30 普通混凝土			m³	0.244	214.14	52.25		
	其他材料费					—	1.39	—	
	材料费小计					—	53.64	—	

综合单价分析表

表 5-98

工程名称：建筑与装饰工程　　　　　　　　　标段：

项目编码	010503005001	项目名称	现浇混凝土过梁(2.1m)		计量单位	m³	工程量	0.219

清单综合单价组成明细

定额编号	定额名称	定额单位	数量	单价				合价			
				人工费	材料费	机械费	管理费和利润	人工费	材料费	机械费	管理费和利润
5-27换	现浇混凝土过梁	m³	1.00	52.85	223.11	21.90	125.10	52.85	223.11	21.90	125.10
人工单价			小计					52.85	223.11	21.90	125.10
27.45元/工日			未计价材料费					—			
清单项目综合单价								422.96			

	主要材料名称、规格、型号		单位	数量	单价(元)	合价(元)	暂估单价(元)	暂估合价(元)
材料费明细	C30 普通混凝土		m³	1.015	214.14	217.35		
	其他材料费				—	5.76	—	
	材料费小计				—	223.11	—	

综合单价分析表

表 5-99

工程名称：建筑与装饰工程　　　　　　　　　标段：

项目编码	010503005002	项目名称	现浇混凝土过梁(250×250,3.0m)	计量单位	m³	工程量	0.75

清单综合单价组成明细

定额编号	定额名称	定额单位	数量	单价				合价			
				人工费	材料费	机械费	管理费和利润	人工费	材料费	机械费	管理费和利润
5-27换	现浇混凝土过梁	m³	1.00	52.85	223.11	21.90	125.10	52.85	223.11	21.90	125.10
人工单价			小计					52.85	223.11	21.90	125.10
27.45元/工日			未计价材料费					—			
清单项目综合单价								422.96			

	主要材料名称、规格、型号		单位	数量	单价(元)	合价(元)	暂估单价(元)	暂估合价(元)
材料费明细	C30 普通混凝土		m³	1.015	214.14	217.35		
	其他材料费				—	5.76	—	
	材料费小计				—	223.11	—	

综合单价分析表

表 5-100

工程名称：建筑与装饰工程　　　　　标段：　　　　　

项目编码	010503005003	项目名称	现浇混凝土过梁(250×200,3.0)	计量单位	m	工程量	0.295

清单综合单价组成明细

定额编号	定额名称	定额单位	数量	单价				合价			
				人工费	材料费	机械费	管理费和利润	人工费	材料费	机械费	管理费和利润
5-27 换	现浇混凝土过梁	m³	1.00	52.85	223.11	21.90	125.10	52.85	223.11	21.90	125.10
人工单价			小计					52.85	223.11	21.90	125.10
27.45 元/工日			未计价材料费					—			
清单项目综合单价								422.96			

材料费明细	主要材料名称、规格、型号	单位	数量	单价(元)	合价(元)	暂估单价(元)	暂估合价(元)
	C30 普通混凝土	m³	1.015	214.14	217.35		
	其他材料费			—	5.76	—	
	材料费小计			—	223.11	—	

综合单价分析表

表 5-101

工程名称：建筑与装饰工程　　　　　标段：　　　　　

项目编码	010503005004	项目名称	现浇混凝土过梁(2.7m)	计量单位	m³	工程量	0.066

清单综合单价组成明细

定额编号	定额名称	定额单位	数量	单价				合价			
				人工费	材料费	机械费	管理费和利润	人工费	材料费	机械费	管理费和利润
5-27 换	现浇混凝土过梁	m³	1.00	52.85	223.11	21.90	125.10	52.85	223.11	21.90	125.10
人工单价			小计					52.85	223.11	21.90	125.10
27.45 元/工日			未计价材料费					—			
清单项目综合单价								422.96			

材料费明细	主要材料名称、规格、型号	单位	数量	单价(元)	合价(元)	暂估单价(元)	暂估合价(元)
	C30 普通混凝土	m³	1.015	214.14	217.35		
	其他材料费			—	5.76	—	
	材料费小计			—	223.11	—	

综合单价分析表 表 5-102

工程名称：建筑与装饰工程　　　　　　标段：　　　　　　第 34 页　共 76 页

项目编码	010503005005	项目名称		现浇混凝土过梁(5.7m)		计量单位		m³	工程量	0.188

清单综合单价组成明细

定额编号	定额名称	定额单位	数量	单价				合价			
				人工费	材料费	机械费	管理费和利润	人工费	材料费	机械费	管理费和利润
5-27 换	现浇混凝土过梁	m³	1.00	52.85	223.11	21.90	125.10	52.85	223.11	21.90	125.10
人工单价			小计					52.85	223.11	21.90	125.10
元/工日			未计价材料费					—			
清单项目综合单价								422.96			

	主要材料名称、规格、型号		单位	数量	单价(元)	合价(元)	暂估单价(元)	暂估合价(元)
材料费明细	C30 普通混凝土		m³	1.015	214.14	217.35		
	其他材料费				—	5.76	—	
	材料费小计				—	223.11	—	

综合单价分析表 表 5-103

工程名称：建筑与装饰工程　　　　　　标段：　　　　　　第 35 页　共 76 页

项目编码	010503005006	项目名称		现浇混凝土过梁(6.6m)		计量单位		m³	工程量	1.875

清单综合单价组成明细

定额编号	定额名称	定额单位	数量	单价				合价			
				人工费	材料费	机械费	管理费和利润	人工费	材料费	机械费	管理费和利润
5-27 换	现浇混凝土过梁	m³	1.00	52.85	223.11	21.90	125.10	52.85	223.11	21.90	125.10
人工单价			小计					52.85	223.11	21.90	125.10
27.45 元/工日			未计价材料费					—			
清单项目综合单价								422.96			

	主要材料名称、规格、型号		单位	数量	单价(元)	合价(元)	暂估单价(元)	暂估合价(元)
材料费明细	C30 普通混凝土		m³	1.015	214.14	217.35		
	其他材料费				—	5.76	—	
	材料费小计				—	223.11	—	

综合单价分析表

表 5-104

工程名称：建筑与装饰工程　　　　　　　标段：

项目编码	010503005007	项目名称		现浇混凝土过梁(6.3m)		计量单位	m³	工程量	0.066

清单综合单价组成明细

定额编号	定额名称	定额单位	数量	单价				合价			
				人工费	材料费	机械费	管理费和利润	人工费	材料费	机械费	管理费和利润
5-27 换	现浇混凝土过梁	m³	1.00	52.85	223.11	21.90	125.10	52.85	223.11	21.90	125.10
人工单价			小计					52.85	223.11	21.90	125.10
27.45 元/工日			未计价材料费					—			
清单项目综合单价								422.96			

	主要材料名称、规格、型号			单位	数量	单价(元)	合价(元)	暂估单价(元)	暂估合价(元)
材料费明细	C30 普通混凝土			m³	1.015	214.14	217.35		
	其他材料费					—	5.76	—	
	材料费小计					—	223.11	—	

综合单价分析表

表 5-105

工程名称：建筑与装饰工程　　　　　　　标段：

项目编码	010503005008	项目名称		现浇混凝土过梁(4.1m)		计量单位	m³	工程量	0.731

清单综合单价组成明细

定额编号	定额名称	定额单位	数量	单价				合价			
				人工费	材料费	机械费	管理费和利润	人工费	材料费	机械费	管理费和利润
5-27 换	现浇混凝土过梁	m³	1.00	52.85	223.11	21.90	125.10	52.85	223.11	21.90	125.10
人工单价			小计					52.85	223.11	21.90	125.10
27.45 元/工日			未计价材料费					—			
清单项目综合单价								422.96			

	主要材料名称、规格、型号			单位	数量	单价(元)	合价(元)	暂估单价(元)	暂估合价(元)
材料费明细	C30 普通混凝土			m³	1.015	214.14	217.35		
	其他材料费					—	5.76	—	
	材料费小计					—	223.11	—	

综合单价分析表　　　　　　　　　表 5-106

工程名称：建筑与装饰工程　　　　　　　　标段：　　　　　　　　　第 38 页　共 76 页

| 项目编码 | 010503005009 | 项目名称 | 现浇混凝土过梁(9.3m) | 计量单位 | m³ | 工程量 | 0.188 |

清单综合单价组成明细

定额编号	定额名称	定额单位	数量	单价				合价			
				人工费	材料费	机械费	管理费和利润	人工费	材料费	机械费	管理费和利润
5-27 换	现浇混凝土过梁	m³	1.00	52.85	223.11	21.90	125.10	52.85	223.11	21.90	125.10
人工单价			小计					52.85	223.11	21.90	125.10
27.45 元/工日			未计价材料费					—			
清单项目综合单价								422.96			

	主要材料名称、规格、型号			单位	数量	单价(元)	合价(元)	暂估单价(元)	暂估合价(元)
材料费明细	C30 普通混凝土			m³	1.015	214.14	217.35		
	其他材料费					—	5.76	—	
	材料费小计					—	223.11	—	

综合单价分析表　　　　　　　　　表 5-107

工程名称：建筑与装饰工程　　　　　　　　标段：　　　　　　　　　第 39 页　共 76 页

| 项目编码 | 010503005010 | 项目名称 | 现浇混凝土过梁(250×250,10.2m) | 计量单位 | m³ | 工程量 | 1.875 |

清单综合单价组成明细

定额编号	定额名称	定额单位	数量	单价				合价			
				人工费	材料费	机械费	管理费和利润	人工费	材料费	机械费	管理费和利润
5-27 换	现浇混凝土过梁	m³	1.00	52.85	223.11	21.90	125.10	52.85	223.11	21.90	125.10
人工单价			小计					52.85	223.11	21.90	125.10
27.45 元/工日			未计价材料费					—			
清单项目综合单价								422.96			

	主要材料名称、规格、型号			单位	数量	单价(元)	合价(元)	暂估单价(元)	暂估合价(元)
材料费明细	C30 普通混凝土			m³	1.015	214.14	217.35		
	其他材料费					—	5.76	—	
	材料费小计					—	223.11	—	

综合单价分析表

表 5-108

工程名称：建筑与装饰工程　　　　　　标段：

| 项目编码 | 010503005011 | 项目名称 | 现浇混凝土过梁(250×150,10.2m) | 计量单位 | m³ | 工程量 | 0.066 |

清单综合单价组成明细

定额编号	定额名称	定额单位	数量	单价				合价			
				人工费	材料费	机械费	管理费和利润	人工费	材料费	机械费	管理费和利润
5-27 换	现浇混凝土过梁	m³	1.00	52.85	223.11	21.90	125.10	52.85	223.11	21.90	125.10
人工单价			小计					52.85	223.11	21.90	125.10
27.45 元/工日			未计价材料费					—			
清单项目综合单价								422.96			

材料费明细	主要材料名称、规格、型号	单位	数量	单价(元)	合价(元)	暂估单价(元)	暂估合价(元)
	C30 普通混凝土	m³	1.015	214.14	217.35		
	其他材料费			—	5.76		
	材料费小计			—	223.11		

综合单价分析表

表 5-109

工程名称：建筑与装饰工程　　　　　　标段：

| 项目编码 | 010503005012 | 项目名称 | 现浇混凝土过梁(9.9m) | 计量单位 | m³ | 工程量 | 0.066 |

清单综合单价组成明细

定额编号	定额名称	定额单位	数量	单价				合价			
				人工费	材料费	机械费	管理费和利润	人工费	材料费	机械费	管理费和利润
5-27 换	现浇混凝土过梁	m³	1.00	52.85	223.11	21.90	125.10	52.85	223.11	21.90	125.10
人工单价			小计					52.85	223.11	21.90	125.10
27.45 元/工日			未计价材料费					—			
清单项目综合单价								422.96			

材料费明细	主要材料名称、规格、型号	单位	数量	单价(元)	合价(元)	暂估单价(元)	暂估合价(元)
	C30 普通混凝土	m³	1.015	214.14	217.35		
	其他材料费			—	5.76		
	材料费小计			—	223.11		

综合单价分析表　　　　　　　　**表 5-110**

工程名称：建筑与装饰工程　　　　　　　标段：　　　　　　　　

项目编码	010507007001	项目名称		其他构件(台阶)		计量单位	m³	工程量	5.765

清单综合单价组成明细

定额编号	定额名称	定额单位	数量	单价				合价			
				人工费	材料费	机械费	管理费和利润	人工费	材料费	机械费	管理费和利润
5-33 换	现浇混凝土台阶	m³	1.00	45.41	192.14	23.40	109.60	45.41	192.14	23.40	109.60
1—16	台阶底原土打夯	m²	2.749	0.33	—	0.05	0.16	0.907	—	0.137	0.12
1—1	台阶三七灰土垫层	m³	0.526	22.73	22.37	1.78	19.69	11.96	11.77	0.936	10.357
人工单价			小计					58.28	203.91	24.47	120.08
27.45 元/工日			未计价材料费					—			
清单项目综合单价								406.74			

	主要材料名称、规格、型号	单位	数量	单价(元)	合价(元)	暂估单价(元)	暂估合价(元)
材料费明细	C20 普通混凝土	m³	1.015	183.00	185.75		
	白灰	kg	120.06	0.097	11.65		
	其他材料费			—	7.02	—	
	材料费小计			—	203.91	—	

综合单价分析表　　　　　　　　**表 5-111**

工程名称：建筑与装饰工程　　　　　　　标段：　　　　　　　　

项目编码	010507001001	项目名称		散水		计量单位	m³	工程量	82.08

清单综合单价组成明细

定额编号	定额名称	定额单位	数量	单价				合价			
				人工费	材料费	机械费	管理费和利润	人工费	材料费	机械费	管理费和利润
1-213	水泥砂浆散水	m²	1.00	2.33	5.11	0.40	3.29	2.33	5.11	0.40	3.29
1-16	散水底部原土打夯	m²	1.00	0.33	—	0.05	0.16	0.33	—	0.05	0.16
1-1	散水底三七灰土垫层	m³	0.20	22.73	22.37	1.78	19.69	4.55	4.47	0.36	3.94
人工单价			小计					7.21	9.58	0.81	7.39
27.45 元/工日			未计价材料费					—			
清单项目综合单价								24.99			

	主要材料名称、规格、型号	单位	数量	单价(元)	合价(元)	暂估单价(元)	暂估合价(元)
材料费明细	水泥(综合)	kg	10.639	0.366	3.894		
	砂子	kg	30.34	0.036	1.092		
	建筑胶	kg	0.052	1.7	0.088		
	白灰	kg	45.65	0.097	4.428		
	其他材料费				0.086		
	材料费小计			—	9.58		

综合单价分析表

表 5-112

工程名称：建筑与装饰工程　　　　　　　　标段：　　　　　　　　第 44 页　共 76 页

项目编码	010510003001	项目名称	预制混凝土过梁(250×100,2.1m)	计量单位	m³	工程量	0.294

清单综合单价组成明细

定额编号	定额名称	定额单位	数量	单价				合价			
				人工费	材料费	机械费	管理费和利润	人工费	材料费	机械费	管理费和利润
11-34	预制混凝土过梁制作、安装	m³	1.00	52.52	775.06	—	347.58	52.52	775.06	—	347.58
9-1	预制混凝土过梁运输	m³	1.00	3.62	1.26	46.83	21.718	3.62	1.26	46.83	21.718
人工单价			小计					56.14	776.32	46.83	369.298
28.43 元/工日			未计价材料费					—			
清单项目综合单价								1248.59			

材料费明细	主要材料名称、规格、型号			单位	数量	单价(元)	合价(元)	暂估单价(元)	暂估合价(元)
	过梁			m²	1.000	762.000	762		
	其他材料费					—	14.21	—	
	材料费小计					—	776.32	—	

综合单价分析表

表 5-113

工程名称：建筑与装饰工程　　　　　　　　标段：　　　　　　　　第 45 页　共 76 页

项目编码	010510003002	项目名称	预制混凝土过梁(250×150,2.1m)	计量单位	m³	工程量	0.075

清单综合单价组成明细

定额编号	定额名称	定额单位	数量	单价				合价			
				人工费	材料费	机械费	管理费和利润	人工费	材料费	机械费	管理费和利润
11-34	预制混凝土过梁制作、安装	m³	1.00	52.52	775.06	—	347.58	52.52	775.06	—	347.58
9-1	预制混凝土过梁运输	m³	1.00	3.62	1.26	46.83	21.718	3.62	1.26	46.83	21.718
人工单价			小计					56.14	776.32	46.83	369.298
28.43 元/工日			未计价材料费					—			
清单项目综合单价								1248.59			

材料费明细	主要材料名称、规格、型号			单位	数量	单价(元)	合价(元)	暂估单价(元)	暂估合价(元)
	过梁			m²	1.000	762.000	762		
	其他材料费					—	14.21	—	
	材料费小计					—	776.32	—	

综合单价分析表　　　　　　　　　　　　　**表 5-114**

工程名称：建筑与装饰工程　　　　　　标段：　　　　　　第 46 页　共 76 页

项目编码	010510003003	项目名称		预制混凝土过梁(3m)		计量单位	m³	工程量	0.684

清单综合单价组成明细

定额编号	定额名称	定额单位	数量	单价				合价			
				人工费	材料费	机械费	管理费和利润	人工费	材料费	机械费	管理费和利润
11-34	预制混凝土过梁制作、安装	m³	1.00	52.52	775.06	—	347.58	52.52	775.06	—	347.58
9-1	预制混凝土过梁运输	m³	1.00	3.62	1.26	46.83	21.718	3.62	1.26	46.83	21.718
人工单价		小计						56.14	776.32	46.83	369.298
28.43 元/工日		未计价材料费						—			
清单项目综合单价								1248.59			

材料费明细	主要材料名称、规格、型号		单位	数量	单价(元)	合价(元)	暂估单价(元)	暂估合价(元)
	过梁		m²	1.00	762.00	762		
	其他材料费				—	14.21		
	材料费小计				—	776.32		

综合单价分析表　　　　　　　　　　　　　**表 5-115**

工程名称：建筑与装饰工程　　　　　　标段：　　　　　　第 47 页　共 76 页

项目编码	010510003004	项目名称		预制混凝土过梁(250×100,5.7m)		计量单位	m³	工程量	0.332

清单综合单价组成明细

定额编号	定额名称	定额单位	数量	单价				合价			
				人工费	材料费	机械费	管理费和利润	人工费	材料费	机械费	管理费和利润
11-34	预制混凝土过梁制作、安装	m³	1.00	52.52	775.06	—	347.58	52.52	775.06	—	347.58
9-1	预制混凝土过梁运输	m³	1.00	3.62	1.26	46.83	21.718	3.62	1.26	46.83	21.718
人工单价		小计						56.14	776.32	46.83	369.298
元/工日		未计价材料费						—			
清单项目综合单价								1248.59			

材料费明细	主要材料名称、规格、型号		单位	数量	单价(元)	合价(元)	暂估单价(元)	暂估合价(元)
	过梁		m²	1.00	762.00	762		
	其他材料费				—	14.21		
	材料费小计				—	776.32		

综合单价分析表

表 5-116

工程名称：建筑与装饰工程　　　　　　　标段：　　　　　　　第 48 页　共 76 页

项目编码	010510003005	项目名称	预制混凝土过梁(250×150,5.7m)	计量单位	m³	工程量	0.075

清单综合单价组成明细

定额编号	定额名称	定额单位	数量	单价				合价			
				人工费	材料费	机械费	管理费和利润	人工费	材料费	机械费	管理费和利润
11-34	预制混凝土过梁制作、安装	m³	1.00	52.52	775.06	—	347.58	52.52	775.06	—	347.58
9-1	预制混凝土过梁运输	m³	1.00	3.62	1.26	46.83	21.718	3.62	1.26	46.83	21.718
人工单价			小计					56.14	776.32	46.83	369.298
28.43 元/工日			未计价材料费					—			
清单项目综合单价								1248.59			

材料费明细	主要材料名称、规格、型号				单位	数量	单价(元)	合价(元)	暂估单价(元)	暂估合价(元)
	过梁				m²	1.00	762.00	762		
	其他材料费						—	14.21	—	
	材料费小计						—	776.32	—	

综合单价分析表

表 5-117

工程名称：建筑与装饰工程　　　　　　　标段：　　　　　　　第 49 页　共 76 页

项目编码	010510003006	项目名称	预制混凝土过梁(6.6m)	计量单位	m³	工程量	0.684

清单综合单价组成明细

定额编号	定额名称	定额单位	数量	单价				合价			
				人工费	材料费	机械费	管理费和利润	人工费	材料费	机械费	管理费和利润
11-34	预制混凝土过梁制作、安装	m³	1.00	52.52	775.06	—	347.58	52.52	775.06	—	347.58
9-1	预制混凝土过梁运输	m³	1.00	3.62	1.26	46.83	21.718	3.62	1.26	46.83	21.718
人工单价			小计					56.14	776.32	46.83	369.298
28.43 元/工日			未计价材料费					—			
清单项目综合单价								1248.59			

材料费明细	主要材料名称、规格、型号				单位	数量	单价(元)	合价(元)	暂估单价(元)	暂估合价(元)
	过梁				m²	1.00	762.00	762		
	其他材料费						—	14.21	—	
	材料费小计						—	776.32	—	

综合单价分析表　　　　　　　　　　　　　　　　　　表 5-118

工程名称：建筑与装饰工程　　　　　　标段：　　　　　　　第 50 页　共 76 页

项目编码	010510003007	项目名称	预制混凝土过梁(250×150,9.3m)	计量单位	m³	工程量	0.30

清单综合单价组成明细

定额编号	定额名称	定额单位	数量	单价				合价			
				人工费	材料费	机械费	管理费和利润	人工费	材料费	机械费	管理费和利润
11-34	预制混凝土过梁制作、安装	m³	1.00	52.52	775.06	—	347.58	52.52	775.06	—	347.58
9-1	预制混凝土过梁运输	m³	1.00	3.62	1.26	46.83	21.72	3.62	1.26	46.83	21.72
人工单价		小计						56.14	776.32	46.83	369.30
28.43 元/工日		未计价材料费						—			
清单项目综合单价								1248.59			

材料费明细	主要材料名称、规格、型号				单位	数量	单价(元)	合价(元)	暂估单价(元)	暂估合价(元)
	过梁				m³	1.00	762.00	762		
	其他材料费						—	14.21	—	
	材料费小计						—	776.32		

综合单价分析表　　　　　　　　　　　　　　　　　　表 5-119

工程名称：建筑与装饰工程　　　　　　标段：　　　　　　　第 51 页　共 76 页

项目编码	010510003008	项目名称	预制混凝土过梁(250×100,9.3m)	计量单位	m³	工程量	0.18

清单综合单价组成明细

定额编号	定额名称	定额单位	数量	单价				合价			
				人工费	材料费	机械费	管理费和利润	人工费	材料费	机械费	管理费和利润
11-34	预制混凝土过梁制作、安装	m³	1.00	52.52	775.06	—	347.58	52.52	775.06	—	347.58
9-1	预制混凝土过梁运输	m³	1.00	3.62	1.26	46.83	21.72	3.62	1.26	46.83	21.72
人工单价		小计						56.14	776.32	46.83	369.30
元/工日		未计价材料费						—			
清单项目综合单价								1248.59			

材料费明细	主要材料名称、规格、型号				单位	数量	单价(元)	合价(元)	暂估单价(元)	暂估合价(元)
	过梁				m³	1.00	762.00	762		
	其他材料费						—	14.21	—	
	材料费小计						—	776.32		

综合单价分析表

表 5-120

工程名称：建筑与装饰工程　　　　　标段：　　　　　

项目编码	010510003009	项目名称	预制混凝土过梁(10.2m)		计量单位	m³	工程量	0.684

清单综合单价组成明细

定额编号	定额名称	定额单位	数量	单价				合价			
				人工费	材料费	机械费	管理费和利润	人工费	材料费	机械费	管理费和利润
11-34	预制混凝土过梁制作、安装	m³	1.00	52.52	775.06	—	347.58	52.52	775.06	—	347.58
9-1	预制混凝土过梁运输	m³	1.00	3.62	1.26	46.83	21.72	3.62	1.26	46.83	21.72
人工单价			小计					56.14	776.32	46.83	369.30
元/工日			未计价材料费					—			
清单项目综合单价								1248.59			

	主要材料名称、规格、型号	单位	数量	单价(元)	合价(元)	暂估单价(元)	暂估合价(元)
材料费明细	过梁	m³	1.00	762.00	762		
	其他材料费			—	14.21	—	
	材料费小计			—	776.32	—	

砌筑工程工程量清单综合单价分析见表 5-121～表 5-135 。

综合单价分析表

表 5-121

工程名称：建筑与装饰工程　　　　　标段：　　　　　

项目编码	010401001001	项目名称	砖基础(1-1 截面)		计量单位	m³	工程量	9.597

清单综合单价组成明细

定额编号	定额名称	定额单位	数量	单价				合价			
				人工费	材料费	机械费	管理费和利润	人工费	材料费	机械费	管理费和利润
4-1 换	砖基础	m³	1.00	34.51	138.40	4.05	74.32	34.51	138.40	4.05	74.32
13-136 借	防潮层	m²	1.234	2.91	8.58	0.3	4.95	3.59	10.588	0.370	6.108
人工单价			小计					38.10	148.988	4.420	80.428
元/工日			未计价材料费					—			
清单项目综合单价								271.94			

	主要材料名称、规格、型号	单位	数量	单价(元)	合价(元)	暂估单价(元)	暂估合价(元)
材料费明细	红机砖	块	523.60	0.177	92.68		
	M5 混合砂浆	m³	0.236	185.35	43.74		
	防水粉	kg	0.692	6.100	4.223		
	其他材料费			—	8.35		
	材料费小计				148.998		

综合单价分析表

表 5-122

工程名称：建筑与装饰工程　　　　　　　标段：　　　　　　　

项目编码	010401001002	项目名称		砖基础(2-2 截面)		计量单位	m³	工程量	18.51

清单综合单价组成明细

定额编号	定额名称	定额单位	数量	单价				合价			
				人工费	材料费	机械费	管理费和利润	人工费	材料费	机械费	管理费和利润
4-1换	砖基础	m³	1.00	34.51	138.40	4.05	74.32	34.51	138.40	4.05	74.32
13-136借	防潮层	m²	0.885	2.91	8.58	0.30	4.95	2.575	7.593	0.266	4.381
人工单价			小计					37.085	145.993	4.316	77.701
28.24元/工日			未计价材料费					—			
清单项目综合单价								265.10			

	主要材料名称、规格、型号	单位	数量	单价(元)	合价(元)	暂估单价(元)	暂估合价(元)
材料费明细	红机砖	块	523.60	0.177	92.68		
	M5 混合砂浆	m³	0.236	185.35	43.74		
	防水粉	kg	0.496	6.100	3.03		
	其他材料费			—	8.35	—	
	材料费小计			—	145.99		

综合单价分析表

表 5-123

工程名称：建筑与装饰工程　　　　　　　标段：　　　　　　　

项目编码	010401001003	项目名称		砖基础(3-3 截面)		计量单位	m³	工程量	12.81

清单综合单价组成明细

定额编号	定额名称	定额单位	数量	单价				合价			
				人工费	材料费	机械费	管理费和利润	人工费	材料费	机械费	管理费和利润
4-1换	砖基础	m³	1.00	34.51	138.40	4.05	74.32	34.51	138.40	4.05	74.32
13-136借	防潮层	m²	0.99	2.91	8.58	0.30	4.95	2.88	8.49	0.297	4.90
人工单价			小计					37.39	146.89	4.347	79.22
元/工日			未计价材料费					—			
清单项目综合单价								267.85			

	主要材料名称、规格、型号	单位	数量	单价(元)	合价(元)	暂估单价(元)	暂估合价(元)
材料费明细	红机砖	块	523.60	0.177	92.68		
	M5 混合砂浆	m³	0.236	185.35	43.74		
	防水粉	kg	0.555	6.100	3.388		
	其他材料费			—	8.35	—	
	材料费小计			—	146.89		

综合单价分析表

表 5-124

工程名称：建筑与装饰工程　　　　　标段：　　　　　第 56 页　共 76 页

| 项目编码 | 010401001004 | 项目名称 | | 砖基础(4-4 截面) | | | 计量单位 | m³ | 工程量 | 17.13 |

清单综合单价组成明细

定额编号	定额名称	定额单位	数量	单价				合价			
				人工费	材料费	机械费	管理费和利润	人工费	材料费	机械费	管理费和利润
4-1 换	砖基础	m³	1.00	34.51	138.40	4.05	74.32	34.51	138.40	4.05	74.32
13-136 借	防潮层	m²	1.051	2.91	8.58	0.30	4.95	3.058	9.018	0.315	5.202
人工单价			小计					37.568	147.418	4.365	79.522
元/工日			未计价材料费					—			
清单项目综合单价								268.87			

	主要材料名称、规格、型号	单位	数量	单价(元)	合价(元)	暂估单价(元)	暂估合价(元)
材料费明细	红机砖	块	523.60	0.177	92.68		
	M5 混合砂浆	m³	0.236	185.35	43.74		
	防水粉	kg	0.59	6.10	3.360		
	其他材料费			—	8.35	—	
	材料费小计			—	147.42		

综合单价分析表

表 5-125

工程名称：建筑与装饰工程　　　　　标段：　　　　　第 57 页　共 76 页

| 项目编码 | 010401003001 | 项目名称 | | 实心砖墙(外墙) | | | 计量单位 | m³ | 工程量 | 82.189 |

清单综合单价组成明细

定额编号	定额名称	定额单位	数量	单价				合价			
				人工费	材料费	机械费	管理费和利润	人工费	材料费	机械费	管理费和利润
4-35	加气块墙	m³	1.067	30.57	182.038	4.00	90.98	32.62	194.235	4.268	97.076
3-1 借	勾缝	m²	4.52	2.80	0.35	0.12	1.37	12.656	1.582	0.542	6.192
人工单价			小计					45.276	195.817	4.81	103.268
28.24 元/工日			未计价材料费					—			
清单项目综合单价								349.171			

	主要材料名称、规格、型号	单位	数量	单价(元)	合价(元)	暂估单价(元)	暂估合价(元)
材料费明细	加气混凝土块	m³	1.088	155.00	168.64		
	M5 混合砂浆	m³	0.16	142.33	22.77		
	水泥	kg	3.58	0.366	1.31		
	砂子	kg	4.755	0.036	0.171		
	其他材料费			—	2.854	—	
	材料费小计			—	195.82		

综合单价分析表

表 5-126

第58页 共76页

工程名称：建筑与装饰工程　　　　标段：

项目编码	010401003002	项目名称	实心砖墙（外墙）	计量单位	m³	工程量	46.78

清单综合单价组成明细

定额编号	定额名称	定额单位	数量	单价				合价			
				人工费	材料费	机械费	管理费和利润	人工费	材料费	机械费	管理费和利润
4-35 换	加气块墙	m³	1.049	30.57	182.038	4.00	90.98	32.07	190.96	4.196	95.44
3-1 借	勾缝	m²	4.44	2.80	0.35	0.12	1.37	12.43	1.55	0.53	6.08
人工单价			小计					44.50	192.51	4.726	101.52
28.24 元/工日			未计价材料费					—			
清单项目综合单价								343.26			

	主要材料名称、规格、型号	单位	数量	单价（元）	合价（元）	暂估单价（元）	暂估合价（元）
材料费明细	加气混凝土块	m³	1.07	155.00	165.85		
	M5 混合砂浆	m³	0.157	142.33	22.40		
	水泥	kg	3.516	0.366	1.287		
	砂子	kg	4.671	0.036	0.168		
	其他材料费			—	2.81		
	材料费小计			—	192.51		

综合单价分析表

表 5-127

第59页 共76页

工程名称：建筑与装饰工程　　　　标段：

项目编码	010401003003	项目名称	实心砖墙（内墙，2.87）	计量单位	m³	工程量	95.78

清单综合单价组成明细

定额编号	定额名称	定额单位	数量	单价				合价			
				人工费	材料费	机械费	管理费和利润	人工费	材料费	机械费	管理费和利润
4-35 换	加气块墙	m³	1	30.57	182.038	4.00	90.98	30.57	182.038	4.00	90.98
3-1 借	勾缝	m²	2.5	2.80	0.35	0.12	1.37	7	0.875	0.3	3.425
人工单价			小计					37.57	182.913	4.30	94.405
28.24 元/工日			未计价材料费					—			
清单项目综合单价								319.19			

	主要材料名称、规格、型号	单位	数量	单价（元）	合价（元）	暂估单价（元）	暂估合价（元）
材料费明细	加气混凝土块	m³	1.02	155	158.1		
	M5 混合砂浆	m³	0.15	142.33	21.35		
	水泥	kg	1.98	0.366	0.725		
	砂子	kg	2.63	0.036	0.095		
	其他材料费			—	3.09		
	材料费小计			—	182.91		

综合单价分析表

表 5-128

工程名称：建筑与装饰工程　　　　标段：

项目编码	010401003004	项目名称		实心砖墙(内墙,2.97)			计量单位	m³	工程量	95.032

清单综合单价组成明细

定额编号	定额名称	定额单位	数量	单价				合价			
				人工费	材料费	机械费	管理费和利润	人工费	材料费	机械费	管理费和利润
4-35 换	加气块墙	m³	1	30.57	182.038	4.00	90.98	30.57	182.038	4.00	90.98
3-1 借	勾缝	m²	3.96	2.80	0.35	0.12	1.37	10.08	1.386	0.475	5.43
人工单价			小计					40.65	183.424	4.475	96.41
28.24 元/工日			未计价材料费					—			
清单项目综合单价								324.96			

	主要材料名称、规格、型号	单位	数量	单价(元)	合价(元)	暂估单价(元)	暂估合价(元)
材料费明细	加气混凝土块	m³	1.02	155.00	158.1		
	M5 混合砂浆	m³	0.15	142.33	21.35		
	水泥	kg	3.14	0.366	1.148		
	砂子	kg	4.176	0.036	0.15		
	其他材料费			—	2.67	—	
	材料费小计			—	183.424	—	

综合单价分析表

表 5-129

工程名称：建筑与装饰工程　　　　标段：

项目编码	010401003005	项目名称		实心砖墙(内,3.02)			计量单位	m³	工程量	16.61

清单综合单价组成明细

定额编号	定额名称	定额单位	数量	单价				合价			
				人工费	材料费	机械费	管理费和利润	人工费	材料费	机械费	管理费和利润
4-35 换	加气块墙	m³	1.00	30.57	182.038	4.00	90.98	30.57	182.038	4.00	90.98
3-1 借	勾缝	m²	4.00	2.80	0.35	0.12	1.37	11.2	1.40	0.48	5.48
人工单价			小计					41.77	183.438	4.48	96.46
28.24 元/工日			未计价材料费					—			
清单项目综合单价								326.15			

	主要材料名称、规格、型号	单位	数量	单价(元)	合价(元)	暂估单价(元)	暂估合价(元)
材料费明细	加气混凝土块	m³	1.02	155.00	158.1		
	M5 混合砂浆	m³	0.15	142.33	21.35		
	水泥	kg	3.168	0.366	0.16		
	砂子	kg	4.208	0.036	0.15		
	其他材料费			—	2.67	—	
	材料费小计			—	183.438	—	

综合单价分析表

表 5-130

第 62 页 共 76 页

工程名称：建筑与装饰工程　　　　标段：

项目编码	010401003006	项目名称		实心砖墙(内,3.17)		计量单位	m³	工程量	5.39

清单综合单价组成明细

定额编号	定额名称	定额单位	数量	单价				合价			
				人工费	材料费	机械费	管理费和利润	人工费	材料费	机械费	管理费和利润
4-35 换	加气块墙	m³	1.00	30.57	182.038	4.00	90.98	30.57	182.038	4.00	90.98
3-1 借	勾缝	m²	4.00	2.80	0.35	0.12	1.37	11.2	1.40	0.48	5.48
人工单价			小计					41.77	183.438	4.48	96.46
28.24 元/工日			未计价材料费					—			
清单项目综合单价								326.15			

	主要材料名称、规格、型号	单位	数量	单价(元)	合价(元)	暂估单价(元)	暂估合价(元)
材料费明细	加气混凝土块	m³	1.02	155.00	158.1		
	M5 混合砂浆	m³	0.15	142.33	21.35		
	水泥	kg	3.168	0.366	1.16		
	砂子	kg	4.208	0.036	0.15		
	其他材料费			—	2.67	—	
	材料费小计			—	183.44	—	

综合单价分析表

表 5-131

第 63 页 共 76 页

工程名称：建筑与装饰工程　　　　标段：

项目编码	010401003007	项目名称		实心砖墙(内,2.9)		计量单位	m³	工程量	11.963

清单综合单价组成明细

定额编号	定额名称	定额单位	数量	单价				合价			
				人工费	材料费	机械费	管理费和利润	人工费	材料费	机械费	管理费和利润
4-35 换	加气块墙	m³	1.00	30.57	182.038	4.00	90.98	30.57	182.038	4.00	90.98
3-1 借	勾缝	m²	4.00	2.80	0.35	0.12	1.37	11.2	1.40	0.48	5.48
人工单价			小计					41.77	183.438	4.48	96.46
28.24 元/工日			未计价材料费					—			
清单项目综合单价								326.39			

	主要材料名称、规格、型号	单位	数量	单价(元)	合价(元)	暂估单价(元)	暂估合价(元)
材料费明细	加气混凝土块	m³	1.02	155.00	158.1		
	M5 混合砂浆	m³	0.15	142.33	21.35		
	水泥	kg	3.21	0.366	1.174		
	砂子	kg	4.26	0.036	0.153		
	其他材料费			—	2.67	—	
	材料费小计			—	183.44	—	

综合单价分析表

表 5-132

工程名称：建筑与装饰工程　　　　　　　标段：

| 项目编码 | 010401003008 | 项目名称 | | 实心砖墙(内，3.0m) | | | 计量单位 | m³ | 工程量 | 49.905 |

清单综合单价组成明细

定额编号	定额名称	定额单位	数量	单价				合价			
				人工费	材料费	机械费	管理费和利润	人工费	材料费	机械费	管理费和利润
4-35 换	加气块墙	m³	1.00	30.57	182.038	4.00	90.98	30.57	182.038	4.00	90.98
3-1 借	勾缝	m²	4.00	2.80	0.35	0.12	1.37	11.34	1.42	0.49	5.55
人工单价				小计				41.91	183.458	4.49	96.53
28.24 元/工日				未计价材料费				—			
清单项目综合单价								326.39			

	主要材料名称、规格、型号	单位	数量	单价(元)	合价(元)	暂估单价(元)	暂估合价(元)
材料费明细	加气混凝土块	m³	1.02	155.00	158.1		
	M5 混合砂浆	m³	0.15	142.33	21.35		
	水泥	kg	3.21	0.366	1.174		
	砂子	kg	4.26	0.036	0.153		
	其他材料费			—	2.671	—	
	材料费小计			—	183.46	—	

综合单价分析表

表 5-133

工程名称：建筑与装饰工程　　　　　　　标段：

| 项目编码 | 010401003009 | 项目名称 | | 实心砖墙(内，3.1m) | | | 计量单位 | m³ | 工程量 | 8.525 |

清单综合单价组成明细

定额编号	定额名称	定额单位	数量	单价				合价			
				人工费	材料费	机械费	管理费和利润	人工费	材料费	机械费	管理费和利润
4-35 换	加气块墙	m³	1.00	30.57	182.038	4.00	90.98	30.57	182.038	4.00	90.98
3-1 借	勾缝	m²	4.00	2.80	0.35	0.12	1.37	11.2	1.40	0.48	5.48
人工单价				小计				41.77	183.438	4.48	96.46
28.24 元/工日				未计价材料费				—			
清单项目综合单价								326.15			

	主要材料名称、规格、型号	单位	数量	单价(元)	合价(元)	暂估单价(元)	暂估合价(元)
材料费明细	加气混凝土块	m³	1.02	155.00	158.1		
	M5 混合砂浆	m³	0.15	142.33	21.35		
	水泥	kg	3.168	0.366	1.16		
	砂子	kg	4.208	0.036	0.15		
	其他材料费			—	2.67	—	
	材料费小计			—	183.44	—	

综合单价分析表

表 5-134

工程名称：建筑与装饰工程　　　　标段：　　　　　　　　　　

项目编码	010401003010	项目名称	实心砖墙(内,3.2m)		计量单位	m³	工程量	2.72

清单综合单价组成明细

定额编号	定额名称	定额单位	数量	单价				合价			
				人工费	材料费	机械费	管理费和利润	人工费	材料费	机械费	管理费和利润
4-35 换	加气块墙	m³	1.00	30.57	182.038	4.00	90.98	30.57	182.038	4.00	90.98
3-1 借	勾缝	m²	4.00	2.80	0.35	0.12	1.37	11.2	1.40	0.48	5.48
人工单价			小计					41.77	183.438	4.48	96.46
28.24 元/工日			未计价材料费					—			
清单项目综合单价								326.15			

	主要材料名称、规格、型号	单位	数量	单价(元)	合价(元)	暂估单价(元)	暂估合价(元)
材料费明细	加气混凝土块	m³	1.02	155.00	158.1		
	M5 混合砂浆	m³	0.15	142.33	21.35		
	水泥	kg	3.168	0.366	1.16		
	砂子	kg	4.208	0.036	0.15		
	其他材料费			—	2.67	—	
	材料费小计			—	183.44	—	

综合单价分析表

表 5-135

工程名称：建筑与装饰工程　　　　标段：　　　　　　　　　　

项目编码	010401003011	项目名称	实心砖墙(女儿墙)		计量单位	m³	工程量	16.157

清单综合单价组成明细

定额编号	定额名称	定额单位	数量	单价				合价			
				人工费	材料费	机械费	管理费和利润	人工费	材料费	机械费	管理费和利润
4-2 换	砖砌外墙	m³	1.00	45.75	130.13	4.47	75.75	45.75	130.13	4.47	75.75
3-1	清水砖墙勾缝	m²	4.17	2.80	0.35	0.12	1.37	11.68	1.46	0.5	5.71
人工单价			小计					57.43	131.59	4.97	81.46
28.24 元/工日			未计价材料费					—			
清单项目综合单价								275.45			

	主要材料名称、规格、型号	单位	数量	单价(元)	合价(元)	暂估单价(元)	暂估合价(元)
材料费明细	红机砖	块	510.00	0.177	90.27		
	M5 混合砂浆	m³	0.265	142.33	37.72		
	水泥	kg	3.30	0.366	1.21		
	砂子	kg	4.39	0.036	0.158		
	其他材料费			—	2.673	—	
	材料费小计			—	131.59		

钢筋工程工程量清单综合单价分析见表5-136~表5-142。

综合单价分析表　　　　　　　　　　　　　　表 5-136

工程名称：建筑与装饰工程　　　　　　标段：　　　　　　第 68 页　共 76 页

项目编码	010515001001	项目名称		现浇混凝土钢筋（Ⅰ）		计量单位		t	工程量	35.412

清单综合单价组成明细

定额编号	定额名称	定额单位	数量	单价				合价			
				人工费	材料费	机械费	管理费和利润	人工费	材料费	机械费	管理费和利润
8-1	φ10 以内钢筋	t	1.00	183.97	2644.59	3.73	1189.562	183.97	2644.59	3.73	1189.56
人工单价			小计					183.97	2644.59	3.73	1189.56
31.12 元/工日			未计价材料费								
清单项目综合单价								4021.85			

	主要材料名称、规格、型号	单位	数量	单价（元）	合价（元）	暂估单价（元）	暂估合价（元）
材料费明细	钢筋 φ10 以内	kg	1025.00	2.43	2490.75		
	钢筋成型加工及运费 φ10 以内	kg	1025.000	0.135	138.375		
	其他材料费			—	15.46		
	材料费小计			—	2644.59	—	

综合单价分析表　　　　　　　　　　　　　　表 5-137

工程名称：建筑与装饰工程　　　　　　标段：　　　　　　第 69 页　共 76 页

项目编码	010515001002	项目名称		现浇混凝土钢筋（Ⅰ）		计量单位		t	工程量	3.067

清单综合单价组成明细

定额编号	定额名称	定额单位	数量	单价				合价			
				人工费	材料费	机械费	管理费和利润	人工费	材料费	机械费	管理费和利润
8-2	φ10 以外钢筋	m³	1.00	171.52	2680.43	3.76	1199.398	171.52	2680.43	3.76	1199.40
人工单价			小计					171.52	2680.43	3.76	1199.40
31.12 元/工日			未计价材料费								
清单项目综合单价								4055.11			

	主要材料名称、规格、型号	单位	数量	单价（元）	合价（元）	暂估单价（元）	暂估合价（元）
材料费明细	钢筋 φ10 以外	kg	1025.00	2.5	2562.5		
	钢筋成型加工及运费 φ10 以外	kg	1025.00	0.101	103.53		
	其他材料费			—	14.4		
	材料费小计			—	2680.43		

表 5-138

综合单价分析表

工程名称：建筑与装饰工程　　　　标段：　　　　　

项目编码	010515001003	项目名称	现浇混凝土钢筋（Ⅱ）	计量单位	t	工程量	65.460

清单综合单价组成明细

定额编号	定额名称	定额单位	数量	单价				合价			
				人工费	材料费	机械费	管理费和利润	人工费	材料费	机械费	管理费和利润
8-2	φ10 以外钢筋	t	1.00	171.52	2680.43	3.76	1199.40	171.52	2680.43	3.76	1199.40
人工单价			小计					171.52	2680.43	3.76	1199.40
31.12 元/工日			未计价材料费					—			
清单项目综合单价								4055.11			

	主要材料名称、规格、型号	单位	数量	单价（元）	合价（元）	暂估单价（元）	暂估合价（元）
材料费明细	钢筋 φ10 以外	kg	1025.00	2.5	2562.5		
	钢筋成型加工及运费 φ 以外	kg	1025.00	0.101	103.53		
	其他材料费			—	14.4		
	材料费小计			—	2680.43		

表 5-139

综合单价分析表

工程名称：建筑与装饰工程　　　　标段：　　　　　

项目编码	010515002001	项目名称	预制混凝土钢筋（Ⅰ）	计量单位	t	工程量	0.2456

清单综合单价组成明细

定额编号	定额名称	定额单位	数量	单价				合价			
				人工费	材料费	机械费	管理费和利润	人工费	材料费	机械费	管理费和利润
8-1	φ10 以内（Ⅰ）	t	1.00	183.97	2644.59	3.73	1189.56	183.97	2644.59	3.73	1189.56
人工单价			小计					183.97	2644.59	3.73	1189.56
31.12 元/工日			未计价材料费					—			
清单项目综合单价								4021.85			

	主要材料名称、规格、型号	单位	数量	单价（元）	合价（元）	暂估单价（元）	暂估合价（元）
材料费明细	钢筋 φ10 以内	kg	1025.00	2.43	2490.75		
	钢筋成型加工及运费 φ10 以内	kg	1025.00	0.135	138.375		
	其他材料费			—	15.46		
	材料费小计			—	2644.59		

综合单价分析表

表 5-140

工程名称：建筑与装饰工程　　　　　　　标段：　　　　　　第 72 页　共 76 页

| 项目编码 | 010605002001 | 项目名称 | 压型钢板墙板（彩钢复合板） | | 计量单位 | m² | 工程量 | 898 |

清单综合单价组成明细

定额编号	定额名称	定额单位	数量	单价				合价			
				人工费	材料费	机械费	管理费和利润	人工费	材料费	机械费	管理费和利润
11-25	彩钢板制作、安装	t	0.0016	479.99	4964.73	10.42	2991.159	0.768	7.944	0.0167	3.666
9-7 换	彩钢板运输	t	0.0016	8.14	5.51	79.64	39.182	0.013	0.0088	0.1274	0.0627
4-47 借	内抹不燃材料玻璃石膏复合板	m²	0.5	3.65	41.55	1.38	19.564	1.825	20.775	0.69	9.782
11-222	借彩钢板刷防火漆	m²	1.00	2.31	3.68	0.18	2.59	2.31	3.68	0.18	2.59
人工单价		小计						4.916	32.408	1.014	16.102
28.43 元/工日		未计价材料费									
清单项目综合单价								54.44			

	主要材料名称、规格、型号	单位	数量	单价（元）	合价（元）	暂估单价（元）	暂估合价（元）
材料费明细	其他钢构件	t	0.0016	4844.00	7.750		
	电焊条	kg	0.2288	4.90	1.121		
	玻璃棉石膏板	m²	0.493	38.00	18.734		
	聚苯乙烯泡沫塑料板	m²	0.001	235.00	0.235		
	耐碱涂塑铍纤网格布	m²	0.621	1.670	1.037		
	乳液型建筑胶粘剂	kg	0.225	1.60	0.36		
	防火漆	kg	0.178	19.880	3.539		
	油漆溶剂油	kg	0.019	2.400	0.046		
	其他材料费			—	0.414	—	
	材料费小计			—	32.408	—	

综合单价分析表

表 5-141

工程名称：建筑与装饰工程　　　　　　　标段：　　　　　　第 73 页　共 76 页

| 项目编码 | 010602072001 | 项目名称 | 钢托架（雨篷） | | 计量单位 | t | 工程量 | 6.4056 |

清单综合单价组成明细

定额编号	定额名称	定额单位	数量	单价				合价			
				人工费	材料费	机械费	管理费和利润	人工费	材料费	机械费	管理费和利润
11-12 借	钢托架制作、安装	t	1.00	62.01	4795.97	39.79	2057.06	62.01	4795.97	39.79	2057.06
9-7 换	运输	t	1.00	8.14	5.51	79.64	39.18	8.14	5.51	79.64	39.18
人工单价		小计						70.15	4801.48	119.43	2096.24
28.43 元/工日		未计价材料费									
清单项目综合单价								7087.3			

	主要材料名称、规格、型号	单位	数量	单价（元）	合价（元）	暂估单价（元）	暂估合价（元）
材料费明细	钢托架	t	1.000	4714.0	4714.00		
	电焊条	kg	0.760	4.900	3.724		
	垫铁	kg	2.795	1.650	4.612		
	木支撑	m³	0.002	870.00	1.74		
	其他材料费			—	77.40		
	材料费小计			—	4801.48	—	

工程名称：建筑与装饰工程　　　　　标段：　　　　　

项目编码	010603002001	项目名称		钢空腹柱		计量单位		t	工程量		3.713

清单综合单价组成明细

定额编号	定额名称	定额单位	数量	单价				合价			
				人工费	材料费	机械费	管理费和利润	人工费	材料费	机械费	管理费和利润
11-1	钢柱制作、安装	t	1.00	52.49	5180.66	23.26	2207.69	52.49	5180.66	23.26	2207.69
9-7换	钢柱运输	t	1.00	8.14	5.51	79.64	39.18	8.14	5.51	79.64	39.18
人工单价			小计					60.63	5186.17	102.90	2246.87
28.43 元/工日			未计价材料费					—			
清单项目综合单价								8196.57			

材料费明细	主要材料名称、规格、型号	单位	数量	单价（元）	合价（元）	暂估单价（元）	暂估合价（元）
	钢柱	t	1.000	5048.00	5048.00		
	电焊条	kg	3.321	4.900	16.273		
	垫铁	kg	21.453	1.900	40.761		
	其他材料费			—	81.14	—	
	材料费小计			—	5186.17	—	

屋面及防水工程工程量清单综合单价分析见表 5-143。

工程名称：建筑与装饰工程　　　　　标段：　　　　　

项目编码	010902001001	项目名称		屋面卷材防水		计量单位		m²	工程量		578.24

清单综合单价组成明细

定额编号	定额名称	定额单位	数量	单价				合价			
				人工费	材料费	机械费	管理费和利润	人工费	材料费	机械费	管理费和利润
13-59换	三毡四油改性沥青卷材	m²	1.047	10.41	95.42	1.59	45.116	10.899	99.905	1.665	47.237
13-1换	找平层	m²	1.00	1.48	3.25	0.18	2.062	1.48	3.25	0.18	2.062
12-31换	浆铺水泥砖	m²	1.00	6.71	32.77	1.69	17.291	6.71	32.77	1.69	17.291
人工单价			小计					19.089	135.925	3.535	66.59
30.81 元/工日			未计价材料费					—			
清单项目综合单价								225.14			

材料费明细	主要材料名称、规格、型号	单位	数量	单价（元）	合价（元）	暂估单价（元）	暂估合价（元）
	SBS 改性沥青油毡防水卷材 3mm	m²	1.442×3=4.326	17.000	73.542		
	嵌缝膏 CSPE	支	0.338×3=1.014	17.000	17.238		
	水泥	kg	8.32	0.366	3.045		
	砂子	kg	33.60	0.036	1.210		
	水泥砖	m²	1.020	29	29.58		
	1:3 水泥砂浆	m³	0.01	204.11	2.041		
	其他材料费			—	9.44		
	材料费小计			—	135.925	—	

保温隔热工程工程量清单综合单价分析见表5-144。

综合单价分析表　　　　　　　　　　表 5-144

工程名称：建筑与装饰工程　　　　　　标段：　　　　　　第 76 页　共 76 页

项目编码	011001001001	项目名称			保温隔热屋面		计量单位	m²	工程量	578.24

清单综合单价组成明细

定额编号	定额名称	定额单位	数量	单价				合价			
				人工费	材料费	机械费	管理费和利润	人工费	材料费	机械费	管理费和利润
12-4	膨胀珍珠岩	m³	0.09	16.23	111.07	1.62	54.146	1.461	9.996	0.146	4.873
13-1	找平层	m²	1.00	1.98	4.33	0.25	2.755	1.98	4.33	0.25	2.755
人工单价			小计					3.441	14.326	0.396	7.628
28.24 元/工日			未计价材料费					—			
			清单项目综合单价					25.79			

材料费明细	主要材料名称、规格、型号		单位	数量	单价（元）	合价（元）	暂估单价（元）	暂估合价（元）
	膨胀珍珠岩块		m³	0.094	102.00	9.547		
	水泥		kg	8.32	0.366	3.045		
	砂子		kg	33.6	0.036	1.210		
	其他材料费				—	0.529		
	材料费小计				—	14.331		

建筑工程施工图预算见表5-145。

某建筑工程施工图预算表　　　　　　　表 5-145

序号	定额编号	分项工程名称	计量单位	工程量	基价（元）	其中（元）			合价（元）
						人工费	材料费	机械费	
A.1.1　土方工程									
1	1-1	场地平整	m²	853.95	0.75	0.75	—	—	640.463
2	1-2	人工挖土主(J-1,1.35m)	m³	292.67	11.33	11.33			3608.621
3	1-3	人工挖土方(基坑,J-3)	m³	429.55	13.21	13.21			5674.36
4	1-3	人工挖土方(基坑,J-2)	m³	100.22	13.21	13.21			1323.906
5	1-3	人工挖土方(基坑,J-4)	m³	28.05	13.21	13.21			370.541
6	1-3	人工挖土方(基坑,J-5)	m³	30.23	13.21	13.21			399.34
7	1-4	人工挖土方(基槽,1-1 面)	m³	39.75	12.67	12.67			503.633
8	1-4	人工挖土方(沟槽,2-2 面)	m³	51.66	12.67	12.67			654.532
9	1-4	人工挖土方(沟槽,3-3 面)	m³	90.90	12.67	12.67			1151.703
A.1.3　土石方回填									
10	1-4	人工挖土方(沟槽,4-4 面)	m³	52.13	12.67	12.67			660.487
11	1-7	回填土(夯填)	m³	693.20	6.82	6.10		0.72	4727.624
12	1-14	房心回填	m³	176.37	9.80	9.08		0.72	1728.43

序号	定额编号	分项工程名称	计量单位	工程量	基价(元)	其中(元)			合价(元)
						人工费	材料费	机械费	
13	1-15	余土运输	m³	190.562	20.37	3.00	—	17.37	3863.27
A.3　砌筑工程									
14	4-1换	砖基础(1-1截面)	m³	9.597	176.96	34.51	126.57+0.236×(185.35-135.21)=138.40	4.05	1698.31
15	借13-136	防潮层	m²	11.844	11.79	2.91	8.58	0.30	139.64
16	4-1换	砖基础(2-2截面)	m³	18.51	176.96	34.51	138.40(同上)	4.05	2960.54
17	借13-136	防潮层(2-2)	m²	16.381	11.79	2.91	8.58	0.30	193.132
18	4-1换	砖基础(3-3截面)	m³	12.81	176.96	34.51	138.40(同上)	4.05	2266.858
19	借13-136	防潮层(3-3)	m²	12.682	11.79	2.91	8.58	0.30	149.521
20	4-1换	砖基础(4-4截面)	m³	17.13	176.96	34.51	138.40(同上)	4.05	3031.325
21	借13-136	防潮层(4-4)	m²	18.004	11.79	2.91	8.58	0.30	212.267
22	4-35换	加气块墙(外墙,2.97m)	m³	82.189	216.608	30.57	180.97+0.15×(142.33-135.21)=182.038	4.00	17802.795
23	借3-1	勾缝	m²	371.494	3.27	2.80	0.35	0.12	1214.785
24	4-35换	加气块墙(外墙,3.0m)	m³	46.78	216.608	30.57	182.038(同上)	4.00	10132.922
25	借3-1	勾缝	m²	207.703	3.27	2.80	0.35	0.12	679.189
26	4-35换	加气块墙(内墙,2.87m)	m³	95.78	216.608	30.57	182.038(同上)	4.00	20746.71
27	借3-1	勾缝	m²	239.47	3.27	2.80	0.35	0.12	783.07
28	4-35换	加气块墙(内墙,2.97)	m³	95.032	216.608	30.57	182.038(同上)	4.00	20584.691
29	借3-1	勾缝	m²	376.327	3.27	2.80	0.35	0.12	1230.589
30	4-35换	加气块墙(内墙,3.02m)	m³	16.61	216.608	30.57	182.038(同上)	4.00	3597.859
31	借3-1	勾缝	m²	66.44	3.27	2.80	0.35	0.12	217.26
32	4-35换	加气块墙(内墙,3.17m)	m³	5.39	216.608	30.57	182.038(同上)	4.00	1167.52

序号	定额编号	分项工程名称	计量单位	工程量	基价(元)	其中(元)			合价(元)
						人工费	材料费	机械费	
33	借 3-1	勾缝	m²	21.56	3.27	2.80	0.35	0.12	70.50
34	4-35 换	加气块墙(内墙,2.9m)	m³	11.963	216.608	30.57	182.038(同上)	4.00	2591.28
35	借 3-1	勾缝	m²	47.852	3.27	2.80	0.35	0.12	1564.76
36	4-35 换	加气块墙(内墙,3.0m)	m³	49.905	216.608	30.57	182.038(同上)	4.00	10809.82
37	借 3-1	勾缝	m²	199.62	3.27	2.80	0.35	0.12	652.76
38	4-35 换	加气块墙(内墙,3.1m)	m³	8.525	216.6080	30.57	182.038(同上)	4.00	1846.58
39	借 3-1	勾缝	m²	34.1	3.27	2.80	0.35	0.12	111.51
40	4-35 换	加气块墙(内墙,3.2m)	m³	2.72	216.608	30.57	182.038(同上)	4.00	589.17
41	借 3-1	勾缝	m²	10.88	3.27	2.80	0.35	0.12	35.58
42	4-2 换	砖外墙(女儿墙)	m³	16.157	180.35	45.75	$128.24+0.265\times(142.33-135.21)=130.13$	4.47	2913.86
43	3-1	清水砖墙勾缝	m²	67.37	3.27	2.80	0.35	0.12	220.30
A.4.1 混凝土工程									
44	5-8 换	现浇混凝土独立基础	m³	206.35	265.36	30.72	$204.7+1.015\times(214.14-197.91)=221.17$	13.47	54757.04
45	5-6 换	现浇混凝土带形基础	m³	31.26	262.60	27.66	$20.5+1.015\times(214.14-197.91)=221.47$	13.47	8208.88
46	5-1	C10 基础垫层	m³	46.98	195.45	24.02	157.96	13.47	9182.24
47	5-17	C30 混凝土柱 Z_1	m³	17.55	280.50	36.01	222.52	21.97	4922.78
48	5-17	现浇混凝土柱 Z_2	m³	8.925	280.50	36.01	222.52	21.97	2503.46
49	5-17	现浇混凝土柱 Z_3	m³	41.65	280.50	36.01	222.52	21.97	11682.83
50	5-17	现浇混凝土柱 Z_4	m³	2.90	280.50	36.01	222.52	21.97	813.45
51	5-17	现浇混凝土柱 Z_5	m³	3.712	280.50	36.01	222.52	21.97	1041.22
52	5-21 换	现浇混凝土构造柱(三面马牙)	m³	10.775	295.41	50.96	$206.48+0.986\times(214.14-197.91)=222.48$	21.97	2548.23

序号	定额编号	分项工程名称	计量单位	工程量	基价(元)	人工费	材料费	机械费	合价(元)
							其中(元)		
53	5-21 换	现浇混凝土构造柱（四面马牙）	m³	7.15	295.41	50.96	222.48（同上）	21.97	2112.18
54	5-24	现浇混凝土基础梁	m³	2.16	274.34	30.97	221.47	21.90	592.57
55	5-27 换	现浇混凝土圈梁	m³	15.39	297.86	52.85	206.64＋1.015×(214.14－197.91)＝223.11	21.90	4601.39
56	5-24	现浇混凝土梁（一层）	m³	58.985	274.34	30.97	221.47	21.90	15467.01
57	5-29	钢筋混凝土现浇板3.47	m³	49.934	271.56	26.64	223.03	21.89	13560.08
58	5-24	现浇混凝土梁（二层）	m³	59.009	274.34	30.97	221.47	21.90	15466.74
59	5-29	现浇混凝土板（7.07）	m³	49.934	271.56	26.64	223.03	21.89	13560.08
60	5-24	现浇混凝土梁（三层）	m³	59.224	274.34	30.97	221.47	21.90	15466.74
61	5-29	现浇混凝土板（10.7）	m³	53.209	271.56	26.64	223.03	21.89	14449.44
62	5-41	现浇钢筋混凝土楼梯	m²	65.75	77.35	15.34	53.64	8.37	5085.76
63	5-27 换	现浇混凝土过梁(2.1m)	m³	0.219	297.86	52.85	206.64＋1.015×(214.14－197.91)＝223.11	21.90	65.23
64	5-27 换	现浇混凝土过梁250×250(3.0m)	m³	0.75	297.86	52.85	223.11（同上）	21.90	223.40
65	5-27 换	现浇混凝土过梁250×200(3.0m)	m³	0.295	297.86	52.85	223.11（同上）	21.90	87.87
66	5-27 换	现浇混凝土过梁(2.7m)	m³	0.066	297.86	52.85	223.11（同上）	21.90	19.66
67	5-27 换	现浇混凝土过梁(5.7m)	m³	0.188	297.86	52.85	223.11（同上）	21.90	56
68	5-27 换	现浇混凝土过梁(6.6m)	m³	1.875	297.86	52.85	223.11（同上）	21.90	553.13
69	5-27 换	现浇混凝土过梁(6.3m)	m³	0.066	297.86	52.85	223.11（同上）	21.90	19.66
70	5-27 换	现浇混凝土过梁(4.1m)	m³	0.731	297.86	52.85	223.11（同上）	21.90	217.74
71	5-27 换	现浇混凝土过梁(9.3m)	m³	0.188	297.86	52.85	223.11（同上）	21.90	56
72	5-27 换	现浇混凝土过梁250×250(10.2m)	m³	1.875	297.86	52.85	223.11（同上）	21.90	553.13
73	5-27 换	现浇混凝土过梁250×150(10.2m)	m³	0.066	297.86	52.85	223.11（同上）	21.90	19.66
74	5-27 换	现浇钢筋混凝土过梁(9.9m)	m³	0.066	297.86	52.85	223.11（同上）	21.90	19.66
A.4.10 预制构件									
75	11-34	预制混凝土过梁制作、安装250×100(2.1m)	m³	0.294	827.58	52.52	775.06	—	243.31
76	9-1 补	预制过梁运输	m³	0.294	42.79＋8.92＝51.71	2.88＋0.74＝3.62	1.15＋0.11＝1.26	38.76＋8.07＝46.83	15.20

续表

序号	定额编号	分项工程名称	计量单位	工程量	基价(元)	其中(元)			合价(元)
						人工费	材料费	机械费	
77	11-34	预制混凝土过梁制作、安装 250×150(2.1m)	m³	0.075	827.58	52.52	775.06	—	62.07
78	9-1补	预制混凝土过梁制安	m³	0.075	51.71(同上)	3.62	1.26	46.83	3.88
79	1-34	预制混凝土过梁(3m)安装制作	m³	0.684	827.58	52.52	775.06	—	566.06
80	9-1补	预制混凝土过梁运输	m³	0.684	51.71(同上)	3.62	1.26	46.83	35.37
81	11-34	预制混凝土过梁制作、安装 250×100(5.7m)	m³	0.332	827.58	52.52	775.06	—	274.76
82	9-1补	预制混凝土过梁运输	m³	0.332	51.71(同上)	3.62	1.26	46.83	17.17
83	11-34	预制混凝土过梁制作、安装 250×150(5.7m)	m³	0.075	827.58	52.52	775.06	—	62.07
84	9-1补	预制混凝土过梁运输	m³	0.075	51.71(同上)	3.62	1.26	46.83	3.88
85	11-34	预制混凝土过梁制作安装(6.6m)	m³	0.684	827.58	52.52	775.06	—	566.06
86	9-1补	预制混凝土过梁运输	m³	0.684	51.71(同上)	3.62	1.26	46.83	31.44
87	11-34	预制混凝土过梁制作、安装 250×150(9.3m)	m³	0.3	827.58	52.52	775.06	—	248.27
88	9-1补	预制过梁运输	m³	0.3	51.71(同上)	3.62	1.26	46.83	15.51
89	11-34	预制混凝土过梁制作、安装 250×100(9.3m)	m³	0.18	827.58	52.52	775.06	—	148.96
90	9-1补	预制混凝土过梁运输	m³	0.18	51.71(同上)	3.62	1.26	46.83	9.31
91	11-34	预制混凝土过梁制作、安装(10.2m)	m³	0.684	827.58	52.52	775.06	—	566.06
92	9-1补	预制混凝土过梁运输	m³	0.684	51.71(同上)	3.62	1.26	46.83	31.44
93	5-53	现浇混凝土台阶	m³	5.765	260.95	45.41	192.14	23.40	2212.33
94	1-16	现浇混凝土台阶原土打夯	m²	15.848	0.38	0.33	—	0.05	6.022
95	1-1	台阶下三七灰土垫层	m³	3.032	46.88	22.73	22.37	1.78	142.14
96	1-213	水泥砂浆散水	m²	82.08	7.84	2.33	5.11	0.40	643.51
97	1-16	散水底部原土打夯	m²	82.08	0.38	0.33	—	0.05	31.19
98	1-1	散水底三七灰土垫层	m³	16.416	46.88	22.73	22.37	1.78	769.58
A.4.16 钢筋工程									
现浇构件									
99	8-1	φ10以内钢筋(HPB300)	t	35.412	2832.29	183.97	2644.59	3.73	100297.05
100	8-2	φ10以外钢筋(HPB300)	t	3.067	2855.71	171.52	2680.43	3.76	8758.46

序号	定额编号	分项工程名称	计量单位	工程量	基价(元)	其中(元)			合价(元)
						人工费	材料费	机械费	
101	8-2	φ10 以外钢筋(HRB335)	t	65.460	2855.71	171.52	2680.43	3.76	186934.78
		预制构件							
102	8-1	φ10 以内(HRB300)	t	0.2456	2832.29	183.97	2644.59	3.73	695.61
		A.7.2　屋面防水							
103	13-59 换	三毡四油改性沥青油毡	m²	605.42	107.42	3.47×3=10.41	17×1.377×3+0.323+8.29×3=95.42	0.53×3=1.59	65034.22
104	13-1 换	找平层	m²	578.24	6.56-1.65=4.91	1.98-0.50=1.48	4.33-1.08=3.25	0.25-0.07=0.18	2907.702
105	12-31 换	浆铺水泥砖	m²	578.24	41.17	6.71	32.3+0.01×(251.02-204.11)=32.77	1.69	24380.34
		A.8.3　保温、隔热屋面							
106	12-4	膨胀珍珠岩	m³	52.04	128.92	16.23	111.07	1.62	6870.15
107	13-1	找平层	m²	578.24	6.56	1.98	4.33	0.25	3884.83

清单工程量计算见表 5-146。

清单工程量计算表 表 5-146

序号	项目编码	项目名称	项目特征描述	计量单位	工程量
			A.1　土方工程		
1	010101001001	场地平整	Ⅰ、Ⅱ类土,以挖作填	m³	620.58
2	010101003001	挖基础土方(J-1)	Ⅰ、Ⅱ类土,深 1.35m	m³	235.25
3	010101003002	挖基础土方(J-2)	Ⅰ、Ⅱ类土,深 1.45m	m³	69.60
4	010101003003	挖基础土方(J-3)	Ⅰ、Ⅱ类土,深 1.45m	m³	324.80
5	010101003004	挖基础土方(J-4)	Ⅰ、Ⅱ类土,深 1.25m	m³	25.38
6	010101003005	挖基础土方(J-5)	Ⅰ、Ⅱ类土,深 1.25m	m³	23.1
7	010101003006	挖基础土方(1-1 截面)	Ⅰ、Ⅱ类土,深 1.25m,垫层面积 19.17m²,0.9m 宽	m³	23.85
8	010101003007	挖基础土方(2-2 截面)	Ⅰ、Ⅱ类土,深 1.25m,垫层面积 25.875m²,0.9m 宽	m³	32.34
9	010101003008	挖基础土方(3-3 截面)	Ⅰ、Ⅱ类土,挖深 1.25m,垫层宽 0.9m,面积 48.49m²	m³	60.62
10	010101003009	挖基础土方(4-4 截面)	Ⅰ、Ⅱ类土,挖深 1.25m,垫层宽 0.9m,面积 25.58m²	m³	31.95
			A.3　土石方回填		
11	010103001001	土方回填(基础)	夯填,以挖作填,运距 5km	m³	455.95
12	010103001001	土方回填(房心)	夯填,以挖作填,平均深 0.33m	m³	176.37
13	010103002001	余土外运	余土外运	m³	190.562
			A.3.1　砖基础		
14	010401001001	砖基础(1-1 截面)	MU10 红机砖,M5 混合砂浆深 0.81m,条形基础	m³	9.597
15	010401001002	砖基础(2-2 截面)	条形基础,深 1.06m,MU10 红机砖,M5 混合砂浆	m³	18.51

序号	项目编码	项目名称	项目特征描述	计量单位	工程量
16	010401001003	砖基础(3-3 截面)	条形基础,深 0.81m,MU10 红机砖,M5 混合砂浆	m³	12.81
17	010401001004	砖基础(4-4 截面)	条形基础,深 0.81m,MU10 红机砖,M5 混合砂浆	m³	17.13
D.1 砖砌体					
18	010401003001	实心砖墙(外墙)	墙高 2.97m,250 厚加气混凝土块,M10 混合砂浆	m³	82.189
19	010401003002	实心砖墙(外墙)	墙高 3.0m,250 厚加气混凝土块,M10 混合砂浆	m³	46.78
20	010401003003	实心砖墙(内墙)	墙高 2.87m,250 厚加气混凝土块,M10 混合砂浆	m³	95.78
21	010401003004	实心砖墙(内墙)	墙高 2.97m,250 厚加气混凝土块,M10 混合砂浆	m³	95.032
22	010401003005	实心砖墙(内墙)	墙高 3.02m,250 厚加气混凝土块,M10 混合砂浆	m³	16.61
23	010401003006	实心砖墙(内墙)	墙高 3.17m,250 厚加气混凝土块,M10 混合砂浆	m³	5.39
24	010401003007	实心砖墙(内墙)	墙高 2.9m,加气混凝土块250 厚,M10 混合砂浆	m³	11.963
25	010401003008	实心砖墙(内墙)	墙高 3.0m,250 厚加气混凝土块,M10 混合砂浆	m³	49.905
26	010401003009	实心砖墙(内墙)	墙高 3.1m,250 厚加气混凝土块,M10 混合砂浆	m³	8.525
27	010401003010	实心砖墙(内墙)	墙高 3.2m,250 厚加气混凝土块,M10 混合砂浆	m³	2.72
28	010401003011	实心砖墙(女儿墙)	墙高 0.6m,240 厚,M10 混合砂浆,MU10 红机砖	m³	16.157
E 混凝土及钢筋混凝土工程					
E.1 现浇混凝土基础					
29	010501003001	混凝土独立基础	C30 混凝土	m³	206.35
30	010501002001	混凝土带形基础	C30 混凝土	m³	31.26
31	010501001001	混凝土垫层	C10 混凝土	m³	46.98
A.4.2 现浇混凝土柱					
32	010502001001	混凝土矩形柱(Z1)	土柱高 11.7m,500×500,C30 混凝	m³	17.55
33	010502001002	混凝土矩形柱(Z2)	土柱高 11.9m,500×500,C30 混凝	m³	8.925
34	010502001003	混凝土矩形柱(Z3)	土柱高 11.9m,500×500,C30 混凝	m³	41.65
35	010502001004	混凝土矩形柱(Z4)	柱高 11.6m,500×500,C30 混凝土	m³	2.90
36	010502001005	混凝土矩形柱(Z5)	柱高 11.6m,400×400,C30 混凝土	m³	3.712
37	010502002001	构造柱	柱高 10.8mm,250×250,三面马牙构柱,C30 混凝土	m³	10.775
38	010502002002	构造柱	柱高 10.8m,250×250,四面马牙构柱,C30 混凝土	m³	7.15
E.3 现浇混凝土梁					
A.4.5 现浇混凝土板					
39	010503001001	现浇混凝土基础梁	梁底标高−1.600m,500×800,C30 混凝土	m³	2.16
40	010503004001	现浇混凝土地圈梁	梁底标高−0.300m,240×240,C30 混凝土	m³	15.39

续表

序号	项目编码	项目名称	项目特征描述	计量单位	工程量
41	010505001001	现浇混凝土有梁板	板底标高 3.47m,板厚 100mm,C30 混凝土	m³	109.141
42	010505001002	现浇混凝土有梁板	板底标高 7.07m,板厚 100mm,C30 混凝土	m³	108.93
43	010505001003	现浇混凝土有梁板	板底标高 10.7m,板厚 100mm,C30 混凝土	m³	112.485
44	010503005001	现浇混凝土过梁	梁底标高 2.1m,250×100,C30 混凝土	m³	0.219
45	010503005002	现浇混凝土过梁	梁底标高 3.0m,250×250,C30 混凝土	m³	0.75
46	010503005003	现浇混凝土过梁	梁底标高 3.0m,250×100,C30 混凝土	m³	0.295
47	010503005004	现浇混凝土过梁	梁底标高 2.7m,250×150,C30 混凝土	m³	0.066
48	010503005005	现浇钢筋混凝土过梁	梁底标高 5.7m,250×100,C30 混凝土	m³	0.188
49	010503005006	现浇混凝土过梁	梁底标高 6.6m,250×250,C30 混凝土	m³	1.875
50	010503005007	现浇混凝土过梁	梁底标高 6.3m,250×150,C30 混凝土	m³	0.066
51	010503005008	现浇混凝土过梁	梁底标高 4.1m,250×250,C30 混凝土	m³	0.731
52	010503005009	现浇混凝土过梁	梁底标高 9.3m,250×100,C30 混凝土	m³	0.188
53	010503005010	现浇混凝土过梁	梁底标高 10.2m,250×250,C30 混凝土	m³	1.875
54	010503005011	现浇混凝土过梁	梁底标高 10.2mm,250×150,C30 混凝土	m³	0.066
55	010503005012	现浇混凝土过梁	梁底标高 9.9m,250×250,C30 混凝土	m³	0.066
			E.7 现浇混凝土其他构件		
56	010507007001	其他构件(台阶)	台阶,C20 混凝土	m³	5.765
57	010507001001	散水	三七灰土垫层,0.8m 宽,C20 混凝土地面垫层上 20mm 厚水泥砂浆面层	m²	82.08
			E.6 现浇钢筋混凝土楼梯		
58	010506001001	现浇混凝土直形楼梯	C30 混凝土	m²	65.75
			E.10 预制混凝土过梁		
59	010510003001	预制混凝土过梁	安装在 2.1m,250×100,C30 混凝土	m³	0.294
60	010510003002	预制混凝土过梁	安装在 2.1m,250×150,C30 混凝土	m³	0.075
61	010510003003	预制混凝土过梁	安装在 3m,250×150,C30 混凝土	m³	0.684
62	010510003004	预制混凝土过梁	安装在 5.7m,250×100,C30 混凝土	m³	0.332
63	010510003005	预制混凝土过梁	安装在 5.7m,250×150,C30 混凝土	m³	0.075
64	010510003006	预制混凝土过梁	安装在 6.6m,250×150,C30 混凝土	m³	0.684
65	010510003007	预制混凝土过梁	安装在 9.3m,250×150,C30 混凝土	m³	0.3
66	010510003008	预制混凝土过梁	安装在 9.3m,250×150,C30 混凝土	m³	0.18
67	010510003009	预制混凝土过梁	安装在 10.2m,250×150,C30 混凝土	m³	0.684
			F 钢筋工程		
68	010515001001	现浇混凝土钢筋	HPB300 级钢,φ10 以内	t	35.412
69	010515001002	现浇混凝土钢筋	HPB300 级钢,φ10 以外	t	3.067
70	010515001003	现浇混凝土钢筋	HRB335 级钢,φ10 以外	t	65.460
71	010515002001	预制混凝土钢筋	HPB300 级钢,φ10 以内	t	0.2456
			F.2 钢托架		
72	010602002001	钢托架	34mm 厚钢板,安装在 3.6m 处	t	6.4056
			F.3 钢柱		
73	010603002001	钢柱	空腹 34mm 厚钢板柱,柱高 3.6m,单根重量 1.857t	t	3.713

序号	项目编码	项目名称	项目特征描述	计量单位	工程量
			F.5 压型钢板墙		
74	010605002001	压型钢板墙板	20mm厚彩钢复合板,中加10mm厚玻璃棉石膏板共50mm,刷防火漆两遍	m²	898
			J 屋面防水		
			J.2 屋面防水		
75	010902001001	屋面卷材防水	15厚1:3水泥砂浆找平,刷冷底子油,三毡四油卷材,30厚490×490保护层混凝土块	m²	578.24
76	011001001001	保温、隔热屋面	40厚膨胀珍珠岩找2%坡,1:3水泥砂浆找平	m²	578.24

分部分项工程量清单与计价见表5-147。

分部分项工程量清单与计价表 表5-147

序号	项目编码	项目名称	项目特征描述	计量单位	工程量	综合单价	合价	其中:暂估价
			A.1 土方工程					
1	010101001001	场地平整	Ⅰ、Ⅱ类土,以挖作填	m³	620.58	1.46	910.75	
2	010101003001	挖基础土方(J-1)	Ⅰ、Ⅱ类土,深1.35m	m³	235.25	21.51	4711.12	
3	010101003002	挖基础土方(J-2)	Ⅰ、Ⅱ类土,深1.45m	m³	69.60	20.43	1421.928	
4	010101003003	挖基础土方(J-3)	Ⅰ、Ⅱ类土,深1.45m	m³	324.80	25.01	8123.25	
5	010101003004	挖基础土方(J-4)	Ⅰ、Ⅱ类土,深1.25m	m³	25.38	24.09	609.72	
6	010101003005	挖基础土方(J-5)	Ⅰ、Ⅱ类土,深1.25m	m³	23.1	24.55	567.11	
7	010101003006	挖基础土方(1-1截面)	Ⅰ、Ⅱ类土,深1.25m,垫层面积19.17m²,0.9m宽	m³	23.85	30.04	719.76	
8	010101003007	挖基础土方(2-2截面)	Ⅰ、Ⅱ类土,深1.25m,垫层面积25.875m²,0.9m宽	m³	32.34	24.60	795.56	
9	010101003008	挖基础土方(3-3截面)	Ⅰ、Ⅱ类土,挖深1.25m,垫层面积48.49m²,宽0.9m	m³	60.62	26.96	1634.32	
10	010101003009	挖基础土方(4-4截面)	Ⅰ、Ⅱ类土,挖深1.25m,垫层宽0.9m,底面积25.58m²	m³	31.95	29.34	937.41	
			A.3 土石方回填					
11	010103001001	土方回填(基础)	夯填,以挖作填,运距5km	m³	455.95	26.41	12041.64	
12	010103001001	土方回填(房心)	夯填,以挖作填,厚0.33m	m³	176.37	13.92	2455.07	
			A.3.1 砖基础					
13	010401001001	砖基础(1-1截面)	MU10红机砖,M5混合砂浆深0.81m,条形基础	m³	9.597	271.94	2609.81	
14	010401001002	砖基础(2-2截面)	MU10红机砖,M5混合砂浆,条形基础,深1.06m	m³	18.51	265.10	4907.00	
15	010401001003	砖基础(3-3截面)	MU10红机砖,M5混合砂浆,条形基础,深0.81m	m³	12.81	267.85	3431.16	
16	010401001004	砖基础(4-4截面)	MU10红机砖,M5混合砂浆,条形基础,深0.81m	m³	17.13	268.87	4605.74	
			D.2 砖砌体					
17	010401003001	实心砖墙(外墙)	墙高2.97m,250厚加气混凝土块,M10混合砂浆	m³	82.189	349.171	28698.02	
18	010401003002	实心砖墙(外墙)	墙高3.0m,250厚加气混凝土块,M10混合砂浆	m³	46.78	343.26	16057.70	

序号	项目编码	项目名称	项目特征描述	计量单位	工程量	金额（元）		
						综合单价	合价	其中：暂估价
19	010401003003	实心砖墙（内墙）	墙高 2.87m，250 厚加气混凝土块，M10 混合砂浆	m³	95.78	319.19	30572.02	
20	010401003004	实心砖墙（内墙）	墙高 2.97m，250 厚加气混凝土块，M10 混合砂浆	m³	95.032	324.96	30881.60	
21	010401003005	实心砖墙（内墙）	墙高 3.02m，250 厚加气混凝土块，M10 混合砂浆	m³	16.61	326.15	5417.35	
22	010401003006	实心砖墙（内墙）	墙高 3.17m，250 厚加气混凝土块，M10 混合砂浆	m³	5.39	326.15	1757.95	
23	010401003007	实心砖墙（内墙）	墙高 2.9m，加气混凝土块 250 厚，M10 混合砂浆	m³	11.963	326.15	3901.73	
24	010401003008	实心砖墙（内墙）	墙高 3.0m，250 厚加气混凝土块，M10 混合砂浆	m³	49.905	326.39	16288.49	
25	010401003009	实心砖墙（内墙）	墙高 3.1m，250 厚加气混凝土块，M10 混合砂浆	m³	8.525	326.15	2780.43	
26	010401003010	实心砖墙（内墙）	墙高 3.2m，250 厚加气混凝土块，M10 混合砂浆	m³	2.72	326.15	887.13	
27	010401003011	实心砖墙（女儿墙）	墙高 0.6m，240 厚，MU10 红机砖，M10 混合砂浆	m³	16.157	275.45	4450.45	
			E　混凝土及钢筋混凝土工程					
			E4.1　现浇混凝土基础					
28	010501003001	混凝土独立基础	C30 混凝土	m³	206.37	376.35	77764.74	
29	010501002001	混凝土带形基础	C30 混凝土	m³	31.26	372.89	11656.54	
30	010501001001	混凝土垫层	C10 混凝土	m³	46.98	277.54	13038.83	
			A.4.2　现浇混凝土柱					
31	010502001001	混凝土矩形柱（Z1）	柱高 11.7m，500×500，C30 混凝土	m³	17.55	398.31	6990.34	
32	010502001002	混凝土矩形柱（Z2）	柱高 11.9m，500×500，C30 混凝土	m³	8.925	398.31	3554.92	
33	010502001003	混凝土矩形柱（Z3）	柱高 11.9m，500×500，C30 混凝土	m³	41.65	398.31	16589.61	
34	010502001004	混凝土矩形柱（Z4）	柱高 11.6m，500×500，C30 混凝土	m³	2.90	398.31	1155.10	
35	010502001005	混凝土矩形柱（Z5）	柱高 11.6m，400×400，C30 混凝土	m³	3.712	398.31	1478.53	
36	010502002001	构造柱	柱高 10.8mm，250×250，三面马牙，C30 混凝土	m³	10.775	419.48	4519.897	
37	010502002002	构造柱	柱高 10.8m，250×250，四面马牙，C30 混凝土	m³	7.15	419.48	2999.28	
			E.3　现浇混凝土梁					
38	010503001001	现浇混凝土基础梁	梁底标高 −1.600m，500×800，C30 混凝土	m³	2.16	389.56	841.45	
39	010503004001	现浇混凝土地圈梁	梁底标高 −0.300m，240×240，C30 混凝土	m³	15.39	422.96	6532.96	
40	010505001001	现浇混凝土有梁板	板底标高 3.47m，板厚 100mm，C30 混凝土	m³	109.141	387.71	42315.06	
41	010505001002	现浇混凝土有梁板	板底标高 7.07m，板厚 100mm，C30 混凝土	m³	108.93	387.71	41218.61	

续表

序号	项目编码	项目名称	项目特征描述	计量单位	工程量	金额(元)		
						综合单价	合价	其中:暂估价
42	010505001003	现浇混凝土有梁板	板底标高 10.7m，板厚100mm，C30 混凝土	m³	112.485	387.65	43604.81	
43	010503005001	现浇混凝土过梁	梁底标高 2.1m，250×100，C30 混凝土	m³	0.219	422.96	92.63	
44	010503005002	现浇混凝土过梁	梁底标高 3.0m，250×250，C30 混凝土	m³	0.75	422.96	317.22	
45	010503005003	现浇混凝土过梁	梁底标高 3.0m，250×100，C30 混凝土	m³	0.295	422.96	124.77	
46	010503005004	现浇混凝土过梁	梁底标高 2.7m，250×150，C30 混凝土	m³	0.066	422.96	27.92	
47	010503005005	现浇钢筋混凝土过梁	梁底标高 5.7m，250×100，C30 混凝土	m³	0.188	422.96	79.52	
48	010503005006	现浇混凝土过梁	梁底标高 6.6m，250×250，C30 混凝土	m³	1.875	422.96	793.05	
49	010503005007	现浇混凝土过梁	梁底标高 6.3m，250×150，C30 混凝土	m³	0.066	422.96	27.92	
50	010503005008	现浇混凝土过梁	梁底标高 4.1m，250×250，C30 混凝土	m³	0.731	422.96	309.18	
51	010503005009	现浇混凝土过梁	梁底标高 9.3m，250×100，C30 混凝土	m³	0.188	422.96	79.52	
52	010503005010	现浇混凝土过梁	梁底标高 10.2m，250×250，C30 混凝土	m³	1.875	422.96	793.05	
53	010503005011	现浇混凝土过梁	梁底标高 10.2mm，250×150，C30 混凝土	m³	0.066	422.96	27.92	
54	010503005012	现浇混凝土过梁	梁底标高 9.9m，250×250，C30 混凝土	m³	0.066	422.96	27.92	
			E.7 现浇混凝土其他构件					
55	010507007001	其他构件(台阶)	台阶，C20 混凝土	m³	5.765	406.74	2344.86	
56	010507001001	散水	三七灰土垫层，0.8m 宽，C20 混凝土地面垫层上20mm 厚水泥砂浆面层	m²	82.08	24.99	2051.18	
			E.6 现浇钢筋混凝土楼梯					
57	010506001001	现浇钢筋混凝土楼梯直形楼梯	C30 混凝土	m²	65.75	109.84	7221.98	
			E.10 预制混凝土过梁					
58	010510003001	预制混凝土过梁	安装在 2.1m，250×100，C30 混凝土	m³	0.294	1248.59	367.09	
59	010510003002	预制混凝土过梁	安装在 2.1m，250×150，C30 混凝土	m³	0.075	1248.59	93.64	
60	010510003003	预制混凝土过梁	安装在 3m，250×150，C30 混凝土	m³	0.684	1248.59	854.04	
61	010510003004	预制混凝土过梁	安装在 5.7m，250×100，C30 混凝土	m³	0.332	1248.59	414.53	
62	010510003005	预制混凝土过梁	安装在 5.7m，250×150，C30 混凝土	m³	0.075	1248.59	93.64	

序号	项目编码	项目名称	项目特征描述	计量单位	工程量	综合单价	合价	其中：暂估价
63	010510003006	预制混凝土过梁	安装在 6.6m, 250×150, C30 混凝土	m³	0.684	1248.59	854.04	
64	010510003007	预制混凝土过梁	安装在 9.3m, 250×150, C30 混凝土	m³	0.3	1248.59	374.58	
65	010510003008	预制混凝土过梁	安装在 9.3mm, 250×100, C30 混凝土	m³	0.18	1248.59	224.75	
66	010510003009	预制混凝土过梁	安装在 10.2m, 250×150, C30 混凝土	m³	0.684	1248.59	854.04	
			A.4.16 钢筋工程					
67	010515001001	现浇混凝土钢筋	HPB300 级钢，直径 $\phi10$ 以内	t	35.412	4021.85	142421.75	
68	010515001002	现浇混凝土钢筋	HPB300 级钢直径 $\phi10$ 以外	t	3.067	4055.11	12437.02	
69	010515001003	现浇混凝土钢筋	HRB335 级钢直径 $\phi10$ 以外	t	65.460	4055.11	265447.50	
70	010515002001	预制混凝土钢筋	HPB300 级钢 $\phi10$ 以内	t	0.2456	4021.85	987.77	
			A.6.5 压型钢板墙					
71	010605002001	压型钢板墙板	20mm 厚彩钢板，中加 10mm 厚玻璃棉石膏板共 50mm,刷防水漆	m²	898	54.44	48887.12	
			A.6.2 钢托架					
72	010602007201	钢托架	34mm 厚钢板，安装在 3.6m 处	t	6.4056	7087.3	45398.41	
			A.6.3 钢柱					
73	010603002001	钢柱	空腹 34mm 厚钢柱,柱高 3.6m,单根重量 1.857	t	3.713	8196.57	30433.86	
			A.7 屋面防水					
			M.2 屋面防水					
74	010902001001	屋面卷材防水	15 厚 1：3 水泥砂浆找平,刷冷底子油,三毡四油卷材铺设,30 厚 490×490 钢筋混凝土保护层,1：2 水泥砂浆勾缝	m²	578.24	225.14	130184.95	
			A.8.3 隔热、保温					
75	011001001001	保温、隔热屋面	40 厚膨胀珍珠岩找 2% 坡，水泥砂浆找平	m²	578.24	25.79	14912.81	
		合计					1175985.08	

5.8 某三层框架结构工程投标报价编制

工程量清单中的工程量是用作为投标报价的工程量，不作为最终结算的工程量，用于结算的工程量是承包人实际完成的并按照有关计量规定计量的工程量。投标报价是招标文件规定的工程量清单所列项目的全部费用。所填写的单价和合价在合同实施期间不因市场变化及政策等因素而变动。报价时企业应充分考虑工程自开工建设至刚好完工，并经国家有关部门验收合格的全部费用。主要内容如下：

（1）封面。

（2）投标总价。

（3）工程项目总价表。

（4）单项工程费汇总表。

（5）单位工程费汇总表。

（6）分部分项工程量清单计价表。

（7）措施项目清单计价表。

（8）其他项目清单计价表。

（9）零星工作项目计价表。

（10）分部分项综合单价分析表。

（11）措施项目费分析表。

（12）主要材料价格表。

<u>某三层框架结构工程</u>

工程量清单报价表

招标人：_____

（单位盖章）

法定代表人：_____

（单位盖章）

造价工程师及注册证书号：_____

（签字盖执业专用章）

编制时间：_____

投 标 报 价

建设单位：＿＿＿＿＿＿＿＿＿＿＿＿＿＿＿＿＿＿＿＿＿

工程名称：＿＿＿＿＿＿某三层框架结构工程＿＿＿＿＿

投标总价（小写）：＿＿＿＿＿＿＿＿＿＿＿＿＿＿＿＿＿

（大写）：＿＿＿＿＿＿＿＿＿＿＿＿＿＿＿＿＿

投标人：＿＿＿＿＿＿＿＿＿＿＿＿＿＿＿＿＿＿＿＿
（单位盖章）

法定代表人：＿＿＿＿＿＿＿＿＿＿＿＿＿＿＿＿＿＿＿
（单位盖章）

编制时间：＿＿＿＿＿＿＿＿＿＿＿＿＿＿＿＿＿＿＿＿

投 标 总 价

招标人：＿＿＿＿＿＿＿某居住区绿化部＿＿＿＿＿＿＿

工程名称：＿＿＿＿＿＿某三层框架结构工程＿＿＿＿＿＿

投标总价（小写）：＿＿＿＿＿＿1175985＿＿＿＿＿＿

（大写）：＿＿＿＿壹佰壹拾柒万伍仟玖佰捌拾伍元＿＿＿＿

投标人：＿＿＿＿＿＿＿某某公司＿＿＿＿＿＿＿
　　　　　　　　　（单位盖章）

法定代表人：＿＿＿＿＿＿某某公司＿＿＿＿＿＿

或其授权人：＿＿＿＿＿＿法定代表人＿＿＿＿＿＿
　　　　　　　　　　（签字或盖章）

编制人：＿＿＿×××签字盖造价工程师或造价员专用章＿＿＿
　　　　　　　　（造价人员签字盖专用章）

编制时间：××××年××月××日

工程项目投标报价汇总表

表 5-148

工程名称：某三层框架结构工程

第 页 共 页

序号	单项工程名称	金额（元）	其中（元）		
			暂估价	安全文明施工费	规费
1	某三层框架结构工程	1175985			
	合计	1175985			

单项工程投标报价汇总表

表 5-149

工程名称：某三层框架结构工程

第 页 共 页

序号	单项工程名称	金额（元）	其中（元）		
			暂估价	安全文明施工费	规费
1	某三层框架结构工程	1175985			
	合计	1175985			

注：本表适用于单项工程投标报价的汇总。

暂估价包括分部分项工程中的暂估价和专业工程暂估价。

单位工程投标报价汇总表

表 5-150

工程名称：某三层框架结构工程　　　　标段：

第 页 共 页

序号	汇总内容	金额（元）	其中：暂估价（元）
1	分部分项工程费		
1.1	某带状绿地规划设计工程		
2	措施项目费		
2.1	安全文明施工措施费		
3	其他项目费		
4	规费		
5	税金	—	
	招标控制价合计＝1＋2＋3＋4＋5		

总价措施项目清单与计价表（一）

表 5-151

工程名称：某三层框架结构工程　　　　标段：

第 页 共 页

序号	项目名称	计算基础	费率（%）	金额（元）
1	安全文明施工措施费	分部分项工程费（1175985）	7.8	
2	夜间施工增加费		0.26～0.70	
3	二次搬运费		0.5	
4	冬雨期施工增加费	分部分项工程费	1.1	
5	已完工程及设备保护费		0.1	
	合　计			

注：1. 本表适用于以"项"计价的措施项目。

2. 根据建设部、财政部发布的《建筑安装工程费用组成》（建标〔2003〕206 号）的规定，"计算基础"可分
为"直接费"、"人工费"或"人工费"＋机械费

总承包服务费计价表

表 5-152

工程名称：某三层框架结构工程　　　　　　　标段：　　　　　　　　　　第　页　共　页

序号	项目名称	计算基础	服务内容	费率(%)	金额(元)
1	发包人发包专业工程			2%～3%	
2	发包人提供材料			3%～5%	—
	合计				

其他项目清单与计价汇总表

表 5-153

工程名称：某三层框架结构工程　　　　　　　标段：　　　　　　　　　　第　页　共　页

序号	项目名称	金额(元)	结算金额	备注
1	暂列金额	1175985		
2	暂估价			
2.1	材料(工程设备)暂估价/结算价			
2.2	专业工程暂估价/结算价			
3	计日工			
4	总承包服务费			
5	索赔与现场索赔			
	合计			—

规费、税金项目计价表

表 5-154

工程名称：某三层框架结构工程　　　　　　　标段：　　　　　　　　　　第　页　共　页

序号	项目名称	计算基础	计算基数	计算费率(%)	金额(元)
1	规费	定额人工费		23.61	
1.1	社会保险费	定额人工费			
(1)	失业保险费	定额人工费			
(2)	医疗保险费	定额人工费			
(3)	工伤保险费	定额人工费			
(4)	生育保险费	定额人工费			
1.2	住房公积金	定额人工费			
1.3	工程排污费	按工程所在地环境保护部门收取标准，按实计入			
2	税金	分部分项工程费＋措施项目费＋其他项目费＋规费－按规定不计税的工程设备金额		3.513	
	合计				

注：根据建设部、财政部发布的《建筑安装工程费用组成》（建标［2003］206 号）的规定，"计算基础"可为"直接费"、"人工费"或"人工费＋机械费"。

第6章 建筑工程算量解题技巧及常见疑难问题解答

6.1 解题技巧

1. 某中学食堂建筑工程基础数据的罗列布置

见表 6-1

某中学食堂建筑工程基础数据汇总表 表 6-1

基础	总建筑面积	面积 1473.11m²
	J-1	长度×宽度＝2×2,个数 14
	J-2	长度×宽度＝2.4×2.4,个数 7
	J-3	长度×宽度＝3×3,个数 31
	基础垫层	厚 0.1m
	基础梁	C20 混凝土,基础梁尺寸均为 300×400,梁底标高－0.400
	基础柱	长 0.5,宽度 0.5,个数 52,高度＝0.9－0.45
墙体	室内外高差	0.45m
	层高	4.5m
	女儿墙	1.5m
	外墙	长 42m,宽 37m,高＝0.45＋4.5＋1.5,墙厚 0.24
	内墙	高＝4.5－0.12,墙厚 0.24
	烟道	宽度 0.6,厚度 0.24,高度 0.2
柱	现浇混凝土矩形柱	C30 混凝土,柱高＝0.9(地面以下柱子的高度)＋4.5(层高)
	女儿墙构造柱	采用 C20 混凝土,厚 240mm,长 360mm,高为 1500mm,个数 26
梁	过梁	C30 混凝土,门窗过梁两侧各增加 300mm,宽 0.4,高 0.2
	雨篷梁	雨篷沿门宽每边延伸 0.3,雨篷梁沿雨篷长度每边延伸的长度 0.25,过梁宽 0.24,高 0.3
	圈梁(女儿墙压顶)	混凝土压顶的宽 0.24,高 0.36,建筑的长度 42,宽 37
板	有梁板	C30 混凝土,板厚 0.12,板底标高 4.38m
	雨篷板	C20 混凝土,雨篷最前面的板厚 0.07,雨篷墙边的厚度 0.13,雨篷外挑的长度 1,雨篷反挑檐的厚度 0.06 雨篷反挑檐的高度 0.06
室外工程	台阶	第一个台阶的面积——0.3×9.2＋1.8×2×0.3;第二个台阶的面积——8.6×0.3＋1.5×2×0.3;第三个台阶的面积——8×1.5
	坡道	C20 混凝土,M-2 坡道的宽度－6,M-2 门的数量－2,M-5 的数量－2,M-5 坡道的宽度－3,M-4 坡道的宽度－2,坡道的长度－1.5
	散水	C15 混凝土,散水的宽度——0.9m
门窗工程	门窗	见门窗表 4-1
防水工程	屋面防水	屋面采用高聚物改性沥青卷材满铺,屋面防水沿女儿墙上沿的高度——0.5
	排水管	排水管的数量——12,层高——4.5,室内外高差——0.45,弯头的个数 12 个
保温工程	保温隔热墙	沿外墙外边缘抹 30mm 厚复合硅酸盐包围材料,建筑的长度——42,外墙宽度——37,层高——4.5

2. 怎样巧妙利用某中学食堂建筑工程前后的计算数据

某中学食堂建筑工程前后的计算数据可能存在重复或部分重复的部分,计算后一项可

289

能会运用的前一项的工程量计算数据。

（1）某中学食堂清单工程量计算和定额工程量计算的某些项目的工程量的计算规则是相同的，故在计算定额工程量时可直接运用已经计算过的清单工程量的计算结果和过程，例如计算建筑面积时，清单和定额的计算规则相同，结果和过程也相同，同为 $1473.1m^2$。

（2）在某中学食堂清单工作量和定额工程量的计算过程中后面计算的过程可能会用到前面计算的结果。例如在清单工程量计算时基坑回填方的计算过程中：基坑回填方体积＝挖方体积－基础垫层－基础－基础柱，而其中挖方体积已经在前一步的计算工程中算出，挖方体积＝$497.40m^3$，可以直接运用。

（3）在某中学食堂的工程量的计算过程中有一些基础数据会反复在定额和清单计算过程中运用到，当我们计算工程量是可以直接运用不需再重复计算。例如：外墙中心线长，计算外墙工程量，女儿墙压顶，垫层时都会运用，某高中食堂建筑工程中外墙中心线长 $(42+0.26+37+0.26) \times 2 = 159.04$（0.13——外墙轴线到外墙中心线之间的距离），女儿墙压顶＝$159.04 \times 0.24 \times 0.36m^3 = 13.74m^3$。

综上所述在某中学食堂定额和清单种类繁多的工程量的计算过程中巧妙地运用计算过程中的一些基本数据，有助于我们节省计算过程，节约时间和减少失误。

3. 某中学食堂建筑工程不同分部分项工程的潜在关系

合理安排工程量计算顺序是工程量快速计算的基本前提。一个单位工程按工程量计算规则可划分为若干个分部工程，但每个分部工程谁先计算、谁后计算，如果不作合理的统筹安排，计算起来就非常麻烦，甚至还会造成一定混乱。比如说，在计算墙体之前如果不先计算门窗工程及钢筋混凝土工程，那么墙体中应扣除的洞口面积及构件所占的体积是多少就无法知道，这时只有将墙体计算暂停，再回过头来计算洞口的扣除面积和嵌墙构件体积，这种顾此失彼前后交叉的计算方法，不但会降低功效而且极容易出现差错，导致工程量计算不准确。

工程量的计算顺序应考虑将前一个分部工程中计算的工程量数据，能够被后边其他分部工程在计算时有所利用。有的分部工程是独立的（如基础工程），不需要利用其他分部工程的数据来计算；而有的分部工程前后是有关联的，也就是说，后算的分部工程要依赖前面已计算的分部工程量的某些数据来计算。比如，"门窗分部"计算完后，接下来计算"钢筋混凝土分部"，那么在计算圈梁洞口处的过梁长度和洞口加筋时，就可以利用"门窗分部"中的洞口长度来计算，而"钢筋混凝土分部"计算完后，在计算墙体工程量时，就可以利用前两个分部工程提供的洞口面积和嵌墙构件体积来计算。

每个分部工程中，包括了若干分项工程，分项工程之间也要合理组排计算顺序。比如基础工程分部中包括了土方工程、桩基工程、混凝土基础、砖基础等四项，虽然土方工程按施工顺序和定额章节排在第一位，但是在工程量计算时，必须要依序将桩基、混凝土基础和砖基础计算完后才能计算土方工程，其原因是，土方工程中的回填土计算，要扣除室外地坪以下埋设的各项基础体积。如果先计算土方工程，当挖基础土方计算完后，由于不知道埋设的基础体积是多少，那么计算回填土和余土外运（或取土）两项时就会造成"卡壳"。综合上述：合理安排工程量计算顺序，就是在计算工程量时，将有关联的分部分项工程按前后依赖关系有序地排列在一起，然后进行计算，目的是为了计算流畅，避免错算、漏算和重复计算，从而加快工程量计算速度。

分部工程的计算顺序一般按照：①基础工程；②门窗工程；③钢筋混凝土工程；④砌筑工程；⑤楼地面工程；⑥屋面工程；⑦装饰工程；⑧其他工程。

4. 读图与计算技巧简谈

（1）提高看图技能

建筑工程的设计图纸一般包括建筑图和结构图。

计算工程量时，图中有些部位的尺寸和标高不清楚的地方，应该用建筑图和结构图对照着看：比如装饰工程在计算天棚抹灰时，要计算梁侧的抹灰面积，由于建筑图中不标注梁的截面尺寸，因此，要对照结构图中梁的节点大样计算。再如计算框架间砌体时，要扣除墙体上部的梁高度，其方法是按结构图中的梁编号，查出大样图的梁截面尺寸，标注在梁所在轴线的墙体部位上，然后进行计算。

（2）计算技巧

工程量计算前要认真详细地做图纸分析，充分了解该项工程。计算工程量是通过"计算规则"这个平台来进行的，不同的计算规则其项目划分、计量单位、包括的工程内容及计算规定有所不同。计算工程量，根据不同的计价方式应分别采用不同的工程量计算规则。

1）定额中的项目一般是按施工工序设置的，包括的工程内容一般是单一的；工程量清单项目的设置，一般是以一个"综合实体"考虑的，项目中一般包括多项工程内容。

2）定额中的项目划分只考虑简单的特征，工程量清单的项目划分较细，一般来说，同一分项工程中有多少不同的特征就应该划分多少项目。比如混凝土及钢筋混凝土工程中，"矩形梁"按定额的计算规定，梁截面只要符合"矩形"这一特征，工程量就可以合并计算，但是工程量清单的项目划分，要区分梁的不同截面和梁底标高计算。

3）工程量清单计价采用的是综合单价法，项目的综合单价具有明了、直观的特点；同一项目，定额为了便于分析工、料、机的消耗量，计量单位一般按物理计量单位设置。比如工程量清单项目中，门窗以"樘"为单位计算，而在定额中则是以"m^2"为单位计算。计算工程量，必须熟悉工程量计算规则及项目划分，对各分部分项工程量的计算规定、计量单位、计算范围、包括的工程内容、应扣除什么、不扣除什么、要做到心中有数。以免在工程量计算时，频繁查阅"计算规则"而耽误时间。

工程量的计算过程中要注意前后数据的巧妙利用，前面所计算的一些基本数据在后面的工程量计算中可能会用到，这样就可节省一部分时间。在实际工作中，时常遇到有些难算的项目，有时会花很多时间去思考如何计算，甚至会觉得无从下手，但是，如果有了相应的计算公式，工程量就可以轻而易举地计算出来。

6.2 造价常见疑难问题解答

1. 建筑工程容易出错问题分类汇总

建筑工程容易出错的问题，主要有以下几个：

（1）场地平整子目，是按建筑物外形每边外加 2m 后计算，如果上层大于底层，其外形是否可按上层尺寸计算？

（2）怎样计算室内回填土的工程量？

（3）钢筋笼工程量如何计算？

（4）夯扩管注桩设计图上之规定夯扩体尺寸时，如何计算工程量？

（5）原土打夯和回填土夯填有什么区别？

（6）什么是混凝土灌注桩，打孔灌注混凝土桩的工程量该如何计算？

（7）现浇混凝土楼梯中什么是直行楼梯？其工程量的清单计价规则和定额计价规则是否相同？其工程量是如何计算的？

2. 经验工程师的解答

针对以上易错问题，解答如下：

（1）应该按照底层外形尺寸，但不包括勒脚厚度。

（2）室内回填土的体积＝回填部分主墙间净面积×回填厚度

回填厚度＝室内外设计高差－垫层和面层厚度

（3）钢筋笼由主筋和箍筋两种组成。

直立筋＝直立筋长（加弯勾）×根数×每米重量

箍筋分圆形和螺旋形两种，可展开计算或查表计算。

（4）可采用反复的计算方法，根据夯扩体的体积折算出投料长度，再计算出总的投料长度，具体计算应注意以下几点：

1）扩大体不包括钢管内的混凝土体积。

2）设计桩长应从桩底算起，如为混凝土桩尖眉算起。

（5）原土打夯是指自然状态下的土面（如已挖好的槽坑地面）的夯实，以及其他需要打夯的圆形土面，不包括回填土。包括平涂、找平、洒水、夯实的过程。

（6）混凝土灌注桩是先在地基下成孔，而后灌注混凝土或钢筋混凝土。

打孔灌注桩混凝土桩工程量，按体积以"m³"计算。其体积按设计规定的桩长（包括桩尖，不扣除桩尖虚体积）并增加 0.25m 乘以设计桩截面面积计算。计算公式为：

$$V = (L + 0.25) \times A \times B$$

式中　V——打孔灌注混凝土桩工程量（m³）；

A——桩的设计长度（m）；

B——桩的涉及宽度（m）；

L——桩的设计长度（包括桩尖）。

（7）现浇混凝土部分所指的楼梯是平整式楼梯，即楼梯踏步板、楼梯斜梁。休息平台板和平台梁等浇筑在一起的现浇钢筋混凝土楼梯，楼梯可分为直线形和圆弧形两种。常见的直线形楼梯有梁式楼梯和板式楼梯。其工程量的清单计算规则和定额计算规则相同。工程量计算规则为：分层按设计尺寸以水平投影面积计算。不扣除宽度小于 500mm 的楼梯井，伸入墙内部分不计算。水平投影面积包括休息平台、平台梁、斜梁、楼梯板、踏步及楼梯与楼板连接的梁。若楼梯与楼板相连时，其水平长度算至与楼板相连的梁的外侧面。若休息平台为现浇平台梁铺空心板，其水平长度算至与空心板相邻的梁外侧面，但支撑空心板的平台梁另行列项计算。

计算公式为

$$Y \leqslant 50cm: 投影面积 = AL$$

$$Y>50\text{cm}:投影面积=AL-XY$$

式中　X——楼梯井长度（m）；

　　　Y——楼梯井宽度（m）；

　　　A——楼梯间净宽（m）；

　　　L——楼梯间长度（m）。

3. 经验工程师指点迷津

建筑工程造价涉及多个方面，包括土石方、桩与地基基础工程、砌筑工程、混凝土及钢筋混凝土工程、金属结构工程、屋面及防水工程和防腐、隔热、保暖工程。工程量计算的种类繁多，工程计算量也比较大，再加上定额计算规则和清单计算规则的不同，这就给工程量的计算带来了很多的麻烦。掌握一定的方法和技巧对建筑工程造价会有很大的帮助。

建筑工程造价涉及的图纸也是多方面的，包括总平面图、各种三视图等，看懂图纸是计算工程量的第一步，要对图纸进行系统的分类和总结。要结合图纸的分类来制定工程算量的计算步骤，先算哪一个，后算哪一个，先算哪一类比较方便，这需要对整个建筑工程的各个部分有一定的了解，可以进行分类来计算，例如，可以先计算土石方，再计算桩与地基等工程量。

建筑工程的定额和清单的计算是不同的，定额和清单的计算规则也有很多不同之处。但是仔细研究可以发现定额和清单有很多相似之处，定额的很多计算可以直接运用清单的计算结果，甚至有的计算规则两者是一样的，这就给工程量的计算带来了很多方便。在计算过程中我们应总结和发现这种相似和相同之处。